U0182574

建筑施工技术人员上岗必修课系列

安全员上岗必修课

主　编　田晓春
副主编　曹　伟
参　编　肖庆丰　郭　强　路　平
　　　　王润玲　朱建伟　张　凯

机 械 工 业 出 版 社

本书以现场实际操作为基础，依据现行的安全方面的法律法规以及安全技术规程标准编写而成。全书主要内容包括安全生产管理基本知识、安全管理工作的体系与内容、建设工程参建各方的安全生产责任、施工现场安全生产管理机构设置及岗位职责、建设工程安全生产技术、建设工程其他安全生产技术、安全管理标准化、职业健康安全与环境管理、安全事故的报告及处理程序、安全资料管理等。

本书适用于现场安全员、业主、施工与监理人员查阅使用，同时适用于相关专业在校师生阅读使用。

图书在版编目（CIP）数据

安全员上岗必修课/田晓春主编. —北京：机械工业出版社，2020.2
（2022.10 重印）

建筑施工技术人员上岗必修课系列

ISBN 978-7-111-64604-4

Ⅰ.①安… Ⅱ.①田… Ⅲ.①建筑工程-安全技术-岗位培训-教材
Ⅳ.①TU714

中国版本图书馆 CIP 数据核字（2020）第 016502 号

机械工业出版社（北京市百万庄大街 22 号　邮政编码 100037）
策划编辑：闫云霞　责任编辑：闫云霞　张维欣　于兆清
责任校对：李　玮　封面设计：鞠　杨
责任印制：郜　敏
北京盛通商印快线网络科技有限公司印刷
2022 年 10 月第 1 版第 2 次印刷
184mm×260mm·19 印张·470 千字
标准书号：ISBN 978-7-111-64604-4
定价：69.00 元

电话服务　　　　　　　　　　网络服务
客服电话：010-88361066　　　机　工　官　网：www.cmpbook.com
　　　　　010-88379833　　　机　工　官　博：weibo.com/cmp1952
　　　　　010-68326294　　　金　书　网：www.golden-book.com
封底无防伪标均为盗版　　机工教育服务网：www.cmpedu.com

前　　言

安全工作宗旨：关爱生命，安全第一；遵章守纪，从我做起；要我安全，我要安全；我懂安全，我会安全。

本书的编写遵照"安全发展、预防为主、综合治理"的方针，目的是不断增强各级专兼职安全员的安全生产观念，提高安全管理业务素质和能力，打造项目安全文化，实现公司的健康发展和安全生产。

本书集知识性、实用性、趣味性于一体，是广大安全工作者的必备书籍；它贴近生产，具有较强的指导性和可操作性，是安全工作的得力助手。希望每位安全员都能从中有所裨益。

本书适用于公司级专职安全员、项目安全管理人员以及普通员工阅读使用。

本书与《总师教你丛书》中的《建筑安全施工方案编与实例》形成建筑安全管理系列配套用书。

本书在编写过程中参考、引用了大量相关资料，并得到了多方支持帮助，在此表示衷心感谢。

目　录

第1章 安全生产管理基本知识

1.1 建筑工程施工安全管理的基本概念

建筑工程施工安全管理是指建筑施工安全管理部门或管理人员对安全生产工作进行的策划、组织、指挥、协调、控制和改进的一系列活动，目的是保证建筑施工中的人身安全、财产安全，促进建筑施工的顺利进行，保持社会的稳定。

在建筑工程施工过程中，施工安全管理部门或管理人员通过对生产要素过程控制，使生产要素的不安全行为和不安全状态得以减少或消除，达到减少一般事故，杜绝伤亡事故的目的，从而保证安全管理目标的实现。施工项目作为建筑业安全生产工作的载体，必须履行安全生产职责，确保安全生产。建筑企业是安全生产工作的主体，必须贯彻落实安全生产的法律法规，加强安全生产管理，实现安全生产目标。

1.2 建筑工程施工安全管理的特点

1.2.1 产品的固定性导致作业环境的局限性
建筑产品都是坐落在一个固定的位置上，导致了必须在有限的空间和位置上集中大量的人力、物资、机具同时进行交叉作业，导致作业环境的局限性，因而容易产生物体打击等人身伤亡事故。

1.2.2 露天作业导致作业条件恶劣性
建筑施工大多在空旷的场地上进行，导致施工工作环境艰苦，容易发生伤亡事故。

1.2.3 体积庞大带来了施工作业的高空性
由于建筑产品的体积十分庞大，操作工人大多在几十米，甚至几百米上进行高空作业，因而容易产生高空坠落的伤亡事故。

1.2.4 工人流动性大增加了安全管理难度性
由于建筑产品的固定性，当这一产品完成后，施工单位就必须转移到另一新的施工地点，施工人员流动性大，素质较差，要求安全管理举措必须及时、到位，从而带来了施工管理的难度性。

1.2.5 劳动保护艰巨性
在恶劣的施工环境下，施工工人的手工操作多，体能消耗大，劳动时间和劳动强度都要比其他行业大，职业危险严重，带来了个人劳动保护的艰巨性。

1.2.6 产品的多样性
建筑产品的多样性导致了施工生产工艺的多变性，施工生产工艺的多变性要求安全技术措施和安全管理措施要及时有效。

1.2.7　施工场地狭窄带来了多工种立体交叉性

近年来，随着高层建筑的不断增多，建筑由低向高发展，而施工现场却由宽向窄发展，致使施工场地与施工条件要求的矛盾日显突出，多工种交叉作业增加，导致机械伤害，物体打击事故不断增多。

施工安全生产的上述特点，决定了施工生产的安全隐患多存在于高处作业、交叉作业、垂直运输、个体劳动保护以及电气工具使用上，伤亡事故也多发生在高空坠落、物体打击、机械伤害、起重伤害、触电、坍塌等方面，同时超高层、新、奇和个性化产品的不断出现给建筑施工带来了新的挑战，也给建筑工程安全管理和安全防护技术提出了新的要求。

1.3　建筑工程安全生产管理的方针

建设工程安全生产管理，坚持"安全第一、预防为主、综合治理"的方针。

"安全第一"是原则和目标，是把人身安全放在首位，安全为了生产，生产必须保证人身安全，充分体现了"以人为本"的理念。以人为本，坚持安全发展。我国新的《安全生产法》明确提出安全生产工作应当以人为本，坚持安全发展，坚守红线意识、进一步加强安全生产工作、实现安全生产形势根本性好转的奋斗目标。

"安全第一"的方针，就是要求所有参与工程建设的人员，包括管理者和操作人员以及对工程建设活动进行监督管理的人员必须树立安全的观念，不能为了经济的发展牺牲安全，当安全与生产发生矛盾时，必须先解决安全问题，在保证安全的前提下从事生产活动，也只有这样才能使生产正常进行，促进经济的发展，保持社会的稳定。

"预防为主"是实现安全第一的最重要手段，在工程建设活动中，根据工程建设的特点，对不同的生产要素采取相应的管理措施，从而减少甚至消除事故隐患，尽量把事故消灭在萌芽状态，这是安全生产管理的最重要思想。

1.4　建筑工程安全生产管理的原则

1.4.1　"管生产必须管安全"的原则

按照我国《安全生产法》的要求，安全生产要做到"三个必须"，即：管行业必须管安全、管业务必须管安全、管生产经营必须管安全。新法：一是规定国务院和县级以上地方人民政府应当建立健全安全生产工作协调机制，及时协调、解决安全生产监督管理中的重大问题；二是明确各级政府安全生产监督管理部门实施综合监督管理，有关部门在各自职责范围内对有关"行业、领域"的安全生产工作实施监督管理；三是明确各级安全生产监督管理部门和其他负有安全生产监督管理职责的部门作为行政执法部门，依法开展安全生产行政执法工作，对生产经营单位执行法律、法规、国家标准或者行业标准的情况进行监督检查。

完善安全生产管理体制，建立健全安全生产管理制度、安全生产管理机构和安全生产责任制是安全生产管理的重要内容，也是实现安全生产目标管理的组织保证。我国的安全生产管理体制是"企业负责、行业管理、国家监察、群众监督、劳动者遵章守纪。"

行业管理是指行业主管部门根据"管生产必须管安全的原则"，管理本行业的安全生产工作，建立安全管理机构，配备安全技术干部，组织贯彻执行国家安全生产法律、法规；制定行业的安全规章制度和安全规范标准；对本行业安全生产组织、监督、检查和考核。住房和城乡建设部负责全国建筑行业的安全生产工作。

国家监察，是指由国家安全生产监督管理部门按照国务院要求实施国家劳动安全监察。国家监察是一种执法监察，主要是监察国家法规政策的执法情况，预防违反法律法规的问题。它不干预企事业内部执行法律法规的方法、措施和步骤等具体事务，不能代替行业管理部门的日常管理和安全检查。

保护职工的安全健康是工会的职责。工会对危害职工安全健康的现象有抵制、纠正以及控告的权利。这是一种自下而上的群众监督，这种监督与国家安全监督行政管理相辅相成。从事故发生原因来看，大都与职工的违章行为有直接关系。在长期的生产实践中，我国已经总结出了一套行之有效的工程安全管理基本制度。

我国《建筑法》第五章中专门明确了安全生产责任制度、劳动安全生产教育培训制度。

1.4.2 "安全具有否决权"的原则

安全具有否决权的原则是指安全工作是衡量企业经营管理工作好坏的一项基本内容，该原则要求，在对企业各项指标考核、评选先进时，必须要首先考虑安全指标的完成情况，安全生产指标具有一票否决的作用。

1.4.3 职业安全卫生"三同时"的原则

三同时原则是基本建设项目中的职业安全、卫生技术和环境保护等措施和设施，必须与主体工程同时设计、同时施工、同时投产使用的法律制度的简称。

1.4.4 事故处理"四不放过"的原则

四不放过原则是指事故原因未查清不放过，当事人和群众没有受到教育不放过，事故责任人未受到处理不放过，没有制订切实可行的预防措施不放过。"四不放过"原则的支持依据是《国务院关于特大安全事故行政责任追究的规定》。

1.5 常见安全规定用语

（1）安全生产方针：安全第一、预防为主。

（2）三宝：安全帽、安全带、安全网。

（3）四口：楼梯口、电梯井口、预留洞口、通道口。

（4）五临边：基坑周边、框架结构的施工楼层周边、屋面周边、未安装栏杆的楼梯边、未安装栏板的阳台边。

（5）十大伤害：高处坠落、物体打击、起重伤害、触电、机械伤害、坍塌、火灾、爆炸、中毒窒息、其他伤害。

（6）三违：违章指挥、违章作业、违反劳动纪律。

（7）三不伤害：不伤害自己，不伤害别人，不被别人伤害。

（8）四定：是指安全检查中，对查出的危险隐患，要采取定人、定时间、定措施整改、定责任单位、人。

（9）四不放过：事故原因分析不清不放过、事故责任者和群众没有受到教育不放过、整改措施未落实不放过、事故有关领导和责任人没有处理不放过。

（10）高处作业：根据《高处作业分级》（GB/T 3608—2008）规定，凡在坠落高度基准面高 2m 以上，深 2m 以下（含 2m）有可能坠落的高处进行的作业。

（11）起重机械"十个不准"吊：

1）超载和斜拉不准吊。

2）散装物装得太满或捆扎不牢不准吊。

3）无指挥、乱指挥和指挥信号不明不准吊。

4）吊物边缘锋利无防护措施不准吊。

5）吊物上站人和堆放零散物件不准吊。

6）埋在地下的构件不准吊。

7）安全装置失灵不准吊。

8）雾天和光线阴暗看不清吊物不准吊。

9）高压线下面和过近不准吊。

10）六级以上强风不准吊。

（12）登高作业"十不登"：

1）患有心脏病、高血压、深度近视等症的不登高。

2）迷雾、大雪、雷雨或六级以上大风不登高。

3）没有安全帽、安全带的不登高。

4）夜间没有充分照明的不登高。

5）饮酒、精神不振或经医生证明不宜登高的不登高。

6）脚手架、脚手板、梯子没有防滑措施或不牢固的不登高。

7）穿了厚底皮鞋或携带笨重工具的不登高。

8）高楼顶部没有固定防滑措施的不登高。

9）设备和构筑件之间没有安全跳板、高压电线没有遮拦的不登高。

10）石棉瓦、油毡屋面上无脚手架的不登高。

（13）两证：工作证、操作证。

（14）三制：交接班制、巡回检查制、设备定期试验与轮换制。

（15）两措：安全技术劳动保护措施（简称安措）和反事故技术措施（简称反措或技措）。

（16）三级安全教育：公司进行一级安全教育，项目经理部进行二级安全教育，现场施工员及班组长（或劳务、外包单位代表）进行三级安全教育。

（17）二条守则：岗位职责、操作规程。

（18）一管：设专职安全员管理安全。

（19）三定：定整改措施、定完成时间、定整改负责人。

（20）三检查：定期检查安全措施执行情况，检查违章作业，检查冬、雨期施工安全生产设施。

（21）四懂四会：

1）四懂：懂得火灾的危险性、懂得火灾的预防措施、懂得火灾的扑救方法、懂得火灾的逃生方法。

2）四会：会报警、会使用灭火器、会灭初起火、会逃生。

（22）五个须知：

1）知道本单位安全重点部位。

2）知道本单位安全责任体系和管理网络。

3）知道本单位安全操作规程和标准。

4）知道本单位存在的事故隐患和防范措施。

5）知道并掌握事故抢险预案。

（23）六个不变：

1）坚持"安全第一"的思想不变。

2）企业法人代表作为安全生产第一责任人的责任不变。

3）行之有效的安全规章制度不变。

4）从严强化安全生产力度不变。

5）安全生产的一票否决的原则不变。

6）充分依靠职工的安全生产管理办法不变。

（24）七个检查：查认识、查机构、查制度、查台账、查设备、查隐患、查预案落实。

（25）安全"三个结合"：

1）把专项整治与落实安全生产保障制度结合起来，督促企业建立预防为主、持续改进的安全生产自我约束机制。

2）把专项整治与日常监督管理结合起来，不断完善安全生产监管机制。

3）把专项整治与全面做好安全生产工作结合起来，致力于建立安全生产的长效机制。

（26）安全管理的一个必信理念：没有消除不了的隐患，没有避免不了的事故。

（27）安全管理"0123 管理法"：0—重大事故为零的管理目标；1—第一把手为第一责任；2—岗位、班组标准化的双标建设；3—全员教育、全面管理、全线预防的"三全"对策。

（28）一反四查：反违章、查思想、查领导、查措施、查制度。

（29）一通三防：通风、防瓦斯、防火、防尘。

（30）一炮三检：装药前、放炮前、放炮后进行瓦斯检查。

（31）一坡三挡：斜巷运输上部设两挡、下部设一挡。

（32）安全管理工作两个"体系"：安全保证体系和安全监察体系。

（33）电力系统"两票、三制"：两票是指工作票和操作票；三制是指交接班制，巡回检查制和设备的定期切换及试验制。

（34）我国《安全生产法》定义"三同时"：新建、改建、扩建工程项目的安全设施，必须与主体工程同时设计、同时施工、同时投入生产和使用。

（35）企业安全管理"严、细、实"三字方针："严"就是严格管理，严格要求，敢抓敢管，要一丝不苟。"细"就是要深入实际，从细微处做起，从点滴做起。"实"就是踏踏实实，从实际出发，不是停留在口头上，不是只写在文章里，说给别人看，一切工作必须讲实效，狠抓落实。

（36）企业安全管理经常提到的"三个百分之百"：百分之百的人员、百分之百的时间、百分之百的力量。

（37）安全管理要求的"三全"原则：全员、全过程、全方位管理。

（38）安全管理坚持的"三负责制"：向上级负责、向从业人员负责、向自己负责。

（39）安全管理"三点"控制：危险点、危害点、事故多发点。

（40）火灾"三要素"：可燃物、助燃物、点火源。

（41）"三不伤害"引申：加入"保护他人不受伤害"，即形成"四不伤害"。

（42）"三源"：重大危险源、伤害源、隐患源。

（43）三非：非法建设、非法生产、非法经营。

（44）三大规程：《工厂安全卫生规程》《建筑安装工程安全技术规程》《工人职员伤亡事故报告规程》。

（45）安全三原则：一是整顿整理工作地点，有一个整洁有序的作业环境；二是经常维护保养设备、设施；三是按照规范标准进行操作。

（46）三项建设：安全生产监管体制、安全生产法制和执法队伍建设。

（47）三超：超人员、超能力、超强度组织生产。

（48）三查三找三整顿：查麻痹思想、查事故苗头、查事故隐患；找差距、找原因、找措施；整顿思想、整顿作风、整顿现场。

（49）安全活动"三落实"：落实时间、落实人员、落实内容。

（50）班前会"三交、三查"内容：交安全、交任务、交技术；查"三宝"、查衣着、查精神状况。

（51）安全活动"三查、三想、三改"内容：

1）查一查自己的行为是否伤害自己，想一想发生事故对自己和家庭造成的痛苦，改一改自己不安全的行为。

2）查一查自己的行为是否伤害他人，想一想发生事故对他人和家庭造成的痛苦，改一改自己不规范的行为。

3）查一查他人的行为是否伤害自己，想一想发生事故给自己和家庭带来的痛苦，督促他人改一改自己不安全的行为。

（52）安全工作"三要六查"：要吸取事故教训，查思想认识、查责任落实；要学习规程规定，查规章执行、查遵章守纪；要强化安全管理，查隐患治理、查预案落实。

（53）"三类整改"：按 a、b、c 进行排队梳理、汇总分析和登记造册，必须立即解决的列入 a 类，限期解决的列入 b 类，创造条件逐步解决的列入 c 类。

（54）"三 E 对策"：

1）工程技术对策：即采用安全可靠性高的生产工艺，采用安全技术、安全设施、安全检测等安全工程技术方法，提高生产过程的本质安全化。

2）安全教育对策：即采用各种有效的安全教育措施，提高员工的安全素质。

3）安全管理对策：即采用各种管理对策，协调人、机、环境的关系，提高生产系统的整体安全性。

（55）"三为+六预"安全文化管理模式：三为：以人为本、安全为天、预防为主；六预：预知、预测、预想、预报、预警、预防。

（56）四个一切：安全高于一切、安全重于一切、安全先于一切、安全影响一切。

（57）安全管理"4M"要素：人（Men）、机（Machine）、环境（Medium）、管理（Management）。

（58）安全管理的"四个坚持"：是指坚持安全教育，坚持反习惯性违章，坚持四不放过，坚持把安全措施落到实处。

（59）"四全"安全管理：全员、全面、全过程、全方位。

（60）安全管理的"四级控制"：总承包项目部控制事故和重伤，分包单位控制轻伤和障碍，分包单位各班组控制异常和未遂，个人控制差错。

（61）安全管理的"四个凡是"：是指凡事有人负责，凡事有章可循，凡事有据可查，凡事有人监督。

（62）四大行动：大宣教、大排查、大整治、大执法。

（63）四项行动：宣传教育行动、安全创建行动、专项治理行动、综合执法行动。

（64）消防安全四个能力：检查消除火灾隐患能力、扑救初起火灾能力、组织疏散逃生能力、消防宣传教育能力。

（65）四个环节：源头管理、过程控制、应急救援、事故查处。

（66）四有四必有：是指有轮必有罩、有轴必有套、有台必有栏、有洞必有盖。

（67）我国《安全生产法》定义的"五新"：新工艺、新技术、新材料、新装备、新流程。

（68）孔洞管理"五必须"原则：洞必封堵、洞封必验收、洞启必办手续、洞启作业必监护、洞口作业必挂安全带。

（69）"五字经"：指的是新、准、快、全、包。

1）安全意识求"新"。

2）反馈信息求"准"。

3）纠正三违求"快"。

4）观察问题求"全"。

5）安全问题求"包"。

（70）消防五距：

1）顶距：指堆货顶面与仓库屋顶平面之间的距离。一般的平顶楼房，顶距为 50cm 以上；人字形屋顶，堆货顶面以不超过横梁为准。

2）灯距：指仓库内固定的照明灯与商品之间的距离。灯距不应小于 50cm，以防止照明灯过于接近商品（灯光产生热量）而发生火灾。

3）墙距：指墙壁与堆货之间的距离。墙距又分外墙距与内墙距。一般外墙距在 50cm 以上，内墙距在 30cm 以上。以便通风散潮和防火，一旦发生火灾，可供消防人员出入。

4）柱距：指货堆与屋柱的距离一般为 30cm。柱距的作用是防止柱散发的潮气使商品受潮，并保护柱脚，以免损坏建筑物。

5）堆距，堆与堆的距离为 10cm，易燃物品还要留出防火距离。

（71）"一机、一闸、一漏、一箱"：是指一台机械设备，配置一个刀开关、一个漏电保护器，有一个配电箱。

（72）安全管理的"五个保证体系"：是指以总经理为首的行政指挥体系，以书记为首的思想政治体系，以总工程师为首的技术保证体系，以安监部门为主的监察体系，以工会和共青团为主的群众监督体系。

（73）建筑施工"五临边"：沟、坑、槽和深基础周边；楼层周边；楼梯侧边、平台或阳台边；屋面周边。

（74）安全管理"五同时"：在计划、布置、检查、总结、评比生产工作的同时，计划、布置、检查、总结、评比安全工作。

（75）五项创新内容：一是安全生产思想观念的创新、二是安全生产监管体制和机制的创新、三是安全生产监管手段的创新、四是安全科技创新、五是安全文化的创新。

（76）建筑施工"五大伤害"：高处坠落（53.10%）、坍塌（14.43%）、物体打击（10.57%）、机械伤害（9.82%）、触电（7.18%）。百分比为这五类事故各占建筑业死亡人数的百分比，合计95%以上。

（77）施工期间"五小设施"：办公室、宿舍、食堂、厕所、浴室。

（78）安全意识要求的"5W、1H"内容：WHY——为什么做（目的）；WHAT——范围、做什么、使用什么材料；WHO——谁来做；WHEN——什么时间做；WHERE——在哪里做；HOW——如何做，如何控制和记录。

（79）五整顿：整顿劳动纪律、整顿操作纪律、整顿工艺纪律、整顿工作纪律、整顿施工纪律。

（80）"五项落实"：落实整改的项目、措施、部门和负责人、时间、督察验收负责人。

（81）"五项创新"：一是安全生产思想观念的创新；二是安全生产监管体制和机制的创新；三是安全生产监管手段的创新；四是安全科技创新；五是安全文化的创新。

（82）安全生产五要素：安全文化、安全法规、安全责任、安全科技、安全投入。

（83）隐患治理"五落实"：是指按治理责任、措施、资金、期限和应急预案"五落实"。

（84）五项规定：关于安全生产责任制、关于安全技术措施计划、关于安全生产教育、关于安全生产的定期检查、关于伤亡事故的调查和处理。

（85）五不施工：任务交待不清、图纸不清楚不施工；质量标准和技术措施规定不清楚不施工；材料不符合要求、基本条件不具备不施工；施工机具不齐全、不完好不施工；上道工序不交接、质量不合格，下道工序不施工。

（86）五防：防止带负荷拉、合刀开关；防止误拉、误合开关；防止带地线合闸；防止带电挂接地线；防止误入带电。

（87）安全管理"6S"法：整理（Seiri）、整顿（Seiton）、清洁（Seiso）、清扫（Seiketsu）、素养（Shitsuke）、安全（Security）。

（88）我国《安全生产法》关于预防为主的规定，主要体现"六先"即安全意识在先、安全投入在先、安全责任在先、建章立制再先、隐患预防在先、监督执法在先。

（89）六大体系：企业安全保障、政府监管和社会监督、安全科技支撑、法律法规和政策标准、应急救援、宣教培训。

（90）安全管理必须坚持的"六个不变"：安全第一的思想不变、企业法人代表作为第一责任者的责任不变、执行有效的安全规章制度不变、强化安全生产的力度不变、安全生产重奖重罚的原则不变、依靠广大职工搞好安全工作的传统不变。

（91）施工现场安全生产"六大纪律"：

1）进入施工现场必须戴好安全帽，扣好帽带；并正确使用个人劳动防护用品。

2）2m以上的高处、悬空作业、无安全设施的，必须戴好安全带，扣好保险钩。

3）高处作业时，不准往下或向上乱抛材料和工具等物件。

4）各种电动机械设备必须有可靠有效的安全接地和防雷装置，方能开动使用。

5）不懂电气和机械的人员，严禁使用和玩弄机电设备。

6）吊装区域非操作人员严禁入内，吊装机械必须完好，把杆垂直下方不准站人。

（92）安全检查"六不宜"：

1）一不宜"走马观花"。

2）二不宜本该当机立断的却"缓期执行"。

3）三不宜"感情用事"。

4）四不宜"以吃代罚"。

5）五不宜"以罚代法"。

6）六不宜"简单粗暴"。

（93）基层安全工作"六心"管理保安全：

1）一是对待本职工作要"安心"。

2）二是基层领导对安全工作要"尽心"。

3）三是抓安全工作要"细心"。

4）四是职工对待安全生产要"关心"。

5）五是对待督促检查要"虚心"。

6）六是对安全隐患的整改要"用心"。

（94）进入施工现场作业人员的教育培训工作"七项必修内容"：

1）本工程特点、重点及施工安全基本知识（如：防火、防两高、保证主体运行安全等）。

2）本工程（包括施工生产现场）安全生产制度、规定及安全注意事项。

3）分项工程安全技术标准、工种的安全技术操作规程（分包单位及其专业班组工作内容，总承包监督检查）。

4）高处作业、起重作业、机械设备、电气安全等基础知识。

5）防火、防毒、防尘、防爆及紧急情况安全防范自救。

6）防护用品发放标准及防护用品、用具使用的基本知识。

7）本工程惨痛事故教训（如：高处坠落、火灾、起重等）。

（95）安全检查"八查"内容：

1）一查领导思想，提高企业各级领导的安全意识。

2）二查规章，提高职工遵守纪律、克服"三违"的自觉性。

3）三查现场隐患，提高设备设施的本质安全程度。

4）四查易燃易爆危险点，提高危险作业的安全保障水平。

5）五查危险品保管，提高防盗防爆的保障措施。

6）六查防火管理，提高全员消防意识和灭火技能。

7）七查事故处理，提高防范类似事故的能力。

8）八查安全生产宣传教育和培训工作是否经常化和制度化，提高全员安全意识和自我保护意识。

（96）各级安全管理人员、现场人员必修之"八荣八耻"：

1）以重视安全为荣，以忽视安全为耻。

2）以遵纪守法为荣，以违法乱纪为耻。

3）以规范管理为荣，以粗放管理为耻。

4）以自觉主动为荣，以被动应付为耻。

5）以关爱健康为荣，以蔑视生命为耻。

6）以现场整洁为荣，以脏乱无序为耻。

7）以安全先进为荣，以安全落后为耻。

8）以平安和谐为荣，以发生事故为耻。

（97）安全管理应做到的"九个到位"：领导责任到位、教育培训到位、安管人员到位、规章执行到位、技术技能到位、防范措施到位、检查力度到位、整改处罚到位、全员意识到位。

（98）"十大不安全心理因素"：侥幸、麻痹、偷懒、逞能、莽撞、心急、烦躁、赌气、自满、好奇。

（99）施工现场"十项安全技术措施"：

1）按规定使用安全"三宝"。

2）机械设备防护装置一定要齐全有效。

3）塔式起重机等起重设备必须有限位保险装置，不准"带病运转"，不准超负荷作业，不准在运转中维修养护。

4）架设电线线路必须符合当地电业局的规定，电气设备必须全部接零接地。

5）电动机械和手持电动工具要设置漏电掉闸装置。

6）脚手架材料及脚手架的搭设必须符合规程要求。

7）各种缆风绳及其设置必须符合规程要求。

8）在建工程"四口"防护必须规范、齐全。

9）严禁赤脚或穿高跟鞋、拖鞋进入施工现场，高处作业不准穿硬底和带钉易滑的鞋靴。

10）施工现场的悬崖、陡坎等危险区域应设警戒标志，夜间要设红灯警示。

（100）气割、电焊"十不焊"：

1）不是电焊、气焊工，无证人员不能焊割。

2）重点要害部位及重要场所未经消防安全部门批准，未落实安全措施不能焊割。

3）不了解焊割地点及周围情况（如该处能否动用明火，有否易燃易爆物品等）不能焊割。

4）不了解焊割物内部是否存在易燃、易爆的危险性不能焊割。

5）盛装过易燃、易爆的液体、气体的容器（如气瓶、油箱、槽车、储罐等）未经彻底清洗，排除危险性之前不能焊割。

6）用可燃材料（如塑料、软木、玻璃钢、谷物草壳、沥青等）作保温层、冷却层、隔热层等的部位，或火星飞溅到的地方，在未采取切实可靠的安全措施前不能焊割。

7）有压力或密闭的导管、容器等不能焊割。

8）焊割部位附近有易燃易爆物品，在未清理或未采取有效的安全措施前不能焊割。

9）在禁火区内未经消防安全部门批准不能焊割。

10）附近有与明火作业有抵触的工种在作业（如刷漆、防腐施工作业等）不能焊割。

（101）三不生产：不安全不生产、隐患不消除不生产、安全措施不落实不生产。

（102）车间隐患整改制度中的"四不交"：

1）个人能解决的不交班组。

2）班组能解决的不交工段。

3）工段能解决的不交车间。

4）车间能解决的不交厂部。

第2章 安全管理工作的体系与内容

2.1 安全生产管理机构的设置

2.1.1 安全生产管理机构

安全生产管理机构如图 2-1 所示。

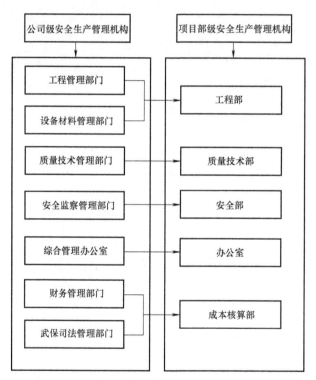

图 2-1 安全生产管理机构

2.1.2 各级安全生产责任制

1. 公司经理

（1）公司经理是企业劳动保护和安全生产工作的第一责任者，必须把安全生产工作列入重要的议事日程。

（2）认真贯彻执行安全生产的方针、政策、法律、法规、规定、文件，并以此为依据结合本单位特点，批准本单位的安全生产规章制度和标准。

（3）组织制定本单位的安全目标、规划，审签对各项目部的有关安全生产指标及其奖惩内容的承包责任状。

（4）主持召开重要的安全工作会议。每年向职工代表大会报告上年安全生产情况，提出本年度安全目标，组织编制、审批、布置全面工作和安全工作。

（5）保持安全保障体系的有效运行，加强安全检查机构和队伍建设，配备年富力强、懂技术、有能力的专业人员。

（6）组织技术人员研究制定改善劳动和卫生条件、减轻体力劳动、消除或减轻噪声、治理尘毒、保护环境的措施和规划，保证安全技术措施经费和其他安全措施经费。

（7）经常对公司各级领导和部门领导进行安全生产的方针、政策、安全知识、安全生产责任制等方面的教育，对职工进行安全生产、遵章守纪教育。

（8）主持重大伤亡事故的调查分析，提出处理意见和改进措施，并督促实施。

2. 公司副经理

（1）在经理领导下工作，在施工生产过程中，对国家财产和职工的安全健康负主要责任，从组织、管理、指挥、协调生产方面负领导责任。

（2）认真贯彻执行劳动保护和安全生产的方针、政策、法律、法规、规定、文件，并以此为依据，结合公司特点具体组织有关部门制定公司各项管理规定和安全生产责任制，检查、指导各级有关领导和部门执行情况。

（3）每月组织召开安全生产专业会议，分析安全生产状态，总结经验教训，制定防范措施，研究解决安全、防火、交通、工业卫生、环境保护、文明施工工作中存在的问题。

（4）检查安全保障体系运行的有效性，提高安全检查机构和安检队伍的素质，支持安检人员的工作，使其发挥应有的作用，使安全生产处于受控状态。

（5）在计划、布置、检查、总结、评比生产的同时负责计划、布置、检查、总结、评比安全工作和文明施工工作，组织安全竞赛活动，总结推广好的典型，对安全生产有突出贡献者，给予表扬和奖励。

（6）负责组织定期或不定期的安全检查和文明施工检查，组织有关部门和单位对职工进行安全生产和遵章守纪教育、新工人三级教育、特殊工种上岗前的培训取证教育等各项教育工作。

（7）组织重大伤亡事故和重大未遂事故的调查分析，按照"四不放过"的原则进行处理和上报。

（8）审批一级工程项目质量计划和参加其他施工组织设计、专项安全施工方案审定，对安全措施进行审核。

（9）按权限组织调查、分析、处理伤亡事故、重大险情隐患，指定整改措施并负责实施。

3. 公司总工程师

（1）对本公司的劳动保护和安全生产在技术工作上负全面领导责任。

（2）认真贯彻执行劳动保护和安全生产的方针、政策、法律、法规、规定、文件和各项安全生产管理制度，并检查执行情况。

（3）负责审批一级工程项目的施工组织设计、施工方案，在采用新技术、新工艺、新设备时，必须审查安全技术措施的适应性和可行性，督促贯彻执行。

（4）在检查施工和生产的技术工作的同时，负责安全技术检查、指导工作。及时解决生产中的安全技术问题，对主管的职能部门，进行安全责任制教育，并检查执行情况。

（5）组织工程技术人员和有关部门制订对劳动保护，消除粉尘、噪声，改善劳动条件等项目的实施措施，并督促检查取得实效。

（6）参与重大伤亡事故的调查，组织技术力量对重大事故发生的原因进行分析，提出技术鉴定意见和改进措施。

4. 项目经理

（1）项目经理是本项目的安全生产第一责任者，对所管理项目工程的安全生产负总责任。

（2）主持审查本项目的安全技术措施，呈报批准后负责组织贯彻实施。

（3）组织每周的安全专业会议，研究本项目的安全生产形势，解决安全生产中存在的问题，对检查出的问题，按"三定"原则积极组织整改。

（4）每周在计划、布置、检查、总结、评比生产的同时，计划、布置、检查、总结、评比安全生产工作。

（5）牢固树立"安全第一、预防为主"的思想，经常对本项目的职工，特别是工长、组长，进行安全生产和劳动纪律教育，总结交流安全生产经验，开展安全卫生竞赛活动，对职工进行劳动安全奖惩。注意职工的思想动态，制止违章作业。

（6）发生工伤事故和未遂事故及时上报，组织保护好事故现场，并认真分析事故原因，按照"四不放过"的原则提出和实现改进措施，对事故责任者提出处理意见。

（7）组织项目部及时整改安检部门提出的问题。

（8）组织有关人员搞好安全管理资料的编制、收集、整理和归档等工作。

（9）做好对女工、未成年工的劳动保护工作。

5. 项目技术负责人

（1）协助项目经理贯彻执行党和国家安全生产方针、政策及有关规定和制度，对项目的安全技术负直接责任。

（2）根据生产规模，组织或参加一般工程施工组织设计（施工方案）的编制，根据批准的施工组织设计（施工方案）向单项工程技术负责人、工长及有关人员进行书面安全技术交底，并督促检查其实施情况，主持编制项目部冬雨期施工安全技术措施，并组织实施和监督检查。

（3）负责组织职工学习有关安全技术规程和规章制度。

（4）参加工伤事故的调查分析，制定防范技术措施。

（5）组织有关人员研究改进机具、设备、消除粉尘噪声，改善劳动条件。

（6）参与施工现场（工作场所）搭设的脚手架、龙门架、安全网、安装的电器、机械等安全保护装置的验收，合格后方能使用。

（7）参加项目部安全检查，负责对施工班组或职工进行安全技术教育，督促生产班组及时解决查出来的事故隐患。

6. 工长

（1）认真贯彻落实上级有关安全生产的规程、规定和制度，对所管工程的安全生产负直接责任。

（2）组织实施安全技术措施，向班组进行书面安全技术交底，并监督班组实施情况。

（3）经常检查施工现场的安全设施，不违章指挥，发现隐患及时消除，坚持文明施工。

（4）树立"安全第一、预防为主"思想，坚持经常性的安全教育工作，组织工人学习安全操作规程，教育工人不违章作业，督促班组开好班前教育会。发生工伤事故立即上报，保护现场，参加调查处理。

7. 班组长

（1）认真执行、模范遵守上级有关安全生产的规章制度，领导本班组安全作业，对本班组生产的安全负责。

（2）组织开好班前安全生产交底会，认真执行安全交底，不违章操作，不违章指挥，同时有权拒绝违章指挥。

（3）经常组织本班组工人学习安全操作规程和规章制度，做好新工人的入场教育，教育工人在任何情况下不得违章作业；对不听劝阻的违章作业人员，可责令其停止作业。

（4）班前要对所使用的机具、设备、防护用品及作业环境进行安全检查，发现的问题解决后，才能继续使用和作业。

（5）在生产过程中，要经常注意检查施工现场（作业场所）存在的不安全因素，发现隐患及时解决，不能解决的要立即报请上级采取措施，保证安全方可继续作业。

（6）发生工伤事故，要立即向工长报告，并保护现场，做好记录，组织本班组人员分析事故原因，从中吸取教训，改进工作。

（7）组织本班组安全生产竞赛和评比，及时表扬好人好事，学习推广安全生产的先进经验。

8. 生产工人

（1）努力学习劳动卫生和安全生产知识，自觉遵守各项规章制度及安全操作规程，做到不违章作业。

（2）自觉遵守劳动纪律，服从领导听从指挥。

（3）爱护并正确使用生产设备、防护设施和防护用品。

（4）有权拒绝违章指挥，制止他人违章作业，发现危险征兆，主动采取措施或请有关专业人员解决。当人力无法抗拒时，可先撤离现场，并向负责人报告。

（5）积极参加安全生产活动，提出合理化建议，揭露批评安全生产工作中的缺点和问题。

（6）发生事故时，应积极抢救，保护现场，并如实向有关负责人报告。

9. 安全部经理

（1）根据公司规定的安全管理部门工作职责，对本部门、本系统的工作全面负责，并保证分工明确，使各项职责落实到具体管理岗位。

（2）认真贯彻执行党和国家有关安全生产劳动保护工作的方针、政策和上级有关条例、规定及公司各项规章制度。

（3）根据公司的具体情况，组织起草各项安全生产管理制度，批准后组织贯彻、实施。

（4）组织编制公司年度安全生产管理工作计划及措施，经批准后贯彻、实施，并对实施情况监督检查。

（5）定期组织公司的安全生产、文明施工检查工作及本部门管理工作的检查和考核工作，按时向主管经理汇报工作。

（6）负责组织重伤及以上事故的调查、分析、处理和上报。

（7）主持部门内的日常工作，制定每月的具体工作计划，组织每月的安全生产例会，研究总结提高安全生产管理工作。完成公司领导交办的其他工作。

（8）负责组织开展安全生产教育活动，总结、交流和推广安全生产经验。

（9）负责组织对现场环境保护工作的监督检查，协调外部关系。

（10）负责组织对安全设施的检查和鉴定劳动保护用品；负责制定劳保用品的配备标准，并对其执行情况进行监督。

（11）负责本系统人员的业务培训工作；配合其他部门定期组织特种作业人员培训取证工作和其他安全教育工作。

10. 安全部安全员

（1）努力学习和掌握各种安全生产业务技术知识，不断提高业务水平，做好本职工作。

（2）经常深入基层，了解各单位的施工和生产情况，指导和协调基层专业人员的工作；深入现场检查、督促工作人员，严格执行安全规程和安全生产的各项规章制度，制止违章指挥、违章操作，遇有严重险情，有权暂停生产，并报告领导处理。

（3）参与对一级项目工程施工组织设计（施工方案）中的安全技术措施的审核，并对其贯彻执行情况进行监督、检查、指导、服务。

（4）参加安全检查，负责做好记录，总结和签发事故隐患通知书等工作。

（5）认真调查研究，及时总结经验，协助领导贯彻和落实各项规章制度和安全措施，改进安全生产管理工作。

（6）协助部门经理配合有关部门，共同做好对新工人教育和特种作业人员的安全培训工作。

（7）完成部门经理交办的其他工作。

11. 项目部安全员

（1）努力学习和掌握业务技术知识，不断提高业务水平，做好本职工作。

（2）认真贯彻执行党和国家的安全生产方针、政策和有关规定及各项规章制度，参加项目部安全措施的制定工作。

（3）认真做好日常检查，做到预防为主，监督实施各项安全措施安全交底，制止违章指挥和违章操作，遇有严重险情，有权暂停生产并组织人员撤离。

（4）督促、指导、检查各生产班组搞好班前、班后安全活动，总结、交流、推广安全生产经验，配合有关人员搞好新工人入场教育、安全技术培训及变换工种教育，负责安全生产的宣传，组织安全活动。

（5）参加脚手架、龙门架、安全网等各种安全设施的验收工作。

（6）参加本项目部工伤事故和未遂事故的调查分析。

（7）完成领导交办的其他工作。

12. 班组兼职安全员

（1）班组兼职安全员在专职安全员的指导下，协助班组长开展安全工作。在安全生产中要以身作则，起模范带头作用。

（2）配合班组长，经常组织本班组工人学习操作规程和新工人的入场安全教育工作。

（3）协助班组长，坚持执行每日班前安全活动，开展无事故竞赛活动，并做好记录。

（4）教育督促本班组工人正确使用安全设备及个人防护用品，并在生产中随时检查执行情况。

（5）检查和维护班组的安全设施，做好作业现场安全状况自检工作，发现生产中有不安全因素应及时处理并报告。

2.2　施工现场重大危险源管理

2.2.1　施工现场危险源

由于建筑施工活动，可能导致施工现场及周围社区人员伤亡、财产损失、环境破坏等意外的潜在不安全因素。

2.2.2　危险源辨识

项目部应成立由项目经理任组长的危险源辨识评价小组，在工程开工前由危险源辨识评价小组对施工现场的主要和关键工序中的危险因素进行辨识。

2.2.3　危险源的分类

建筑施工企业的危险源大概可分为以下几类：高空坠落、物体打击、触电、坍塌、机械伤害、起重伤害、中毒和窒息、火灾和爆炸、车辆伤害、粉尘、噪声、灼烫、其他等。施工现场内的危险源主要与施工部位、分部分项（工序）工程、施工装置（设施、机械）及物质有关。如：脚手架（包括落地架、悬挑架、爬架等）、模板支撑体系、起重吊装设备、物料提升机、施工电梯的安装与运行，基坑（槽）施工，局部结构工程或临时建筑（工棚、围墙等）失稳，造成坍塌、倒塌意外；高度大于 2m 的作业面（包括高空、洞口、临边作业），因安全防护设施不符合或无防护设施、人员未配备劳动保护用品造成人员踏空、滑倒、失稳等意外；焊接、金属切割、冲击钻孔（凿岩）等施工及各种施工电气设备的安全保护（如：漏电、绝缘、接地保护等）不符合，造成人员触电、局部火灾等意外；工程材料、构件及设备的堆放与搬（吊）运等发生高空坠落、堆放散落、撞击人员等意外；人工挖孔桩（井）、室内涂料（油漆）及粘贴等因通风排气不畅造成人员窒息或气体中毒；施工用易燃易爆化学物品临时存放或使用不符合、防护不到位，造成火灾或人员中毒意外；工地饮食因卫生不符合，造成集体中毒或疾病。

2.2.4　危险源辨识的方法

在对危险源进行辨识时应充分考虑正常、异常、紧急三种状态以及过去、现在、将来三种时态。主要从以下作业活动中进行辨识：施工准备、施工阶段、关键工序、工地地址、工地内平面布局、建筑物构造、所使用的机械设备装置、有害作业部位（粉尘、毒物、噪声、振动、高低温）、各项制度（女工劳动保护、体力劳动强度等）、生活设施和应急设施、外出工作人员和外来工作人员。重点放在工程施工的基础、主体、装饰、装修阶段及危险品的控制及影响上，并考虑国家法律、法规的要求，特种作业人员、危险设施、经常接触有毒有害物质的作业活动和情况；具有易燃、易爆特性的作业活动和情况；具有职业性健康伤害、损害的作业活动和情况；曾经发生或行业内经常发生事故的作业活动和情况。

2.2.5　风险评价

风险评价是评估危险源所带来的风险大小及确定风险是否可容许的全过程，根据评价的结果对风险进行分级，按不同级别的风险有针对性地采取风险控制措施。安全风险的大小可采用事故后果的严重程度与事故发生可能性的乘积来衡量，具体见表 2-1。

表 2-1　风险的评价分级确定

可能性		后果				
		1	2	3	4	5
	A	低	低	低	中	高
	B	低	低	中	高	极高
	C	低	中	高	极高	极高
	D	中	高	高	极高	极高
	E	高	高	极高	极高	极高

2.2.6　风险控制

极高：作为重点的控制对象，制定方案实施控制。

高：直至风险降低后才能开始工作。为降低风险有时必须配备大量资源。当风险涉及正在进行中的工作时，应采取应急措施。在方案和规章制度中制定控制办法，并对其实施控制。

中：应努力降低风险，但应仔细测定并限定预防成本，在规章制度内进行预防和控制。

低：是指风险减低到合理可行的最低水平。此时不需要另外的控制措施，应考虑投资效果更佳的解决方案或不增加额外成本的改进措施，需要监测来确保控制措施得以维持。

2.3　施工现场目标指标管理

2.3.1　施工现场安全技术资料管理目标

资料分为安全生产责任制、安全管理目标、安全施工组织设计、分部（分项）工程安全技术交底、安全检查记录、安全教育、安全合同等。目标达到资料与施工同步。

2.3.2　文明施工管理目标

建筑施工现场的安全文明施工与城市形象密不可分。可以说安全、稳定、健康是其内在表现，"景观化"是其外在表现，因此建筑施工现场必须做到：建立安全生产、文明施工管理保证体系；制定文明施工方案；搭设规范化临时设施；设置施工现场安全平面图，按图摆放物料、机具，挂设安全标志；制作宣传栏，门口硬铺装，临时线暗敷设，密目式安全网；合理条件下现场绿化，生活区与作业区明显分开；遵章守纪，遵纪守法，不违章作业；要求建设主管部门各有关职能处室积极参与实行综合评定。

2.3.3　伤亡控制指标与管理

整个项目部应把工伤事故控制在 0.2%，伤亡事故控制在零。企业为了达到生产与安全的综合并管，对照现行行业标准《建筑施工安全检查标准》JGJ 59 的安全管理十不准，制定相关的控制管理制度。企业与企业管理人员签订经济与安全挂钩的责任合同；各作业班组长与作业人员签订安全责任合同；企业对各作业班组作业人员进行岗前三级教育，安全施工培训，考核合格后，签订安全责任合同，做好岗前安全技术交底；严禁违章指挥，违章操作，对违章指挥、违章操作行为严惩、严罚，对造成事故发生的当事人追究经济、法律责任。

2.4　施工组织设计及专项方案

2.4.1　施工组织设计

施工组织设计包括保证安全生产的安全技术措施、施工现场临时用电方案、国家安全条例和预防职业病的技术措施、施工现场安全标志平面图和现场排水平面图。安全生产技术措施必须根据工程特点、施工方法、劳动组织和作业环境等具体情况制定，要求内容全面，有针对性、可行性和可操作性。施工组织设计应由技术人员编制，经企业技术负责人审批，并经项目总监理工程师审批，由专业安全员监督实施。遇特殊情况需要修改的，应由编制人出具变更通知单，审批人签发后方可实施。

2.4.2　专项方案

（1）对达到一定规模危险性较大的分部（分项）工程应编制安全专项施工方案，并附有安全验算结果，经企业技术负责人、总监理工程师签字后实施，由专职安全生产管理人员进行现场监督。危险性较大的工程主要包括：基坑支护与降水工程、土方开挖工程、模板工程及支撑体系、起重吊装及安装拆卸工程、降水工程、脚手架工程、拆除工程、爆破工程、国务院建设行政主管部门或者其他有关部门规定的其他危险性较大工程。

（2）专项施工方案编制的主要内容包括：编制依据、工程概况、作业条件、人员组成及职责、具体施工方法、受力计算和要求、安全技术措施、环境保护措施等。方案编制由项目技术部门负责，经项目技术负责人和监理工程师审核签字后，由企业技术负责人、总监理工程师签字审核后方可进行教育、交底和实施。超过一定规模的危险性较大分部（分项）工程的安全专项施工方案，应组织专家论证，评审通过后报现场监理审核后实施。

（3）施工单位应当根据建设单位提供的施工现场及毗邻区域内的供水、排水、供电、供气、供热、通信、广播电视等地上、地下管线资料，气象和水文观测资料，毗邻建筑物和构筑物、地下工程的有关资料制定现场周边管线设施保护方案，并按方案组织施工。

2.5　现场安全生产投入

项目部根据企业安全生产管理规章制度，保障安全生产资金投入，贯彻"安全第一、预防为主、综合治理"的方针，落实"加强劳动保护，改善劳动条件"的政策。

安全生产投入主要包括：安全防护、安全教育、临时设施、文明施工、劳动防护用品、落实安全技术措施等资金的投入以及事故处理等相关费用。

2.6　安全生产专项治理

应把预防高空坠落、起重伤害作为安全专项治理的重点，目的是保证有效遏制重大事故的发生。为此需组织各专业人员的培训和考核，提高操作人员的安全操作技能和实际作业水平；操作人员必须经过培训并取得资格证书后方能上岗，持证上岗率达到100%，凡是无证的坚决不能上岗操作。同时，加大对外脚手架及"四口"防护和起重设备有效检测的监察，凡是达不到规范要求以及违反强制性条文或隐患较多的，要加重处罚；严禁违章指挥和违章操作；对没有专项安全技术措施或施工方案的不得组织施工。

2.7　安全创优达标

施工单位在施工现场积极开展安全文明施工标准化活动，同时严格按当地政府施工现场安全达标要求组织。现场安全文明施工管理是企业形象对外的窗口，各施工单位必须加大管理力度，高标准、严要求，严格按照本单位的管理规定结合现场实际，全面围绕施工现场安全标准化管理，运用科学管理手段组织实施，争取多创精品工程。

2.8　安全教育培训

国家安全生产监督管理总局《安全生产培训管理办法》指出，安全培训的目的是：为加强和规范生产经营单位安全培训工作，提高从业人员安全素质，防范伤亡事故，减轻职业危害。

安全教育是使广大职工熟悉有关安全生产规章制度和安全操作规程，具备必要的安全生产知识，掌握本岗位的安全操作技能，增强预防事故、控制职业危害和应急处理的能力。

安全教育是企业安全生产工作的重要内容，坚持安全教育制度，搞好对全体职工的安全教育，对提高企业安全生产水平具有重要作用。

2.9　安全检查

安全检查是发现、消除事故隐患，预防安全事故和职业危害比较有效和直接的方法之一，是主动的安全防范。

2.9.1　建筑工程施工安全检查的主要内容

建筑工程施工安全检查主要是以查安全思想、查安全责任、查安全制度、查安全措施、查安全防护、查设备设施、查教育培训、查操作行为、查劳动防护用品使用和查伤亡事故处理等为主要内容。安全检查要根据施工生产特点，具体确定检查的项目和检查的标准。

（1）查安全思想主要是检查以项目经理为首的项目全体员工（包括分包作业人员）的安全生产意识和对安全生产工作的重视程度。

（2）查安全责任主要是检查现场安全生产责任制度的建立；安全生产责任目标的分解与考核情况；安全生产责任制与责任目标是否已落实到了每一个岗位和每一个人员，并得到了确认。

（3）查安全制度主要是检查现场各项安全生产规章制度和安全技术操作规程的建立和执行情况。

（4）查安全措施主要是检查现场安全措施计划及各项安全专项施工方案的编制、审核、审批及实施情况；重点检查方案的内容是否全面、措施是否具体并有针对性，现场的实施运行是否与方案规定的内容相符。

（5）查安全防护主要是检查现场临边、洞口等各项安全防护设施是否到位，有无安全隐患。

（6）查设备设施主要是检查现场投入使用的设备设施的购置、租赁、安装、验收、使用、过程维护保养等各个环节是否符合要求；设备设施的安全装置是否齐全、灵敏、可靠，有无安全隐患。

（7）查教育培训主要检查现场教育培训岗位、教育培训人员、教育培训内容是否明确、具体、有针对性；三级安全教育制度和特种作业人员持证上岗制度的落实情况是否到位；教育培训档案资料是否真实、齐全。

（8）查操作行为主要是检查现场施工作业过程中有无违章指挥、违章作业、违反劳动纪律的行为发生。

（9）查劳动防护用品的使用主要是检查现场劳动防护用品、用具的购置，产品质量，配备数量和使用情况是否符合安全与职业卫生的要求。

（10）查伤亡事故处理是检查现场是否发生伤亡事故，对发生的伤亡事故是否已按照"四不放过"的原则进行调查处理，是否已有针对性地制定了纠正与预防措施；制定的纠正与预防措施是否已得到落实并取得实效。

2.9.2　建筑工程施工安全检查的主要形式

建筑工程施工安全检查的主要形式一般可分为定期安全检查，经常性安全检查，季节性安全检查，节假日安全检查，开工、复工安全检查，专业性安全检查和设备设施安全验收检查等。安全检查的组织形式应根据检查的目的、内容而定，因此参加检查的组成人员也就不完全相同。

（1）定期安全检查：建筑施工企业应建立定期分级安全检查制度，定期安全检查属全面性和考核性的检查，建筑工程施工现场应至少每旬开展一次安全检查工作，施工现场的定期安全检查应由项目经理亲自组织。

（2）经常性安全检查：建筑工程施工过程中应经常开展预防性的安全检查工作，以便于及时发现并消除事故隐患，保证施工生产正常进行。施工现场经常性的安全检查方式主要有：

1）现场专（兼）职安全生产管理人员及安全值班人员每天例行开展的安全巡视、巡查。

2）现场项目经理、责任工程师及相关专业技术管理人员在检查生产工作的同时进行的安全检查。

3）作业班组在班前、班中、班后进行的安全检查。

（3）季节性安全检查：季节性安全检查主要是针对气候特点（如暑季、雨季、风季、冬季等）可能给安全生产造成不利影响或带来危害而组织的安全检查。

（4）节假日安全检查：在节假日、特别是重大或传统节假日（如五一、十一、元旦、春节等）前后和节日期间，为防止现场管理人员和作业人员思想麻痹、纪律松懈等进行的安全检查。节假日加班，更要认真检查各项安全防范措施的落实情况。

（5）开工、复工安全检查：工程项目开工、复工之前进行的安全检查，主要检查现场是否具备保障安全生产的条件。

（6）专业性安全检查：由有关专业人员对现场某项专业安全问题或在施工生产过程中存在的比较系统性的安全问题进行的单项检查。这类检查专业性强，主要应由专业工程技术人员、专业安全管理人员参加。

（7）设备设施安全验收检查：针对现场塔式起重机等起重设备、外用施工电梯、龙门架及井架物料提升机、电气设备、脚手架、现浇混凝土模板支撑系统等设备设施在安装、搭设过程中或完成后进行的安全验收、检查。

2.9.3　建筑工程安全检查方法

建筑工程安全检查在正确使用安全检查表的基础上，可以采用"问""看""量""测""运转试验"等方法进行。

（1）"问"：主要是指通过询问、提问，对以项目经理为首的现场管理人员和操作工人进行的应知应会抽查，以便了解现场管理人员和操作工人的安全意识和安全素质。

（2）"看"：主要是指查看施工现场安全管理资料和对施工现场进行巡视。例如：查看项目负责人、专职安全管理人员、特种作业人员等的持证上岗情况；现场安全标志设置情况；劳动防护用品使用情况；现场安全防护情况；现场安全设施及机械设备安全装置配置情况等。

（3）"量"：主要是指使用测量工具对施工现场的一些设施、装置进行实测实量。例如：对脚手架各种杆件间距的测量；对现场安全防护栏杆高度的测量；对电气开关箱安装高度的测量；对在建工程与外电边线安全距离的测量等。

（4）"测"：主要是指使用专用仪器、仪表等监测器具对特定对象关键特性技术参数的测试。例如：使用漏电保护器测试仪对漏电保护器漏电动作电流、漏电动作时间的测试；使用地阻仪对现场各种接地装置接地电阻的测试；使用绝缘电阻表对电动机绝缘电阻的测试；使用经纬仪对塔式起重机、外用电梯安装垂直度的测试等。

（5）"运转试验"：主要是指由具有专业资格的人员对机械设备进行实际操作、试验，检验其运转的可靠性或安全限位装置的灵敏性。例如对塔式起重机力矩限制器、变幅限位器、起重限位器等安全装置的试验；对施工电梯制动器、限速器、上下极限限位器、门联锁装置等安全装置的试验；对龙门架超高限位器、断绳保护器等安全装置的试验等。

2.10　安全技术交底和班前安全活动

施工作业前，项目技术负责人应将分部（分项）工程安全施工的技术要求向施工班组进行安全技术交底。安全技术交底必须有针对性并应形成书面记录。交底和被交底双方签字，严禁代签。施工班组应认真执行班前安全活动制度，在班前要对所有机具、设备、防护用品及作业环境进行安全检查，并针对专业特点、当天施工任务和生产条件提出注意事项和防范措施。班组安全活动每天要有记录，尤其是变换工作内容或工作地点的时候，要组织所有人员进行安全教育。由班组兼职安全员填写并保存相关记录，不得以布置生产工作代替安全活动的内容。

2.11　安全防护用品

进入施工现场必须戴安全帽；登高作业必须戴安全带；在建建筑物四周必须用绿色的密目式安全网全封闭，这是多年来在建筑施工中对安全生产的规定。建筑工人称安全帽、安全带、安全网为救命"三宝"，目前，这三种防护用品都有产品标准。在使用时应选择符合建筑施工要求的产品。

1. 安全帽

安全帽的产品种类很多，制作安全帽的材料有塑料、玻璃钢、竹、藤等。无论选择哪个种类的安全帽，都必须满足下列要求：

（1）耐冲击：将安全帽经调温 +50℃、−10℃ 的温度下，紫外线照射水浸三种情况下处理后，用 5kg 重的钢锤自 1m 高处自由落下，冲击安全帽，最大冲击力不应超过（5000N 或 5kN），因为人体的颈椎只能承受 500kg 冲击力，超过就易受伤害。

（2）耐穿透：根据安全帽的不同材质可采用在 +50℃、−10℃ 或用水浸三种方法处理后，用 3kg 重的钢锥，自安全帽上方 1m 的高处，自由落下，钢锥穿透安全帽，但不能到头皮。这就要求在戴安全帽的情况下，帽衬顶端与帽壳内面的每一侧面的水平距离保持在 5~20mm。

（3）耐低温性能良好：当在 −10℃ 以下的气温中，安全帽的耐冲击和耐穿透性能不改变。

（4）侧向刚性达到规范要求。

2. 安全带

建筑施工中的攀登作业，独立悬空作业如搭设脚手架，吊装混凝土构件、钢构件及设备等，都属于高空作业，操作人员都应佩戴安全带。

安全带应选用符合标准要求的合格产品。目前常用的是带单边护钩型，在使用时要注意：

（1）安全带应高挂低用，防止摆动和碰撞；安全带上的各种部件不得任意拆掉。

（2）安全带使用两年以后，使用单位应按购进批量的大小，选择一定比例的数量，作一次抽检，用 80kg 的沙袋做自由落体试验，若破断不可继续使用，抽检的样带应更换新的挂绳才能使用；如试验不合格，这批安全带就应报废。

（3）安全带外观有破损或发现异味时，应立即更换。

（4）安全带使用 3~5 年即应报废。

3. 安全网

（1）安全网的形式及性能：目前，建筑工地所使用的安全网，按形式及其作用可分为平网和立网两种。由于这两种网使用中的受力情况不同，因此它们的规格、尺寸和强度要求等也有所不同。

1）平网：指其安装平面平行于水平面，主要用来承接人和物的坠落。

2）立网：指其安装平面垂直于水平面，主要用来阻止人和物的坠落。

（2）安全网的构造和材料：安全网由网体、边绳、系绳和筋绳构成。网体由网绳编结而成，具有菱形或方形的网目。编结物相邻两个绳结之间的距离称为网目尺寸；网体四周边缘上的网绳，称为边绳。安全网的尺寸（公称尺寸）即由边绳的尺寸而定；把安全网固定在支撑物上的绳，称为系绳。此外，凡用于增加安全网强度的绳，则统称为筋绳。

安全网的材料，要求其比重小、强度高、耐磨性好、延伸率大和耐久性较强。此外还应有一定的耐气候性能，受潮受湿后其强度下降不太大。目前，安全网以化学纤维为主要材料。同一张安全网上所有的网绳，都要采用同一材料，所有材料的湿干强力比不得低于

75%。通常，多采用维纶和尼龙等合成化纤作网绳。丙纶由于性能不稳定，禁止使用。此外，只要符合有关规定的要求，亦可采用棉、麻、棕等植物材料作为原料。不论用何种材料，每张安全平网的重量一般不宜超过15kg，并要能承受800N的冲击力。

4. 密目式安全网

按《建筑施工安全检查标准》（JGJ 59—2011）规定，P3×6的大网眼的安全平网就只能在电梯井里、外脚手架的跳板下面、脚手架与墙体间的空隙等处使用，在建筑物四周应用密目式安全网全封闭，这意味着两个方面的要求：在外脚手架的外侧用密目式安全网全封闭；无外脚手架时，在楼层里将楼板、阳台等临边处用密目式安全网全封闭。

密目式安全网的规格有两种：ML1.8m×6m 或 ML1.5m×6m。ML1.8m×6m 的密目网重量大于或等于3kg。密目式安全网的目数为在网上任意一处的 $10cm×10cm=100cm^2$ 的面积上，大于2000。那些重量相同小于2000目（眼）的密目网或者是800目的安全网，只能用于防风、治沙、遮阳和水产养殖，如果用于建筑物或外脚手架的外侧，它的强度不足以防止人员或物体坠落。

当前，生产密目式安全网的厂家很多，品种也很多，产品质量也参差不齐，为了能使用合格的密目式安全网，施工单位采购来以后，可以做现场试验，除外观、尺寸、重量、目数等的检查以外，还要做以下两项试验：

（1）贯穿试验：即将1.8m×6m的安全网与地面呈30°夹角放好，四边拉直固定。在网中心上方3m的地方，用一根ϕ48mm×3.5mm的5kg重的钢管，自由落下，网不贯穿，即为合格；网贯穿，即为不合格。

做贯穿试验必须使用ϕ48mm×3.5mm的钢管，并将管口边的毛刺削平。钢管的断面为3.5mm宽的一边道圆环，当5kg重的钢管坠落到与地面呈30°角的安全网上时，其贯穿力只通过钢管上的一小部分断面，作用在网面上，因为面积小贯穿力是很大的。如果选用壁厚的钢管或直径大的钢管，因贯穿时的接触面积大，贯穿力都会减弱。

（2）冲击试验：即将密目式安全网水平放置，四边拉紧固定。在网中心上方1.5m处，用一个100kg重的沙袋自由落下，网边撕裂的长度小于200mm，即为合格。

用密目式安全网对在建工程外围及外脚手架的外侧全封闭，就使得施工现场从大网眼的平网作水平防护的敞开式防护，用栏杆或小网眼立网作防护的半封闭式防护，实现了全封闭式防护。这不仅为工人创造了一个安全的作业环境，也给城市的文明建设增添了一道风景线，既是建筑施工安全生产一个质的变化，也是安全生产工作的一个飞跃。施工单位一定要选择符合上述要求的密目式安全网，决不能贪便宜而使用不合格产品。

5. 高处作业重大危险源控制

须有高处作业重大危险源识别、控制清单，有具体的措施方案，专人监控记录。

2.12　安全生产预警提示

各施工现场应在重大节日、重要会议、特殊季节、恶劣天气到来之前，针对安全管理薄弱环节，提出具体安全管理防护措施，通过手机短信、微信、电子显示屏等形式通知相关人员，防止生产安全事故的发生。

2.13　安全生产宣传

安全生产工作是一个长期性和全员性的艰巨任务，各单位要提高认识、加大宣传力度，在保障安全生产的同时，深入发动群众开展安全生产奖活动，努力做到"人人懂安全、人人学安全、人人讲安全、人人要安全"，从而建立一支高素质的管理队伍，扎扎实实做好安全管理工作。每年 6 月份是全国"安全生产月"，为搞好"安全生产月"的活动，要求各单位根据国家"安全生产月"活动安排内容和活动的主题，结合企业情况，充分利用安全生产月活动的契机，认真组织、精心策划，做到有目标、有措施、有成果，营造良好的安全生产宣传声势和工作氛围，切实提高全员安全生产意识和自我防护能力，达到以月促年的目的。

2.14　现场应急救援

（1）应急领导机构：项目部应成立相应应急领导小组，负责应急救援工作。

（2）应急计划（预案）及演练：工程项目部制定应急准备和响应计划。其内容包括：潜在事态发生的物质、场所、原因及预防措施；应急对策、应急设施和装备，职责和信息传递。应急准备和响应计划（预案）应及时让所有相关岗位、人员掌握，对应急计划（预案）的有效性适时进行演练，并做好记录。

（3）工程开工或阶段性施工开始前，项目经理部根据活动、项目特点、管理水平、资源配置、技术装备能力、外部条件等识别潜在事故和应急情况，控制潜在事故和可能引起人员、材料、装备、设施破坏的紧急情况。如火灾、坍塌、高空坠落、触电、物体打击、起重伤害、机械伤害及自然灾害等。

（4）发生事故或紧急情况时，现场负责人应立即按应急计划（预案）处理，保护现场，迅速逐级落实。

2.15　安全标志

2.15.1　安全标志基本要求

（1）施工现场安全标识牌形式、内容及使用应符合《安全标志及其使用导则》（GB 2894—2008）要求。

（2）安全标志采用镀锌钢板（有触电危险的作业场所应使用绝缘材料）、PVC 板或铝塑板制成，面层采用户外车贴。

（3）安全标志应设置于明亮、醒目处。设置的高度，应尽量与人眼的视线高度相一致。

（4）安全标志不应设在门、窗、架等可移动的物体上，以免标志牌随母体物体相应移动，影响认读。安全标志前不得放置妨碍认读的障碍物。

（5）多个安全标志在一起设置时，应按警告、禁止、指令、提示类型的顺序，先左后右、先上后下地排列。

（6）安全标志应随时进行检查，如发现有破损、变形、褪色等不符合要求的，应及时修整或更换。

2.15.2　禁止标志

（1）禁止标志牌的基本形式是白色长方形衬底，涂写红色圆形带斜杠的禁止标志，下方文字辅助标志衬底色为黑色，字体为黑体字，白色字（图 2-2 和图 2-3）。

（2）标志牌宽×高＝400mm×500mm。

（3）禁止内容根据图标自定。

图 2-2　禁止标志

标志	使用部位	标志	使用部位	标志	使用部位	标志	使用部位
禁止烟火	仓库内处、室内。木材加工场、木材及易燃物品堆放醒目的地方	禁止吸烟	仓库内外、室内。木材加工场、木材及易燃物堆放醒目的地方	禁带火种	仓库内外、室内。木材加工场、木材及易燃物堆放醒目的地方	禁止用水灭火	发电机房、变电配电室内外、大型电器设备旁醒目处
禁放易燃物	发电机房、变电配电房、仓库、木工加工场等室内外醒目处	禁止启动	卷扬机、电锯、电刨、搅拌机、钢筋调直、变切机、预应力张拉机等维修时下班后在启动处悬挂	修复时禁止转动	卷扬机、电锯、电刨、搅拌机、钢筋调直、变切机周围醒目处	运转时禁止加油	卷扬机、电锯、电刨、搅拌机、钢筋调直、变切机周围醒目处
禁止通行	提升架进料口处。卷扬机钢丝绳运行处、坑槽、预留洞口边缘处、提升架塔吊、脚手架装拆警戒线处	禁止跨越	卷扬机钢丝绳运行处。坑槽、预留洞口边缘处。有禁止通告的安全防护栏杆处	禁止堆放	配电箱处、安全能道处、消防通道处、楼梯处、深层坑边、挖孔桩井口边	禁止抛物	安装模板、砌墙、外墙装饰、室内垃圾清理、高空作业等操作现场
禁止明火作业	仓库内外、室内。木材加工场、木材及易燃物品堆放醒目的地方	禁止触摸	卷扬机、搅拌机、电锯、电刨、钢筋弯切机、变压器等机械转动部位及有电处	禁止攀登	龙门架、井字架、脚手架、高压电杆、变压器等醒目处	禁止停留	卷扬机钢丝绳运行处。起重机操作现场。提升架、塔吊装拆警戒线处。现场非安全通道处，预应力张拉现场
禁止吊篮乘人	龙门架、井字架进料口上方	禁止合闸	现场机械设备、电气线路维修时在配电箱或开关箱门上悬挂				

图 2-3　禁止标志及使用部位

2.15.3　警告标志

（1）警告标志牌的基本形式是白色长方形衬底，涂写黄色正三角形及黑色标识符警告标志，下方为黑框白底，字体为黑体体黑色字（图 2-4 和图 2-5）。

（2）标志牌宽×高＝400mm×500mm。

图 2-4　警告标志

标志	使用部位	标志	使用部位	标志	使用部位	标志	使用部位
注意安全	提升架进料口、坑槽口、通道口、交通路口、安全警戒线处、安全防护栏杆处、高空作业现场	当心火灾	有易燃气体、油料处。仓库内外、木工加工场、木材及易熔熔物品堆放处。电焊及明火作业现场。伙房处	当心爆炸	存放炸药的仓库内外有煤气、氧气、乙炔气的场所醒目处	当心腐蚀	存放、使用化学腐蚀物品的仓库、场所醒目处
当心中毒	存放、使用化学有毒物品的仓库、场所醒目处	当心触电	总配电箱、分配电箱、开关箱、变压器、发电机等醒目处	当心机械伤人	电锯、电刨、钢筋变切机、搅拌机、卷扬机、预应力张拉机操作现场醒目处	当心扎脚	模板安装、拆除、堆放现场、钢筋加工堆放现场
当心伤手	电锯、电刨、钢筋变切机、搅拌机、卷扬机、切割机、预应力张拉机操作现场醒目处	当心烫伤	沥青熬化处及使用操作现场	当心吊物	吊机、井字架摇臂扒杆起吊物品操作范围边缘警戒线处	当心落物	建筑物底层周边醒目处
当心坠落	建筑物互临边、预留洞、电梯井口、龙门架、井字架楼层卸料平台处	当心塌方	基础上方开挖现场边坡处，巷道施工现场	当心弧光	电焊操作现场醒目处	当心车辆	现场汽车出入大门处。现场内主要交叉口
当心坑洞	挖孔桩井口边、基坑边、预留洞口口边	当心滑跌	楼梯口、脚手架斜坡道、现场斜坡道、高空作业处等醒目处	当心绊倒	楼梯口、脚手架斜坡道、现场斜坡道、高空作业处等醒目处	当心电缆	电焊机、手持电动工具的电缆无法架空时，在现场醒目处悬挂

图 2-5　警告标志及使用部位

（3）禁止内容根据图标自定。

2.15.4　指令标志

（1）指令标志牌为白色长方形衬底，上面涂写蓝色图形标志，标识符为白色，下方文字辅助标志衬底色为蓝色，字体为黑体字，白色字（图 2-6 和图 2-7）。

必须戴安全帽　　　必须系安全带　　　必须戴防尘口罩

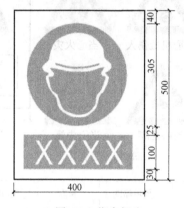

图 2-6　指令标志

标志	使用部位	标志	使用部位	标志	使用部位	标志	使用部位
必须戴安全帽	施工现场大门入口处、安全通道入口处、高空作业现场楼层操作现场	必须系安全带	安全通道入口处、高空作业现场	必须戴防护眼镜	电焊焊接现场、荧光探伤现场	必须戴防毒面具	焊铜、铝、锌、锡、铅等有色金属操作现场。井下作业现场、化学、防腐蚀工程作业现场
必须戴防护手套	电焊现场、混凝土施工现场、水磨石施工现场、化学及防腐蚀工程施工现场	必须穿防护鞋	混凝土施工现场、水磨石施工现场、潮湿现场、井下作业现场、化学及防腐蚀工程作业现场	必须戴防尘口罩	水泥仓库、混凝土砂浆搅拌现场、巷道施工现场	必须戴防护装置	不能随意拆除的安全网、安全挡标、安全栏杆处。有传动防护罩的机械现场

图 2-7　指令标志及使用部位

（2）标志牌宽×高 = 400mm×500mm。

（3）禁止内容根据图标自定。

2.15.5　安全提示标志

（1）安全提示标志牌的基本形式是绿色矩形，标识符为白色，下面为黑体字。

（2）标志牌宽×高 = 400mm×250mm（图 2-8 和图 2-9）。

（3）指令内容根据图标自定。

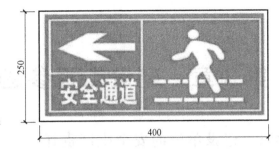

图 2-8　安全提示标志

图 2-9　安全提示标志

2.16　劳动保护

施工现场应根据具体情况编制职业病预防措施，如电气焊、油漆、水泥操作工等工种的职业病预防措施，严格按照劳动保护用品的发放标准和范围为相关人员配备符合国家或行业标准要求的口罩、防护镜、绝缘手套、绝缘鞋等劳动保护用品，尤其是一线工人的特殊劳动保护用品和必要的劳动保护用品。要加强施工现场的劳动保护用品的采购、保管、发放和报废管理，严格掌握质量标准和要求。所采购的劳动保护用品必须有合格证及相关检验证明，必要时应对其安全性能进行抽样检测和试验，严禁不合格的劳动保护用品进入施工现场。对于二次使用的劳动保护用品应按照其相关标准进行检测试验，破损严重、失去保护功能、不能有效保证安全的劳动保护用品必须及时更换。

第3章　建设工程参建各方的安全生产责任

3.1　建设单位的安全生产责任

（1）建设单位应当向施工单位提供施工现场及毗邻区域内供水、排水、供电、供气、供热、通信、广播电视等地下管线资料，气象和水文观测资料，相邻建筑物和构筑物、地下工程的有关资料，并保证资料的真实、准确、完整。

建设单位因建设工程需要，向有关部门或者单位查询前款规定的资料时，有关部门或者单位应当及时提供。

（2）建设单位不得对勘察、设计、施工、工程监理等单位提出不符合建设工程安全生产法律、法规和强制性标准规定的要求，不得压缩合同约定的工期。

（3）建设单位在编制工程概算时，应当确定建设工程安全作业环境及安全施工措施所需费用。

（4）建设单位不得明示或者暗示施工单位购买、租赁、使用不符合安全施工要求的安全防护用具、机械设备、施工机具及配件、消防设施和器材。

（5）建设单位在申请领取施工许可证时，应当提供建设工程有关安全施工措施的资料。

依法批准开工报告的建设工程，建设单位应当自开工报告批准之日起15日内，将保证安全施工的措施报送建设工程所在地的县级以上地方人民政府建设行政主管部门或者其他有关部门备案。

（6）建设单位应当将拆除工程发包给具有相应资质等级的施工单位。

建设单位应当在拆除工程施工15日前，将下列资料报送建设工程所在地的县级以上地方人民政府建设行政主管部门或者其他有关部门备案：

1）施工单位资质等级证明。

2）拟拆除建筑物、构筑物及可能危及毗邻建筑的说明。

3）拆除施工组织方案。

4）堆放、清除废弃物的措施。

实施爆破作业的，应当遵守国家有关民用爆炸物品管理的规定。

3.2　勘察单位的安全生产责任

（1）勘察单位应当按照法律、法规和工程建设强制性标准进行勘察，提供的勘察文件应当真实、准确，满足建设工程安全生产的需要。

（2）勘察单位在勘察作业时，应当严格执行操作规程，采取措施保证各类管线、设施和周边建筑物、构筑物的安全。

3. 3　设计单位的安全生产责任

（1）设计单位应当按照法律、法规和工程建设强制性标准进行设计，防止因设计不合理导致生产安全事故的发生。

（2）设计单位应当考虑施工安全操作和防护的需要，对涉及施工安全的重点部位和环节在设计文件中注明，并对防范生产安全事故提出指导意见。

（3）采用新结构、新材料、新工艺的建设工程和特殊结构的建设工程，设计单位应当在设计中提出保障施工作业人员安全和预防生产安全事故的措施建议。

（4）设计单位和注册建筑师等注册执业人员应当对其设计负责。

3. 4　施工单位的安全生产责任

（1）施工单位从事建设工程的新建、扩建、改建和拆除等活动，应当具备国家规定的注册资本、专业技术人员、技术装备和安全生产等条件，依法取得相应等级的资质证书，并在其资质等级许可的范围内承揽工程。

（2）施工单位主要负责人依法对本单位的安全生产工作全面负责。施工单位应当建立健全安全生产责任制度和安全生产教育培训制度，制定安全生产规章制度和操作规程，保证本单位安全生产条件所需资金的投入，对所承担的建设工程进行定期和专项安全检查，并做好安全检查记录。

施工单位的项目负责人应当由取得相应执业资格的人员担任，对建设工程项目的安全施工负责，落实安全生产责任制度、安全生产规章制度和操作规程，确保安全生产费用的有效使用，并根据工程的特点组织制定安全施工措施、消除安全事故隐患，及时、如实报告生产安全事故。

（3）施工单位对列入建设工程概算的安全作业环境及安全施工措施所需费用，应当用于施工安全防护用具及设施的采购和更新、安全施工措施的落实、安全生产条件的改善，不得挪作他用。

（4）施工单位应当设立安全生产管理机构，配备专职安全生产管理人员。

专职安全生产管理人员负责对安全生产进行现场监督检查。发现安全事故隐患，应当及时向项目负责人和安全生产管理机构报告；对违章指挥、违章操作的，应当立即制止。

专职安全生产管理人员的配备办法由国务院建设行政主管部门会同国务院其他有关部门制定。

（5）建设工程实行施工总承包的，由总承包单位对施工现场的安全生产负总责。

总承包单位应当自行完成建设工程主体结构的施工。

总承包单位依法将建设工程分包给其他单位的，分包合同中应当明确各自的安全生产方面的权利、义务。总承包单位和分包单位对分包工程的安全生产承担连带责任。

分包单位应当服从总承包单位的安全生产管理，分包单位不服从管理导致生产安全事故的，由分包单位承担主要责任。

（6）垂直运输机械作业人员、安装拆卸工、爆破作业人员、起重信号工、登高架设作业人员等特种作业人员，必须按照国家有关规定经过专门的安全作业培训，并取得特种作业操作资格证书后，方可上岗作业。

（7）施工单位应当在施工组织设计中编制安全技术措施和施工现场临时用电方案，对下列达到一定规模的危险性较大的分部（分项）工程编制专项施工方案，并附具安全验算结果，经施工单位技术负责人、总监理工程师签字后实施，由专职安全生产管理人员进行现场监督：

1）基坑支护与降水工程。

2）土方开挖工程。

3）模板工程。

4）起重吊装工程。

5）脚手架工程。

6）拆除、爆破工程。

7）国务院建设行政主管部门或者其他有关部门规定的其他危险性较大的工程。

前述所列工程中涉及深基坑、地下暗挖工程、高大模板工程的专项施工方案，施工单位还应当组织专家进行论证、审查。

对于达到一定规模的危险性较大工程的标准，由国务院建设行政主管部门会同国务院其他有关部门制定。

（8）建设工程施工前，施工单位负责项目管理的技术人员应当对有关安全施工的技术要求向施工作业班组、作业人员做出详细说明，并由双方签字确认。

（9）施工单位应当在施工现场入口处、施工起重机械、临时用电设施、脚手架、出入通道口、楼梯、电梯井口、孔洞口、桥梁口、隧道口、基坑边沿、爆破物及有害危险气体和液体存放处等危险部位，设置明显的安全警示标志，安全警示标志必须符合国家标准。

施工单位应当根据不同施工阶段和周围环境及季节、气候的变化，在施工现场采取相应的安全施工措施。施工现场暂时停止施工的，施工单位应当做好现场防护，所需费用由责任方承担，或按照合同约定执行。

（10）施工单位应当将施工现场的办公、生活区与作业区分开设置，并保持安全距离；办公、生活区的选址应当符合安全性要求。职工的膳食、饮水、休息场所等应当符合卫生标准。施工单位不得在尚未竣工的建筑物内设置员工集体宿舍。

施工现场临时搭建的建筑物应当符合安全使用要求。施工现场使用的装配式活动房屋应当具有产品合格证。

（11）施工单位对因建设工程施工可能造成损害的毗邻建筑物、构筑物和地下管线等，应当采取专项防护措施。

施工单位应当遵守有关环境保护法律、法规的规定，在施工现场采取措施，防止或者减少粉尘、废气、废水、固体废物、噪声、振动和施工照明对人和环境的危害和污染。

在城市市区内的建设工程，施工单位应当对施工现场实行封闭围挡。

（12）施工单位应当在施工现场建立消防安全责任制度，确定消防安全责任人，制定用火、用电、使用易燃易爆材料等各项消防安全管理制度和操作规程，设置消防通道、消防水源，配备消防设施和灭火器材，并在施工现场入口处设置明显标志。

（13）施工单位应当向作业人员提供安全防护用具和安全防护服装，并书面告知危险岗位的操作规程和违章操作的危害。

作业人员有权对施工现场的作业条件、作业程序和作业方式中存在的安全问题提出批评、检举和控告，有权拒绝违章指挥和强令冒险作业。

在施工中发生危及人身安全的紧急情况时，作业人员有权立即停止作业或者在采取必要的应急措施后撤离危险区域。

（14）作业人员应当遵守安全施工的强制性标准、规章制度和操作规程，正确使用安全防护用具、机械设备等。

（15）施工单位采购、租赁的安全防护用具、机械设备、施工机具及配件，应当具有生产（制造）许可证、产品合格证，并在进入施工现场前进行查验。

施工现场的安全防护用具、机械设备、施工机具及配件必须由专人管理，定期进行检查、维修和保养，建立相应的资料档案，并按照国家有关规定及时报废。

（16）施工单位在使用施工起重机械和整体提升脚手架、模板等自升式架设设施前，应当组织有关单位进行验收，也可以委托具有相应资质的检验检测机构进行验收；使用承租的机械设备和施工机具及配件的，由施工总承包单位、分包单位、出租单位和安装单位共同进行验收。验收合格后方可使用。

《特种设备安全监察条例》规定的施工起重机械，在验收前应经有相应资质的检验检测机构监督检验合格。

施工单位应当自施工起重机械和整体提升脚手架、模板等自升式架设设施验收合格之日起 30 日内，向建设行政主管部门或者其他有关部门登记。登记标志应当置于或者附着于该设备的显著位置。

（17）施工单位的主要负责人、项目负责人、专职安全生产管理人员应当经建设行政主管部门或者其他有关部门考核合格后方可任职。

施工单位应当对管理人员和作业人员每年至少进行一次安全生产教育培训，其教育培训情况记入个人工作档案。安全生产教育培训考核不合格的人员，不得上岗。

（18）作业人员进入新的岗位或者新的施工现场前，应当接受安全生产教育培训。未经教育培训或者教育培训考核不合格的人员，不得上岗作业。

施工单位在采用新技术、新工艺、新设备、新材料时，应当对作业人员进行相应的安全生产教育培训。

（19）施工单位应当为施工现场从事危险作业的人员办理意外伤害保险。

意外伤害保险费由施工单位支付。实行施工总承包的，由总承包单位支付意外伤害保险费。意外伤害保险期限自建设工程开工之日起至竣工验收合格止。

3.5　监理单位的安全生产责任

（1）工程监理单位应当审查施工组织设计中的安全技术措施或者专项施工方案是否符合工程建设强制性标准。

（2）工程监理单位在实施监理过程中，发现存在安全事故隐患的，应当要求施工单位整改；情况严重的，应当要求施工单位暂时停止施工，并及时报告建设单位。施工单位拒不整改或者不停止施工的，工程监理单位应当及时向有关主管部门报告。

（3）工程监理单位和监理工程师应当按照法律、法规和工程建设强制性标准实施监理，并对建设工程安全生产承担监理责任。

3.6　其他相关单位的安全生产责任

（1）为建设工程提供机械设备和配件的单位，应当按照安全施工的要求配备齐全有效的保险、限位等安全设施和装置。

（2）出租的机械设备和施工机具及配件，应当具有生产（制造）许可证、产品合格证。

出租单位应当对出租的机械设备和施工机具及配件的安全性能进行检测，在签订租赁协议时，应当出具检测合格证明。

禁止出租检测不合格的机械设备和施工机具及配件。

（3）在施工现场安装、拆卸施工起重机械和整体提升脚手架、模板等自升式架设设施，必须由具有相应资质的单位承担。

安装、拆卸施工起重机械和整体提升脚手架、模板等自升式架设设施，应当编制拆装方案、制定安全施工措施，并由专业技术人员现场监督。

施工起重机械和整体提升脚手架、模板等自升式架设设施安装完毕后，安装单位应自检，出具自检合格证明，并向施工单位进行安全使用说明，办理验收手续并签字。

（4）施工起重机械和整体提升脚手架、模板等自升式架设设施的使用达到国家规定的检验检测期限的，必须经具有专业资质的检验检测机构检测。经检测不合格的，不得继续使用。

（5）检验检测机构对检测合格的施工起重机械和整体提升脚手架、模板等自升式架设设施，应出具安全合格证明文件，并对检测结果负责。

3.7　安全监督管理机构的安全生产责任

（1）国务院负责安全生产监督管理的部门依照《中华人民共和国安全生产法》的规定，对全国建设工程安全生产工作实施综合监督管理。

县级以上地方人民政府负责安全生产监督管理的部门依照《中华人民共和国安全生产法》的规定，对本行政区域内建设工程安全生产工作实施综合监督管理。

（2）国务院建设行政主管部门对全国的建设工程安全生产实施监督管理。国务院铁路、交通、水利等有关部门按照国务院规定的职责分工，负责有关专业建设工程安全生产的监督管理。县级以上地方人民政府建设行政主管部门对本行政区域内的建设工程安全生产实施监督管理。县级以上地方人民政府交通、水利等有关部门在各自的职责范围内，负责本行政区域内的专业建设工程安全生产的监督管理。

（3）建设行政主管部门和其他有关部门应当将《安全生产管理条例》中规定的有关资料的主要内容抄送同级负责安全生产监督管理的部门。

（4）建设行政主管部门在审核发放施工许可证时，应当对建设工程是否有安全施工措施进行审查，对没有安全施工措施的，不得颁发施工许可证。

建设行政主管部门或者其他有关部门对建设工程是否有安全施工措施进行审查时，不得收取费用。

（5）县级以上人民政府负有建设工程安全生产监督管理职责的部门在各自的职责范围内履行安全监督检查职责时，有权采取下列措施：

1）要求被检查单位提供有关建设工程安全生产的文件和资料。

2）进入被检查单位施工现场进行检查。

3）纠正施工中违反安全生产要求的行为。

4）对检查中发现的安全事故隐患，责令立即排除；重大安全事故隐患排除前或者排除过程中无法保证安全的，责令从危险区域内撤出作业人员或者暂时停止施工。

（6）建设行政主管部门或者其他有关部门可以将施工现场的监督检查委托给建设工程安全监督机构具体实施。

（7）国家对严重危及施工安全的工艺、设备、材料实行淘汰制度，具体目录由国务院建设行政主管部门会同国务院其他有关部门制定并公布。

（8）县级以上人民政府建设行政主管部门和其他有关部门应当及时受理对建设工程生产安全事故及安全事故隐患的检举、控告和投诉。

第4章 施工现场安全生产管理机构设置及岗位职责

4.1 建筑工程安全生产管理的基本制度

4.1.1 安全生产责任制度

安全生产责任制度是建筑生产中最基本的安全管理制度，是所有安全规章制度的核心，安全生产责任制度是指将各种不同的安全责任落实到责任安全管理的人员和具体岗位人员身上的一种制度。安全生产责任制度的主要内容：

(1) 从事建筑活动主体的责任人的责任制。

(2) 从事建筑活动主体的职能机构或职能处室责任人及其工作人员的安全生产责任制。

(3) 岗位人员的安全生产责任制。

4.1.2 安全生产管理制度

1. 常用安全生产管理制度

常用安全生产管理制度见表4-1。

表 4-1 常用安全生产管理制度

序号	安全生产管理制度
1	安全生产宣传教育制度
2	班组实行上岗安全活动制度
3	安全生产检查制度
4	公司安全活动日的活动制度
5	安全事故处理制度
6	安全生产责任制度
7	安全生产奖罚制度
8	社会治安综合治理宣传教育制度
9	社会治安综合治理检查制度
10	工地治安保卫制度
11	门卫管理制度
12	信息管理制度
13	劳保用品发放与管理制度
14	职工活动室制度
15	工地综合治理消防安全管理规定
16	财务现金、票证制度
17	施工现场外来人员管理制度

（续）

序号	安全生产管理制度
18	工地定期防火检查制度
19	施工现场动用明火审批制度
20	消防器材安全管理制度
21	安全防火奖罚制度
22	木工房安全防火制度
23	伙房安全防火制度
24	库房安全防火制度
25	工地卫生管理制度
26	生活区卫生管理制度
27	门前卫生定期清扫管理制度
28	食堂卫生管理制度
29	宿舍管理制度
30	浴室间管理制度
31	厕所保洁制度
32	特殊重点部位防火措施
33	木工间安全防火规定
34	电焊间安全防火规定
35	配电间安全防火规定
36	机修房安全防火规定
37	材料仓库安全防火规定
38	油漆仓库安全防火规定
39	食堂间安全防火规定
40	办公室治安防范要求
41	财务室治安防范要求
42	宿舍治安防范要求
43	仓库治安防范要求
44	木工间职责
45	值勤管理制度
46	浴室治安防范要求
47	更衣室治安防范要求
48	仓库管理制度
49	商店门市部治安防范要求

　　2. 常用安全生产管理制度的内容

　　（1）安全生产宣传教育制度：

　　1）利用各种形式场合，经常宣传党的安全生产方针，对各工种的安全生产进行有针对性教育，并认真贯彻到实际的生产过程中，正确处理好"生产必须安全、安全促进生产"

的辩证关系，一丝不苟地遵守安全操作规程。

2）对新工人、合同工、培训实习生等必须及时组织好上岗前的三级安全教育（公司、工程项目部、班组）。

3）对容易发生事故的特殊工种，如电工、电焊工、架子工、塔式起重机驾驶员和指挥人员、施工电梯操作工，中小型机械操作人员等组织安全操作培训，经考试合格，方准独立持证上岗操作。

4）结合季节性、节假日前后，职工的思想容易疏忽而放松安全生产的规律，抓住环节进行宣传教育。

5）凡是自然条件变化，大风暴雨、汛期、大雪冰冻、雷雨季节，抓住气候变化特点，进行安全教育。

6）施工现场主要道口或醒目处设立安全宣传教育牌，事故案例分析，利用图片、照相、幻灯、录像的安全教育。

（2）班组实行上岗安全活动制度：

1）班组每天上岗安全活动时间不得少于 15min。

2）班组上岗安全活动由班组长负责组织，班组长不在时委托专人代行组织，并对上岗安全活动内容和出席情况，逐日记录、备查。

3）各施工管理人员对班组上岗安全活动情况负有指导、督促的责任。

4）班组上岗安全活动要求的基本内容：

① 一定要进行上岗集体安全交底：安全交底要有针对性、及时性，可按气候、周围环境、人的思想情绪、机电设备、施工具体任务及上一班安全施工情况。

② 一定要求个人上岗安全自查：班组长有责任督促职工上岗安全自查，查安全意识、自身安全防护用品及接受任务相应的安全用具是否完好齐全。

③ 一定要对操作岗位安全设施检查：每日上岗操作前要求每个成员对本岗位的安全设施作例行性的经常性的检查，发现问题应及时向工地负责人反映，在未采取整改措施的情况下有权拒绝施工。

④ 严禁带有不安全因素上岗（如不戴好安全带等）。

⑤ 严禁违反安全操作规程进行操作。

5）各级组织要关心班组的上岗安全活动，并把活动开展情况作为创文明班组竞赛评比的先决条件之一，加以检查和考核。

（3）安全生产检查制度：

1）公司每月由专职经理带队组织各科室有关人员进行安全生产检查，包括施工现场标准化管理工作检查。

2）安全系统平时组织二级安全员巡回检查活动，按季节气候条件变化与节假日前后的事故多发性特点及施工进度搭接情况，查制度执行情况、查思想、查基础管理、查安全设施。发现问题及时解决，及时组织领导进行对话，一起商讨解剖问题，落实措施、实施日期，然后再进行复查，重点复查措施落实情况直到解决为止。

3）生产班组每天上下班前由班组长进行安全检查，在施工中发现问题随时采取措施解决。

4）生产要有重点，讲究实效，不流于形式，查出问题要认真记录，做到"三定"（定人、定期、定措施)。

（4）公司安全活动日的活动制度：

1）全公司统一确定每周×为"安全活动日"。

2）安全活动日由工地项目经理负责实施，公司质安科可以随机选择参加一个工地，督促指导班组开展活动。

3）班组活动必须坚持做好以下几点工作：①必须严格执行每周一次进行安全活动规定；②学习上级部门颁发的有关安全生产规定和制度，并结合本工种实际情况，认真贯彻执行；③学习有关安全生产先进事迹和事故，从中吸取经验教训，举一反三，不断提高安全生产思想意识，做到警钟长鸣；④对本周和下一周的安全生产专题分析一次，针对施工中存在的不安全因素，及时排除各种事故隐患，对不能自行排除的问题及时报告，在落实相应安全措施后方能开始操作。

4）工地要利用广播、黑板报等宣传工具，该日集中宣传安全生产内容。

5）安全生产日开展情况要记入当天的安全生产上岗记录，以备检查。

（5）安全事故处理制度：

1）凡发生一般轻伤事故和事故苗头，应严格执行事故处理"四不放过"原则。

2）凡发生重大伤亡事故，除立即组织抢救外，必须保护好现场，并在24h内上报上级主管部门：①由公司先向上级主管部门汇报事故情况；②必须立即组织有关人员成立事故调查小组进行调查，做好事故陈述笔录，事故现场拍照，画出平面图，分析原因，查清责任，写出书面调查报告，做出处理意见报公司由公司审查后报主管局审核；③对事故责任者（包括领导）应根据其责任轻重，损失大小，认识态度，提出经济和行政处分，直到给予刑事处分。

3）对重大伤亡事故和重大伤亡事故苗头，应及时召开现场分析会，使广大职工吸取教训，防患于未然，以杜绝类似事故发生。

4）凡对事故隐瞒不报、虚报或故意延迟报告的，一经查出，除责成立即补报以外，对有关责任人员给予严肃处理。

5）对因工负伤的职工和死者的家属，要亲切关怀、给予慰问，必须按国家有关政策规定做好善后处理工作。

（6）安全生产责任制度：

1）企业经理和主管生产的副经理对本企业的劳动保护和安全生产负总责任，认真贯彻执行劳动保护和安全生产政策、法令和规章制度，定期向企业职工代表会议报告企业安全生产情况和措施，制定企业各级干部的安全责任制等制度，定期研究解决安全生产中的问题，组织审批安全技术措施计划并贯彻实施，定期组织安全检查和开展安全竞赛等活动，对职工进行安全和遵章守纪教育，督促各级领导干部和职工做好本职范围内的安全工作，总结与推广安全生产先进经验，主持重大伤亡事故的调查分析，提出处理意见和改进措施，并督促实施。

2）企业主任工程师（技术负责人）对本企业劳动保护和安全生产的技术工作负总的责任，在组织编制和审批施工组织设计（施工方案）和采用新技术、新工艺、新设备时，必须制定相应的安全技术措施，负责提出改善劳动条件的项目和实施措施，并付诸实现，对职工进行安全技术教育，及时解决施工中的安全技术问题，参加重大伤亡事故的调查分析，提出技术鉴定意见和改进措施。

3）公司经理、项目经理应对本单位劳动保护和安全生产工作负具体领导责任。认真执行安全生产规章制度，不违章指挥，制定和实施安全技术措施，经常进行安全检查，消除事故隐患，制止违章作业，对职工进行安全技术和安全纪律教育，发生伤亡事故要及时上报，并认真分析事故原因，提出和实现改进措施。

4）项目经理、施工员对所管工程的安全生产负直接责任。组织实施安全技术措施，进行技术安全交底，对施工现场搭设的架子和安装的电气、机械设备等安全防护装置，都要组织验收，合格后方能使用，不违章指挥，组织工人学习安全操作规程，教育工人不违章作业，认真消除事故隐患，发生伤亡事故要立即上报、保护现场并参加调查处理。

5）班组长要模范遵守安全生产规章制度，领导本班组安全作业，认真执行安全交底，有权拒绝违章指挥，班前要对所使用的机具、设备、防护用具及作业环境进行安全检查，发现问题立即采取改进措施，组织班组安全活动日，开好班前安全生产会，发生伤亡事故要立即向项目经理报告。

6）生产部门要合理组织生产，贯彻安全规章制度和施工组织设计（施工方案），加强现场平面管理，建立安全生产、文明生产秩序。

7）技术部门要严格按照国家有关安全技术规范、规程及有关标准编制设计、施工等技术文件，提出相应的安全技术措施，编制安全技术规程，负责安全设备、仪表等的技术鉴定和安全技术科研项目的研究工作。

8）材料部门对实现安全技术措施所需材料，保证供应，对安全帽、安全带、安全网等要定期检验，不合格的要报废更新。财务部门要按照规定提供实现安全技术措施的经费，并监督其合理使用。

9）安全机构和专职人员应做好安全管理工作和监督检查工作，其主要的职责是：①贯彻执行有关安全技术劳动保护法规。②做好安全生产的宣传教育和管理工作，总结交流推广先进经验。③经常深入基层，指导下级安全技术人员的工作，掌握安全生产情况，调查研究生产中的不安全问题，并提出改进意见和措施。④组织安全活动和定期安全检查。⑤参加审查施工组织设计（施工方案）和编制安全技术措施计划，并对贯彻执行情况进行督促检查。⑥与有关部门共同做好新职工、特殊工种人员的安全技术训练、考核、持证工作。⑦进行伤亡事故统计、分析和报告，参加伤亡事故的调查和处理。⑧制止违章指挥和违章作业，遇有严重险情，有权暂停生产，并报告领导处理。⑨对违反有关安全技术劳动保护法规的行为，经说服劝阻无效时有权越级上报。

（7）安全生产奖罚制度：

1）施工现场不戴安全帽、不扣帽带，罚款×元。

2）不按要求使用劳动保护用品，罚款×元。

3）擅自使用非本工种的机具设备，罚款×元。

4）玩弄消防器材，罚款×元。

5）上班饮酒，罚款×元。

6）赤膊、赤脚、穿拖鞋等，罚款×元。

7）禁止烟火处吸烟，罚款×元。

8）宿舍内使用电炉、电饭煲、电炒锅等电器，罚款×元。

9）聚众赌博、群殴，罚款×元。

10）随地大小便，罚款×元。

11）擅自移动、拆除防护设施、警告牌、标志牌等，罚款×元。

12）其他违反操作规程的相应处罚。

13）在检查过程中有突出表现及在施工过程中及时消除隐患，积极参与事件的抢救者采取一定金额奖励，具体执行由项目按实际情况确定。

（8）社会治安综合治理宣传教育制度：

1）各级治安综合治理领导机构始终要把综合治理工作作为一件事关国家和社会稳定的大事，认清新形势下加强社会治安综合治理的特殊重要性，起到领导的关键作用，确保综合治理工作的展开。

2）法制宣传教育是"防范"和"治本"的基础，分公司综合治理领导小组要把加强全员的法制教育作为社会治安综合治理工作的重要内容，并由专人负责。

3）公司的简报，各工地的墙报要起到宣传国家法律法规的作用，做到专人负责，内容丰富。

4）对每年分配到单位的大中专和技校毕业生、换岗职工以及新调入的职工必须接受"入门教育"和"上岗教育"，其中法制教育、企业规章制度以及社会情况介绍必不可少。对广大职工要广泛深入地开展普法宣传教育。

5）各二级单位的治安领导小组要切实做好特殊情况下职工的思想教育和法制教育。

6）各办事处综合治理领导小组及下属各单位必须认真学习中共中央、国务院、全国人大常委会关于加强社会治安综合治理决定的精神，学习当地省市《社会治安防范责任条例》和《关于加强社会治安综合管理的决定》。

7）总公司社会治安综合治理办公室每年组织两次社会治安综合治理检查并将法制宣传教育的落实到位程度作为考证成绩的重要依据。

（9）社会治安综合治理检查制度：

1）总公司社会治安综合治理办公室每年组织两次社会治安综合治理大检查。一次为年中初查，安排在每年的×月中旬；一次为全年总查，安排在×月中旬。

2）各办事处综合治理领导小组每季度对下属单位进行一次社会治安综合治理工作普查：普查分为制度检查、劳务用工检查、职工遵章守纪检查及施工现场安全和文明卫生检查等几个方面。

3）分公司、项目部治安领导小组每月对本单位的治安、防火进行检查，检查要深入基层第一线，对职工思想动态，对消防器材、禁火区域要作彻底的全面检查。

4）各级社会治安综合治理机构结合企业内部治安完善，配合国家、地方有关社会治安综合治理工作的宣传教育、检查评比，进行不定期检查。

5）各种检查不能流于形式，检查要到位，要有检查记录，存在问题的要开具整改单，责令有关部门整改，整改后检查人员还应进行复查。

6）各检查要有总结，并根据公司《社会治安综合治理奖罚制度》进行奖罚，检查总结要客观诚恳，起到"发现一个问题，教育一大帮群众"的作用。

（10）工地治安保卫制度：

1）工地必须搭建门卫室，安排责任心强、身体健康人员值班，值班人员要协助材料员，做好材料进出的验收，做好施工现场的安全防范工作，加强巡逻检查，严防坏人进行偷窃和破坏活动。

2）工地更衣室必须门窗完整、安全，钥匙要随身携带，做到人离关窗、关门上锁，室内衣物存放要整洁，贵重物品（如现金、手表）要随身携带。

3）工地的物资要分类堆放，留出通道，不要紧靠围墙。

4）材料运出现场，应填写证明，及时清理水泥袋等易燃物。

5）高档木材、门窗、瓷砖、钢配件、铝合金等贵重材料、物资应存放在专门的安全地点。

6）工地配备的消防器材要有专人负责，标明有效期、检查人员、保养人员名单，妥善保管，不得乱放或移作他用。

7）工地食堂现金、票证要专人负责，严格保管，食物要存放在安全、卫生的地方。

8）发生事故或案件，要保护好现场，并及时向公司、保卫部门报告，积极协助公司、保卫部门侦破案件。

（11）门卫管理制度：

1）门卫管理人员必须认真执行上级管理部门的有关规定和值班制度。工地进出一律凭出入证，外来人员进入工地，必须问明事由，办理好登记手续，方能入内。

2）门卫管理人员应树立个人形象，讲话文明，有良好的责任感，待人应热情并做好接待工作。当班时间不准睡觉，不准私自外出，有违反规定的按有关制度采取相应处罚。

3）车辆进出大门必须随时关门，大门不得无故敞开，门卫人员必须做好车辆进出的冲洗工作，待清洗干净后才准驶出，并注意车辆有无滴漏、散落、飞扬等情况。

4）工地大门内外，按卫生责任范围内做好保洁工作。不得有泥浆带出门外。

5）对进出工地的物资材料、设备一律凭出门证，并清点清楚。有权拒绝可疑人员携带行李物品出门。

6）做好工地保卫工作，夜间应巡逻施工现场，发现重大情况应及时报警或及时汇报给工地夜间值班人员。

7）工地门口应维持好交通秩序，不得有无关本工地的车辆停放在门口，应保持大门口经常畅通无阻。

（12）信息管理制度：

1）平时加强对广大干部职工的社会治安综合治理教育工作，讲解有关突发性事件发生时的应急措施，使职工们做到保持头脑冷静有条不紊。

2）严格执行公司有关奖罚制度，突发事件一旦发生，工地管理人员都要做好相互协调工作，对工作中没有到位的人员要进行严肃处理直至追究其刑事责任。

3）综合治理领导小组职责：一旦发生突发性事件，工地现场负责人要头脑冷静地一方面就地布置处理方案，防止事态恶化，另一方面要及时向分公司综合治理领导小组报告，性质严重的要立即向有关组织和公安机关报告。对于违法犯罪行为要带领职工与犯罪分子作坚决斗争。如是火情，应向消防部门报告，并立即带领义务消防队采取一定的灭火措施。

4）综合治理管理人员职责：综合治理管理人员必须确保通信方式畅通，及时准确地传递上下级部门的信息。必须坚守岗位，耐心细致地接待电话报警或投诉，对紧急情况报警要果断冷静，一方面迅速采取措施，避免或减少可能的损失，另一方面抓紧时间报告上级领导。

5）全体职工职责：职工要及时了解突发性事件的基本情况，听从管理人员的指挥，采取有关补救措施。

6）对发生以下事件最迟需在 24 小时内报告到当地施工企业社会治安综合治理联席会议办公室：①发生严重影响社会秩序稳定的不安定因素和突发事件；②发生因内部矛盾激化引起的自杀、凶杀（包括除工伤以外的非正常死亡）案件及政治案件；③发生被盗、被骗损失在万元（含万元）以上的案件；④一个月内连续发生同类案件三起以上的；⑤其他有关必报案件。

7）工地实行值班责任制。无论白天还是晚上都有专人值班，值班人员都有手机和微信，保证一旦出现突发性事件，在 3min 内就能相互取得联系。

（13）劳保用品发放与管理制度：

1）各项目部劳动保护干部在管理生产的同时必须负责管理安全工作，认真贯彻执行国家和政府部门制订的有关劳动保护和安全生产政策、法令和规章制度，有计划、有布置，按作业特点，改进完善安全生产的防护措施。

2）公司审定的劳动保护技术安全措施有计划所需的经费，列入年度计划，按需支付，合理使用。

3）凡进入施工现场的施工人员，应发放安全帽，上高及悬空作业人员发放符合国家标准的安全带，电工发放绝缘鞋和手套，电焊工发放工作服和面罩，特殊作业人员按特殊劳防用品发放。

4）施工现场按规定设立医务室或急救箱，夏季做好防暑降温工作，每天有茶水供应，茶具有消毒措施，高温季节发放防暑药物。

5）定期对职工进行健康检查，生活区有灭"四害"药物。

6）健全检查制度，经常检查劳防用品的使用情况，发现不安全因素和问题及时更换和解决。

7）开展经常性的劳动保护宣传教育，不断提高职工的安全防护意识，严格执行奖惩制度，对安全防护意识性强的职工给予表扬和奖励，对无视安全法规、违反规章制度的给予批评和罚款。

（14）职工活动室制度：

1）活动室有专人负责全面管理工作，每天晚上按时开放，遇节假日或国家大事可全天开放。

2）活动室内的各种书、报、杂志供广大职工阅读，不得擅自阅后带走，爱护室内的一切公物。

3）服从管理人员安排，定期播放有关综合治理、安全生产等方面的录像，广大职工应自觉遵守纪律，不得大声喧哗。

4）管理员有权安排部分人员的分批分散活动，如下棋等各种形式项目，严禁在活动室内进行赌博活动。

5）搞好室内卫生，各种器材应做好保养工作，按时熄灯，关门上锁。

（15）工地综合治理消防安全管理规定：

1）贯彻"预防为主，防消结合"方针和"谁主管、谁负责"的原则，项目经理对本工地的消防综合治理工作负有领导责任，综合治理部门协助做好消防综合治理工作，负有督促、检查、指导的责任，消防负责人对施工现场的消防综合治理工作负有直接责任，要按照各自的职责做好消防综合治理工作。

2）在与建设单位签订工程合同中，要有防火、综合治理的内容，会同建设单位共同搞好消防综合治理工作；在编制施工组织设计、施工方案及搭建临时设施、材料堆放等均应符合消防综合治理的安全要求。

3）消防安全、人人有责，进场人员必须自觉遵守防火安全制度和岗位责任制，施工操作需要使用明火，应由班组长每次填写"动火申请单"，而经现场负责人批准，发给动火证，并指派专人看管，同时与用火人共同检查并熄灭余火后方可离开。

4）易燃易爆物品（如乙炔、氧气、油漆、油料等）存放点、使用点和有可燃易燃物施工点，要划定一定范围的禁烟禁火区，并设醒目标志，配置一定数量灭火器，在禁火区内禁止吸烟、动火。

5）凡施工需要安全电气设备，使用机电设备，下班时由使用人员切断电源、关闭电箱。严禁在工地、宿舍内使用电热器具（如电炉、电饭锅、电熨斗等）。确因生产需要时，由工地负责人批准，专职电工要对用电安全经常检查。

6）木工间与油漆间严禁吸烟、动火，现场的刨花、木片、油回丝、草包等可燃易燃物，本着谁操作谁清除的原则，下班时由当班的操作人员各自清扫施工现场，把废料、边料集中堆放在指定的安全场所，做到文明施工、安全生产。

7）施工现场的电焊工（气割工），必须持证上岗，严格执行"十不烧"规定，氧气与油类不得存放在一处。

8）危险品仓库、油漆间、木工间、配电间、伙房等应保持一定安全距离，设防火标志，配置种类合适的灭火机；工地配备的一切灭火设备，不准挪动位置，无火警不准动用，消防设施前，要保持道路畅通，严禁堆放杂物。

9）定期组织防火安全检查，查出的问题由公安保卫部门通知有关单位及时整改。

10）如发生火灾、失窃等事故后，除应采取相应措施外，应立即报警，保护好现场，且按"四不放过"的原则，查清事故原因，提出处理意见，并积极落实防范措施。

违反以上规定，按有关规定处理。

（16）财务现金、票证制度：

1）财务人员要认真学习国家的有关法律、法规和制度，对于新的财务方面制度及规范，要及时认真地学习，并坚决贯彻执行。

2）切实加强财务人员的自身建设，认真学习有关财务专业知识，不断提高业务素质和职业道德修养。

3）财务人员在履行职责时，应当遵守法纪，严格执行，不得玩忽职守、滥用职权、徇私枉法、索贿、受贿。

4）加强各种现金、票证的管理及做好各项资金及时到位的工作。

（17）施工现场外来人员管理制度：

1）使用外地劳务队伍，必须是成建制劳务队伍，不得使用社会闲散人员和盲流人员。

2）使用劳务前，必须先办好手续，再上岗操作。务工人员必须持有身份证、务工证、暂住证，并凭三证到各省市当地建筑主管部门建管处办理成建制劳务许可证。

3）新进劳务人员上岗操作前必须先接受社会治安综合治理教育，经考核合格后签订综合治理责任制协议书，方可上岗操作。

4）外地劳务人员进场施工，应发给临时工作证，便于门卫对进出人员的管理。

（18）工地定期防火检查制度：

1）工地每月下旬组织有关人员进行一次防火检查，每季度末进行一次由分公司安全科组织的消防大检查。

2）检查以宿舍、仓库、木工间、食堂、脚手架等为重点部位，发现隐患应及时整改，并做好防范工作。

3）宿舍内严禁使用电炉、煤油炉，检查时如有发现，除没收器物外，罚款50元，并进行相应的教育。

4）木工间内不得吸烟，木屑刨花每天做好日落日清，如堆积不能及时清运的，处以罚款50元，木工间发现吸烟者罚款100元。

5）按规定时间对灭火器进行药物检查，发现药物过期、失效的灭火器应及时更换，以确保灭火器处于正常使用状态。

（19）施工现场动用明火审批制度：

1）一级动火审批制度。由动火施工部门填写动火申请表，车间的行政负责人召集焊工车间安全员进行现场检查，在落实安全防火措施的前提下由车间负责人、焊工、车间安全员在申请单上签名，然后提交防火负责人审批，危险性特别大的项目，应向上级主管部门或当地公安机关提出报告，经同意后方能进行。

2）二级动火审批制度。由动火施工人员填写动火申请表，由车间的行政负责人召集焊工车间安全员进行现场检查，在落实防火安全措施的前提下，由车间负责人、焊工、焊工车间安全员在申请单上签名，交消防、安全、保卫部门审批。

3）三级动火审批制度。由申请动火者填写动火申请单，由焊工、安全员签署意见后，报车间或工地审批。

（20）消防器材安全管理制度：

1）在防火要害部位设置的消防器材，由该部位的消防职能人员负责维修及保管。

2）对故意损坏消防器材的人，按照处罚办法进行处理。

3）器材保管人员，应懂得消防知识，正确使用器材，工作认真负责。

4）定期检查消防器材，发现超期、缺损的及时向消防负责人和义务消防人员汇报，及时更新。

（21）安全防火奖罚制度：

1）奖励范围：①热爱消防工作，积极参加消防工作，成绩显著的；②模范遵守消防法规，制止违反消防法规的行为，表现突出的；③及时了解和消除重大火险隐患、避免火灾发生的；④积极扑救火灾、抢救公共财产和人民生命财产，表现突出的；⑤对查明火灾原因有突出贡献的。

对以上几点在消防工作中有先进事迹的个人给予表扬和奖励。

2）惩罚规定。有下列行为之一，情节较重的，由本单位或上级主管部门给予行政处分或者经济处罚：①施工人员不按防火设计进行施工的；②防火负责人不履行职责的；③值班人员擅离职守或失职的；④不按规定添置消防器材、设备的；⑤故意损坏消防器材的。

（22）木工房安全防火制度：

1）木工房内严禁吸烟，不准室内外明火作业。

2）电气设备要有防护罩，木工机械有接地线。

3）木材、成品、半成品要堆放整齐。

4）下班前要将刨花、锯末、碎木等清扫出房外。

5）下班时切断电源开关，关好门窗。

（23）伙房安全防火制度：

1）锅灶必须用不燃材料砌筑。

2）电源刀开关严禁安装在锅台上方。

3）熬煎油锅时，炊事人员不能离开，以防油温过高起火。

4）火堂口要加盖钢板，烟囱要露出房盖 1m 以上，顶点加盖，以防火星乱飞。

（24）库房安全防火制度：

1）库房内严禁吸烟、用火，周围严禁明火作业。

2）不属库房工作人员，不得入内，因需要进入，应遵守库房安全制度。

3）库房内物资，分类堆放整齐。

4）库房内照明灯泡一般不得大于 60W。

5）发料或下班后，必须切断库房内电源。

（25）工地卫生管理制度：

1）贯彻执行上级管理部门的政策法规及公司的卫生管理要求。

2）生活卫生负责人应全面对食堂、厕所、宿舍、办公室等区域，进行定期检查，发现不符合文明卫生相应要求的，应督促保洁人及时改正，对多次提出整改要求而屡教不改者有权进行处罚。

3）施工现场卫生负责人，应对各班组长进行书面签约，班组成员中有人随便乱倒剩菜剩饭、随地大小便、不讲究卫生、违反卫生管理制度的，对当事人及所属班组长采取警告及一定金额的罚款，多次发现的加倍处罚，直至辞退。

4）在遇到重大问题时，应及时汇报项目经理部，以利于尽早采取相应措施。

5）接受文明生产领导小组的监督，配合政府部门对工地卫生的检查，把文明卫生工作制度化、规范化、经常化。

（26）生活区卫生管理制度：

1）制定和绘制生活区卫生管理网络，做到纵向到底，横向到边。

2）生活区平面布置图，必须要求食堂与厕所相隔 30m。宿舍、浴室按规定要求搭设。

3）生活区的四周张贴醒目的环境卫生宣传图和责任人包干图，有专职保洁员负责清理工作。

4）生活区四周的流水沟必须保持畅通，无积水和污水，防止四害滋生。

5）生活区要设置灭蝇笼、垃圾箱，发现老鼠要采取措施药物灭鼠，分阶段消灭。

6）经常与当地街道卫生部门取得联系，做好民工的健康检查工作和卫生防疫工作，工地一旦发生传染病时，应及时向当地卫生部门和防疫部门报告，并做好病员的隔离和消毒工作。

（27）门前卫生定期清扫制度：

1）严格按环境卫生责任区所要求的区域进行清扫、包干。

2）各宿舍门前区域由各宿舍当天值日人员清扫。

3）施工现场、周围道路每天由二人专职清理垃圾，清扫场地。

4）食堂区域由食堂卫生人员对其卫生负责范围内每天清扫不少于两次。

5）厕所由保洁员每天定时对地面、便槽进行冲洗。

6）办公区域由保洁员每日早晨、中午对办公设备、地面、桌子进行清理、清扫。

7）工地大门外严禁乱堆放物料。

（28）食堂卫生管理制度：

1）严格遵守我国《食品卫生法》，认真执行当地有关卫生管理条例及公司卫生管理制度。

2）炊事人员必须体检合格后方能上岗操作，工作时不戴戒指、不抽烟，穿戴统一的工作服，并要定期进行体检。

3）食堂内应整齐清洁，做到勤洗勤扫；食堂四周应做到场地平整、清洁、无积水；熟菜间应密封和配置纱罩，食物盛器应有生熟标志；使用的食物盛器必须每次都经过消毒处理。

4）认真选购各种蔬菜及食品，不要贪图便宜，买变质乃至腐烂的食品，按当地有关卫生条例做好食物的留样工作。

5）加工食品，炒菜时要生熟分开，包括刀、砧板、抹布、盛器都要分开，防止交叉污染，食品原料到成品形成一条龙操作。

6）食堂加工场所要有洗菜池，做到蔬菜、荤菜与餐饮器具分开清洗，泔水桶加盖，防止食品污染，食品要烧熟煮透，严禁使用塑料制品作盛器。

7）保证工地开水供应，开水桶加盖上锁。

8）由食堂负责人对食堂的食品、卫生、消毒、清扫工作进行每天督促检查，发现各种传染疾病要及时上报卫生防疫部门，并做好病人的隔离工作。

9）食堂内，苍蝇、蚊子、蟑螂、老鼠的密度要符合有关规定的标准，做好防"四害"工作，落实卫生措施，防止食堂成为"四害"的滋生地。

10）配合卫生管理部门和工地管理人员对食堂的督促检查。

（29）宿舍管理制度：

1）每个宿舍人员必须严格遵守宿舍管理制度，做到人人有责，人人监督。

2）宿舍内要保持良好、清静的生活环境，不准高声喧哗、高声谈笑，以免影响他人休息。

3）各种生活用品、用具必须按规定要求放置整齐，个人生活用品要勤洗勤换，起床后被子要叠放整齐，鞋子成双，毛巾统一挂在一起。

4）宿舍内外要保持环境整洁，坚持每天清扫一次，每星期大扫除一次，做到室内整洁无蛛网，玻璃窗明亮，地面无痰迹、无烟蒂、室内外不准随地大小便，不乱倒垃圾、乱倒脏水。

5）施工人员要注意休息，宿舍内严禁聚众赌博、打架骂人。职工之间要互相学习、互相帮助、团结友爱，讲究语言文明，遵守"七不规范"。

6）每个宿舍人员必须节约用电，严禁使用电炉、电饭煲、电炒锅等电气设备，如果发现全部没收并按奖罚制度对照进行处罚；不准用大功率灯泡或小太阳灯取暖、烘烤衣裤；不准私自乱拉电线，严禁放置各种易燃易爆化学物品及其他有害的危险物品，严禁躺在床上吸烟。

7）工作中间休息时间不准饮酒（包括加夜班的休息时间）。

8）施工人员未经班组长许可，严禁将外来人员带入宿舍，未经工地负责人批准不准留宿外来人员。如擅自带领外来人员进入施工现场，发生安全事故，谁带入由谁负责。

9）工地人员不准偷拿别人东西、钱物，不准偷拿工地财物，不准偷拿外界财物进入工地及宿舍。

10）建立宿舍轮流值班制度，每间宿舍由一名专职固定人员进行督促，落实卫生、清洁、整齐等工作，对屡教不改者进行严肃处罚，有停止其上班工作的权利。

（30）浴室间管理制度：

1）工地浴室间有专人全面负责管理工作。

2）浴室间开放期间，专管员对洗澡职工的衣服入箱上锁，严禁将贵重物品（如手表、金饰品、密码箱等）带入浴室。

3）定期检查管道、阀门、淋浴喷头，发现有失控的，由工地管道工及时维修。

4）浴室间电线必须用电线管敷设，照明灯用防水灯，开关使用防水开关。

5）每天浴室开停前后，专管员对室内进行检查和卫生打扫，保持清洁卫生，排水沟保持畅通，按时关门上锁。

（31）厕所保洁制度：

1）保洁人员应有良好的责任感，对本职工作负责，坚持每天清扫所管辖范围内的卫生工作。

2）厕所内接有水源冲洗，保护和正确使用冲水设备，由专人负责清扫，每天两次。

3）便后及时用水冲洗，大小便应入槽。

4）厕所内无蛛网、无积灰、无积水。

5）瓷砖无泛黄、无尿碱、无臭味。

6）厕所内定期投放药物，防止滋生蚊蝇。

7）厕所内不得堆放杂物。

（32）特殊重点部位防火措施：

1）不准在高压架空线下面搭设临时焊、割作业场，不得堆放建筑杂物或可燃品。

2）各种警告牌、操作规程牌禁火标志悬挂醒目齐全。

3）焊、割作业点与氧气瓶、乙炔瓶等危险物品的距离不得少于 10m，与易燃易爆物品的距离不得少于 30m。

4）乙炔瓶与氧气瓶的存放之间不得少于 2m，使用时两者的距离不得少于 5m。氧气瓶、乙炔发生器等焊割设备上的安全附件应完整而有效，否则严禁使用。

5）施工现场的焊割作业，必须符合防火要求，每 $50m^2$ 不少于两组 1211 型或干粉灭火机，严格执行"十不烧"规定。

6）动火作业前必须执行审批制度，履行交底签字手续。

7）严格执行奖惩制度，对坚守消防规章制度，确保无大小火灾事故发生，能消除火灾隐患或勇敢扑灭火灾事故的个人给予表彰和奖励，对违反规定，造成火灾事故的人员视情节给予处罚，造成严重后果的，依法追究刑事责任。

（33）木工间安全防火规定：

1）木工间由木工组长负责防火工作，对本组作业人员开展经常性的安全防火教育，增强防火意识和灭火技术。

2）使用机械必须严格检查电气设备，安全防护装置及随机开关，破损电线及时更换。

3）木工间严禁烟火，如发现作业人员抽烟或作业场内有烟蒂按规定罚款处理，每天做好落手清工作。

4）经常检查木工间内的灭火器，发现药物及压力表失效时，及时与工地安全员联系更换。

5）按国家标准设置安全防火警告标志及警告牌，做好防火安全检查工作，发现隐患，及时整改。

6）木工间非作业人员严禁入内，一旦发生人为火灾事故，应追究其当事人责任。

（34）电焊间安全防火规定：

1）电焊作业防火安全工作由组长全面负责，对本组作业人员要加强安全宣传教育，增强防火观念和灭火技术水平。

2）建立动用明火审批制度，做好审批工作，操作时应带好"两证""一器"（特殊工操作证，动火审批许可证和灭火器），落实动火监护人，焊割作业应严格遵守"电焊十不烧"及压力容器使用规定。

3）作业场内严禁烟火，违章按规定罚款处理。

4）灭火器挂设必须符合要求，经常进行检查，发现药物及压力表失效时，及时与工地安全员联系更换。

5）各种安全防火警告标志及警告牌必须悬挂醒目、齐全。

6）开展经常性防火自我检查，发现隐患，及时整改。

（35）配电间安全防火规定：

1）电工必须有国家颁发的操作证及建委系统颁发的现场电工证。

2）精通业务、刻苦钻研、有责任感。

3）正确计算配电线路负荷，配线正确，对配电线路指定专人负责、维修，不得擅自增加用电设备，不得随便乱装乱用。

4）严禁滥用铜丝、铁丝代替熔丝，正确选用熔丝。

5）对照明灯具要正确安装，经常组织职工进行电器知识讲座。

6）配合义务消防员，对电器防火器材经常性维修，使用指定专人保管。

（36）机修房安全防火规定：

1）机修房各种防火警告牌必须齐全，各种制度上墙。

2）所有机械设备安装位置选择合理，电线及配电箱设置规范，做好机械的接地工作。

3）机修作业时，严禁戴手套，下班时切断电源。

4）存放油类要求归类，配备一定数量有效的灭火设备。

5）按规定做好每天的检查工作，发现火灾隐患及时采取措施。

（37）材料仓库安全防火规定：

1）工地材料仓库的安全防火由××全面负责。

2）对进入仓库的易燃物品要按类存放，并挂设好警示牌和灭火设备。

3）经常注意季节性变化情况，高温期间如温度超过 38℃ 以上时，应及时采取措施，防止易燃品自燃起火。

4）仓库间电灯要求吸顶安装，不得离地过低，电线敷设规范，夜间要按时熄灯。

5）工地其他易燃材料不得堆垛仓库边，如需要堆物时，离仓库保持 6m 外，并挂设好灭火器。

6）严格执行检查制度，做好上下班前后的检查工作。

（38）油漆仓库安全防火规定：

1）仓库保管员必须懂得化学危险品基本性质，工作认真。

2）严禁库内吸烟，对违者进行严重处罚。

3）建立"禁火区"动火审批制度，室内电气设备应符合防火、防爆要求。

4）正确配置灭火器材，学习消防知识，提高灭火技术，增强防火意识。

5）严禁闲人入内。

（39）食堂间安全防火规定：

1）工地食堂防火安全工作由食堂负责人全面负责，应经常对炊事人员进行防火安全教育，提高灭火技术，增强防火意识。

2）炊事人员在作业时严禁吸烟，使用电气设备时要严格检查，发现隐患及时整改。

3）食堂间内特别是灶间灭火器挂设齐全、有效，各种防火警告牌挂设完整、醒目。

4）做好防火检查工作，已烧尽的煤灰不得随便乱倒，要指定地点，用水淋浇，防止死灰复燃。

5）灶间严禁堆入易燃物品，燃料离明火隔离一定距离，堆放不宜过多，炊事人员如违反有关规定所引起的火灾事故，应追究当事人责任。

（40）办公室治安防范要求：

1）办公楼结构坚固，办公室门窗完好并配备必需的消防器材，门应使用"三保险"锁。

2）档案资料、计算机等库房要安装报警器，易燃易爆和剧毒、危险品，不得放在办公室过夜。

3）工作人员离开办公室，须关闭门窗，切断电源和水源，锁好保险箱、橱柜和办公桌。

4）依照值日制度轮流做好办公区的卫生工作，创造一个优美的办公环境。

（41）财务室治安防范要求：

1）财务室房屋结构、门、窗必须牢固，应使用"三保险"门锁，配备具有密码装置的保险箱，安装有效的报警器。

2）财务室的现金、支票等有价证券，下班后或者因故离开，一律存入保险箱内，并拨乱密码。支票和印章必须分开保管。

3）财务室必须遵守现金库存限额的规定，临时性大量现金存放过夜须向领导报告，并派专人值班。

4）提高财务科安保意识，做好防盗工作。

（42）宿舍治安防范要求：

1）宿舍门口张贴宿舍人员名单，由宿舍长负责本宿舍的全面管理工作。

2）严格遵守宿舍管理制度，未经获准不得擅自留宿他人。签订有完备的劳务用工手续。

3）不准乱接电源和使用电炉，宿舍区应配备一定数量的消防器材。

4）严格按照宿舍管理制度认真做好宿舍的治安、防火、卫生等各项工作。

5）宿舍内严禁男女混居，严禁赌博，个人物品保管安全。

（43）仓库治安防范要求：

1）库房（含门、窗）性能安全牢固，大型、重要物资仓库必须安装报警器、接闪杆，并配备相当数量值班、巡逻人员。

2）严格执行公安部《仓库防火安全管理规则》，库房的电器电路，消防器材必须定期检查。人员离库时必须闭窗、锁门、断电。

3）仓库管理人员必须严格执行各类物资、器具的收、发、领、退、核制度；做到账、卡、物相符；提货单据、凭证必须专人保管，已发货的单据必须当场加盖注销章。

4）加强仓库管理人员的业务培训工作，提高管理素质。

（44）木工间职责：

1）对木工间的所有机械操作必须经培训并持证上岗，遵守各种机械的操作规程。

2）木工间内严禁烟火或不准室内外明火作业。

3）做好木工间的卫生工作，定期检查消防、电器，对不符合要求的给予调换或修理。

4）木材成品、半成品必须堆放整齐。

5）下班前，必须将刨花、锯末、碎木等清扫出室外。

6）严禁非作业人员乱动机械、乱拉电气设备。

（45）值勤管理制度：

1）门岗值勤人员是工地的主要治安职能人员，实行 24h 轮流值班制，必须认真做好交接班工作和值班记录。

2）门岗值勤人员应严格遵守《门卫管理制度》，衣着整齐，树立值勤人员良好形象。

3）施工现场的一切物资、设备、材料的出门，均需项目经理开具出门单据，才能放行。如有不符的有权暂扣。

4）个人随带物品出入大门，门岗有权进行查问，任何人不得拒绝，发现可疑人员及物品，必须报工地综治办进行检查。

5）门岗值勤人员必须秉公执法，不徇私情，对违规人员应予以批评教育，对违法人员报当地公安机关处理。

6）加强工地现场巡视，发生偷窃和刑事案件要保护好现场，并及时上报公安保卫部门侦破案件。加强夜间巡逻。

7）及时做好报刊、信函的收发工作，严守秘密，严防失落。

8）严禁学龄前孩童进入施工现场，进入施工现场人员必须戴好安全帽、扣好帽带、佩挂好上岗证。

9）外来走访人员必须持本人有效证件，在门卫室办妥登记手续后，才能进入工地。

10）坚守岗位，不得擅自离岗，实行三班轮流制值勤。

（46）浴室治安防范要求：

1）固定专人专管或兼管。

2）配置存衣箱，并装配锁具，无存衣箱须派人看管。

3）贵重物品不准带入浴室。

4）做好浴室的卫生工作，严禁传染病人入内。

（47）更衣室治安防范要求：

1）更衣室、箱必须相对集中，确定专人专管或兼管，定时开放。

2）更衣箱必须一律加锁，实行一人一箱，钥匙由本人妥善保管。

3）更衣箱中不得放置贵重物品和数额较大的现金。

4）专人负责更衣室的卫生工作，保持更衣室环境清洁。

（48）仓库管理制度：

1）仓库管理人员应认真遵守上级部门的有关规定和仓库管理制度。

2）对进出材料进行清点、检验、登记，对不符合要求及不合格产品应拒绝入库，需补充材料时应及时向材料员提出。

3）对需领料的人员进行分类登记、签名，调换下的废旧物资应集中堆放，适时处理，各种材料应分别放置，做到井然有序。

4）仓库内严禁吸烟，不得带火种入库，不得设立床铺，在特殊情况下须设立床铺的应与仓库分隔开。

5）仓库内不得使用电气设备，电线不得乱拖乱拉，不得使用大功率的照明灯具，易燃易爆物品应与照明灯具相隔一定距离。

6）做好仓库保卫工作，防止物资失窃、散失，夜间应有专人值班，人员离库应关门上锁。

（49）商店门市部治安防范要求：

1）当日的营业额需及时解入银行，贵重物品在闭店后存入保险箱或专用库房。

2）商店门市部的门、窗结构牢固，夜间有值班守护人员，值班人员按时到岗，不得擅自离店。

3）做好防火安全工作，配备一定数量的消防器材。

4）商店门市部负责人合法经营，不得有违法经营现象。

4.2 施工现场安全生产管理机构的设置

4.2.1 总承包单位项目专职安全生产管理人员的配备要求

（1）建筑工程、装修工程按照建筑面积 1 万 m^2 及以下的工程不少于 1 人；1 万~5 万 m^2 的工程不少于 2 人；5 万~8 万 m^2 的工程不少于 3 人；8 万~10 万 m^2 的工程不少于 4 人；10 万 m^2 以上的工程不少于 5 人，且按专业配备专职安全生产管理人员。

（2）土木工程、线路管道、设备安装工程按照工程合同价配备：

1）5000 万元以下的工程不少于 1 人，5000 万~1 亿元的工程不少于 2 人。

2）1 亿元~2 亿元的工程不少于 3 人，2 亿~4 亿元的工程不少于 4 人。

3）4 亿元以上的工程不少于 5 人，且按专业配备专职安全生产管理人员。

4.2.2 分包单位项目专职安全生产管理人员的配备要求

（1）专业承包单位应当配备至少 1 人，并根据所承担的分部（分项）工程的工程量和施工危险程度增加。

（2）劳务分包单位施工人员在 50 人以下的，应当配备 1 名专职安全生产管理人员；50～200 人的，应配备 2 名专职安全生产管理人员；200～400 人的，应配备 3 名专职安全生产管理人员；400～600 人的，应配备 4 名专职安全生产管理人员；600 人以上的，应配备 5 名专职安全生产管理人员，并应根据所承担的分部（分项）工程施工危险实际情况增配，不得少于工程施工人员总人数的 7‰。

（3）施工作业班组可以设置兼职安全巡查员，对本班组的作业场所进行安全监督检查。

（4）采用新工艺、新技术、新材料或致害因素多、施工作业难度大的工程项目，项目专职安全生产管理人员的数量应根据施工实际情况，在规定的配置标准上增配。

4.2.3　公司应授予专职安全生产管理人员的职权

（1）违章制止权、重大隐患停工权、经济处罚权、安全一票否决权。

（2）任何单位不得精简、合并、削弱其管理职能。各单位专职安全管理生产人员的业务管理由公司安全监察处管理，凡出现无专人管理而造成安全管理混乱或发生伤亡事故及事故隐患较多的单位，追究该单位主要领导责任。

4.3　安全生产责任

4.3.1　公司安全生产委员会安全生产责任

（1）认真贯彻落实国家有关安全生产法律、法规和规范、标准。

（2）分析、预测、发布安全生产形势，制定综合安全管理目标计划。

（3）指导、协调、研究、解决存在的重大安全生产问题。

（4）监督公司各部门全面贯彻执行安全生产责任制，落实安全生产条件和劳动防护用品配备等工作开展情况。

（5）指导开展安全生产经验交流和表彰激励工作。

（6）指导开展应急救援和演练，组织、协调公司重大事故调查与处理工作。

4.3.2　公司董事长安全生产责任

（1）认真贯彻执行国家安全生产方针、政策、法律、法规，对公司重大安全事务进行决策，监督公司的安全生产工作。

（2）组织审定公司安全生产规划，确定公司年度安全生产目标。

（3）为公司安全生产工作提供组织及资源保障。

（4）落实公司安全生产决议，定期向股东大会报告生产安全工作。

4.3.3　公司党委书记安全生产责任

（1）全面贯彻落实党和国家安全生产方针、政策，对安全生产政策执行情况负监督保证责任。

（2）把安全工作列入党委工作的重要议事日程。

（3）抓好企业安全文化建设工作，为安全生产创造良好的政治环境，做好职工的安全思想教育工作。

（4）参加公司安全工作会议，针对安全生产中存在的重大问题和隐患，提出监督建议。

（5）监督安全生产责任制的建立、完善和落实情况。

（6）参加生产安全事故的抢险、调查、分析、处理工作。

4.3.4　公司总经理安全生产责任

（1）贯彻国家有关安全生产法律、法规，对公司的安全生产工作全面负责。

（2）建立健全安全生产管理体系和安全生产责任制，组织制定安全生产规章制度和操作规程。

（3）组织制定安全生产教育和培训计划。

（4）保证安全生产资金的投入和有效实施。

（5）督促检查安全生产工作，消除生产安全事故隐患。

（6）组织制定并督促实施安全技术措施和生产安全事故应急救援预案。

（7）定期研究解决安全生产中的问题，并向董事会和职工代表大会报告安全生产情况。

（8）及时、如实报告生产安全事故，组织事故的调查分析，提出处理意见和改进措施。

4.3.5　公司总工程师安全生产责任

（1）贯彻落实国家有关安全生产法律、法规和规范、标准，负责公司安全生产技术保障工作，对安全生产负技术领导责任。

（2）负责建立公司安全技术保证体系，开展技术研究，推广先进的安全生产技术。

（3）组织编制和审批施工组织设计或专项施工方案，组织专家对危险性较大分部（分项）工程的专项施工方案审查、论证。

（4）组织制定对新技术、新工艺、新设备、新材料应用的相应安全技术措施，负责审核其实施中的安全性，提出预防措施、安全操作规程和安全技术交底。

（5）负责重大工程项目、特殊结构工程安全防护设施的验收和技术交底。

（6）组织制定公司处置重大安全隐患和应急抢险中的技术方案。

（7）组织安全技术教育培训。

（8）参与制定公司生产安全事故应急救援预案并演练。

（9）参加生产安全事故的调查分析，确定技术处理方案和改进措施。

4.3.6　公司生产安全副总经理安全生产责任

（1）认真贯彻落实国家有关安全生产法律、法规和规范、标准，对公司安全生产负主要领导责任。

（2）协助总经理建立健全公司安全生产保证体系，制定安全生产规章制度和操作规程。

（3）组织制定公司年度安全生产目标规划，审核年度安全生产工作。

（4）组织召开公司安全生产工作会议，分析安全生产动态，及时解决安全生产中存在的问题。

（5）组织公司安全生产检查，及时消除生产安全事故隐患。

（6）监督公司安全生产条件所需资金的投入和有效实施。

（7）组织制定公司生产安全事故应急救援预案并开展演练。

（8）组织、协调、研究解决公司安全生产中的问题，并向总经理报告企业安全生产情况。

（9）组织或协助开展公司安全生产教育培训。

（10）组织开展公司安全生产创优达标和评优评先工作。

（11）及时且如实报告生产安全事故，组织对事故的内部调查与处理。

4.3.7　公司总会计师安全生产责任

（1）贯彻落实国家有关安全生产法律、法规，对公司财务工作的安全生产责任负责。

（2）贯彻执行国家有关劳动保护经费的落实。

（3）负责公司安全生产投入费用的专户管理，监督资金专款专用。

（4）定期向公司安全生产委员会报告安全生产和劳动保护费用的支出情况。

（5）负责事故应急处理、危害应急处置过程中所需资金的筹集与拨付，并对使用情况实施监督。

（6）负责办理安全生产奖罚的相关财务手续。

4.3.8　公司总经济师安全生产责任

（1）认真贯彻落实国家安全生产、劳动保护的有关法律、法规，严格执行有关务工人员的劳动保护待遇。

（2）负责协调落实安全管理人员的配备。

（3）协调开展公司安全生产教育培训。

（4）参与制定公司生产安全事故应急救援预案并演练。

（5）参加生产安全事故的调查分析和工伤认定工作。

4.3.9　公司其他副总经理安全生产责任

（1）认真贯彻执行国家安全生产法律、法规、规范、标准，落实公司各项管理制度，在各自主管的业务范围内，对安全生产负直接领导责任。

（2）落实分管职能部门（区域）的安全生产责任制。

（3）领导分管职能部门（区域）开展安全生产各项工作。

（4）确保分管职能部门（区域）安全生产投入的有效实施。

（5）负责分管区域生产安全事故应急救援，事故的调查、处理、协调工作。

4.3.10　公司工会主席安全生产责任

（1）认真贯彻国家及全国总工会有关安全生产、劳动保护和职业健康卫生的方针、政策，依法对安全生产工作进行监督。

（2）依法组织员工参加公司安全生产工作的民主管理和民主监督，充分发挥群众监督在安全生产工作中的作用，维护员工在安全生产方面的合法权益。

（3）对制定或者修改公司安全生规章制度提出建议。

（4）组织开展安全竞赛活动，增强职工的安全意识。

（5）组织开展员工文化娱乐活动，关心员工身心健康。

（6）参与安全生产检查和应急救援演练。

（7）参与生产安全事故的调查处理工作。

4.3.11　公司安全部管理人员安全生产责任

（1）认真贯彻执行国家安全生产和劳动保护法律、法规、规范、标准，落实公司安全管理制度。

（2）在主管副总经理的直接领导下，负责公司安全生产的监督管理工作。

（3）负责编制公司安全生产规章制度。

（4）组织开展安全宣传教育培训等活动。

（5）开展安全检查，有权制止违章指挥和违章作业，对严重违反安全和有关安全技劳动法规的行为或遇有严重险情时，有权停止施工，报告主管领导。

（6）监督各项安全规章制度的落实，调查研究生产中的不安全因素，提出改进建议。

（7）组织安全生产例会，总结安全生产工作，交流安全管理经验，提出防范意见。

（8）办理企业安全生产许可证审核、"三类安全管理人员"延期办证工作。

（9）审核工程项目安全生产监督备案资料和工程项目安全生产阶段性评价工作。

（10）开展创优达标、安全生产标准化、安全隐患专项治理、应急演练、观摩交流等安全生产活动。

（11）参与施工组织设计（专项施工方案）和安全技术措施计划的审查，对贯彻执行情况进行监督检查。

（12）对工伤事故进行统计、分析和报告，参与工伤事故的调查和处理。

（13）负责企业安全生产统计报表的编制上报。

（14）督促做好职业健康安全管理体系运行管理、安全资料管理工作和安全信息化管理工作。

4.3.12 分公司（项目经理部）**经理安全生产责任**

（1）认真贯彻落实国家有关安全生产法律、法规和规范、标准，对本单位的安全生产工作全面负责。

（2）建立健全安全生产管理体系和安全生产责任制。

（3）组织制定和落实安全生产规章制度和操作规程。

（4）组织制定并落实安全生产教育和培训计划。

（5）保证安全生产投入的有效实施。

（6）组织编制施工组织设计和安全技术措施并督促落实。

（7）组织危险性较大工程安全专项施工方案的验收工作。

（8）定期组织开展安全生产检查工作，及时消除生产安全事故隐患。

（9）定期召开安全生产会议，分析安全生产动态，解决安全生产中的问题，总结先进经验。

（10）组织制定生产安全事故应急救援预案和演练。

（11）及时如实报告生产安全事故，对事故进行调查分析，督促落实整改措施。

4.3.13 分公司（项目经理部）**生产安全副经理安全生产责任**

（1）认真贯彻落实国家有关安全生产法律、法规和规范、标准，对本单位安全生产工作负主要领导责任。

（2）协助经理建立健全安全生产保证体系，制定安全生产规章制度和操作规程。

（3）组织制定年度安全生产目标规划，审核年度安全生产工作。

（4）组织或协助开展安全生产教育培训。

（5）监督保证安全生产条件所需资金的投入和有效实施。

（6）参与组织编制施工组织设计和安全技术措施并督促落实。

（7）参与组织危险性较大工程安全专项施工方案的验收工作。

（8）组织安全生产检查，及时消除生产安全事故隐患。

（9）组织召开安全生产工作会议，分析安全生产动态，及时解决安全生产中存在的问题，向经理报告安全生产情况。

（10）组织开展安全生产创优达标和评优评先工作。

（11）组织制定并实施生产安全事故应急救援预案和演练。

（12）及时且如实报告生产安全事故，组织对事故的内部调查与处理，落实"四不放过"。

4.3.14　分公司（项目经理部）主任工程师安全生产责任

（1）认真贯彻落实国家有关安全生产法律、法规和规范、标准，负责本单位安全生产技术保障工作，对安全生产负技术领导责任。

（2）负责建立安全技术保证体系，开展技术研究，推广先进的安全生产技术。

（3）组织编制和审批施工组织设计或专项施工方案，组织专家对涉及危险性较大的分部（分项）工程的专项施工方案审查、论证。

（4）组织危险性较大工程安全专项施工方案的验收工作。

（5）参与安全生产检查，及时消除生产安全事故隐患。

（6）组织制定对新技术、新工艺、新设备、新材料应用的相应安全技术措施，负责审核实施中的安全性，提出预防措施、安全操作规程和安全技术交底。

（7）组织安全技术教育培训。

（8）组织制定处置重大安全隐患和应急抢险中的技术方案。

（9）负责或协助对重大工程项目、特殊结构工程安全防护设施的验收和技术交底。

（10）组织制定生产安全事故应急救援预案并演练。

（11）参加生产安全事故的调查分析，提出技术处理方案和改进措施并督促落实。

4.3.15　分公司（项目经理部）商务副经理安全生产责任

（1）负责对进场分包单位资质的审查，与分包单位签订安全生产协议。

（2）监督分包单位专职安全管理人员、特种作业人员持证上岗。

（3）确定建设工程施工合同中的安全生产措施费，确保按合同支付。

（4）审核工程造价安全生产费用清单，对安全生产费用的统筹、统计工作负责。

4.3.16　工程项目部项目经理安全生产责任

（1）认真贯彻落实国家有关安全生产法律、法规和规范、标准，对工程项目部的安全生产管理全面负责。

（2）建立安全生产管理体系和安全生产责任制。

（3）组织制定和执行安全生产规章制度和操作规程。

（4）制定安全教育培训计划，开展安全教育培训。

（5）落实安全生产费用的投入并保证有效使用。

（6）根据工程特点组织编制施工组织设计和安全技术方案（措施）并负责实施。

（7）组织实施危险性较大工程安全专项施工方案的验收工作。

（8）定期召开安全生产会议，分析安全生产动态，解决安全生产中的问题，总结先进经验。

（9）组织制定生产安全事故应急救援预案并开展演练。

（10）开展安全检查和隐患排查工作，及时消除生产安全事故隐患。

（11）及时且如实报告生产安全事故，负责事故现场保护和救援工作，配合事故调查。

4.3.17　工程项目部副经理安全生产责任

（1）认真贯彻落实国家有关安全生产法律、法规和规范、标准，对工程项目部安全生产负主要领导责任。

（2）协助项目经理建立健全安全生产保证体系，制定安全生产规章制度和操作规程。

（3）组织制定安全生产目标规划，审核年度安全生产工作。

（4）组织或协助开展安全生产教育培训。

（5）保证安全生产条件所需资金的投入和有效实施。

（6）对各类安全防护材料、劳动防护用品及临建设施等材料的安全性能实施管理。

（7）参与组织编制施工组织设计和安全技术措施并落实。

（8）参与组织危险性较大工程安全专项施工方案的验收工作。

（9）合理组织施工，坚持"管生产必须管安全"的原则，在计划、布置、检查、总结、评比生产工作的同时，组织计划、布置、检查、总结、评比安全工作，确保不违章指挥，不强令冒险作业，对违反安全生产规章制度、操作规程劳动纪律的生产活动须予以制止。

（10）组织安全生产检查，及时消除生产安全事故隐患。

（11）组织召开安全生产工作会议，分析安全生产动态，及时解决安全生产中存在的问题，向项目经理报告安全生产情况。

（12）建立安全管理资料档案。

（13）实施施工现场安全生产文明施工管理，组织开展安全生产创优达标和评优评先工作。

（14）组织制定并实施生产安全事故应急救援预案和演练。

（15）及时且如实报告生产安全事故，组织对事故的内部调查与处理，落实"四不放过"。

4.3.18　工程项目部技术负责人安全生产责任

（1）认真贯彻落实国家有关安全生产法律、法规和规范、标准，负责工程项目部安全生产技术保障工作，对安全生产负技术责任。

（2）建立安全技术保证体系，采用先进的安全生产技术。

（3）编制施工组织设计或专项施工方案，参与危险性较大分部（分项）工程专项施工方案的专家论证。

（4）负责组织危险性较大工程安全专项施工方案的验收工作。

（5）组织实施安全生产检查，及时消除生产安全事故隐患。

（6）制定对新技术、新工艺、新设备、新材料应用的相应安全技术措施，保证实施中的安全性，负责安全技术交底。

（7）开展安全技术教育培训工作。

（8）参与制定处置重大安全隐患和应急抢险中的技术方案。

（9）参与并协助对重大工程项目、特殊结构工程安全防护设施的验收和技术交底。

（10）制定生产安全事故应急救援预案并演练。

（11）参加生产安全事故的调查分析，提出技术处理意见和改进措施并跟踪落实。

4.3.19　工程项目部施工员安全生产责任

（1）认真执行国家有关安全生产法律、法规和标准，对所管辖的施工现场安全生产负直接责任。

（2）坚持"管生产必须管安全"的原则，确保不违章指挥、不强令冒险作业，对违反安全生产规章制度、操作规程和劳动纪律的生产活动应予以制止。

（3）执行施工组织设计和安全技术措施，落实安全技术交底。

（4）参与危险性较大工程安全专项施工方案的验收。

（5）落实施工现场安全生产文明施工，监督务工人员正确使用劳动防护用品（具）。

（6）参与安全生产检查，落实整改措施。

（7）参与编制生产安全事故应急救援预案和演练，参加应急救援抢险工作。

（8）参与生产安全事故的调查、分析和处理，落实整改措施。

4.3.20　工程项目部安全员安全生产责任

（1）贯彻执行国家的安全生产劳动保护法律、法规、标准和公司安全生产规章制度。

（2）负责施工现场安全生产日常检查并做好检查记录。

（3）现场监督危险性较大工程安全专项施工方案实施情况。

（4）参与危险性较大工程安全专项施工方案的验收工作。

（5）对施工现场存在的安全隐患有权责令立即整改，对作业人员违规违章行为有权予以纠正或查处，对于发现的重大安全隐患有权越级报告。

（6）负责建立安全生产管理档案。

（7）开展安全宣传教育培训工作。

（8）开展安全生产创优达标工作。

（9）参与编制生产安全事故应急救援预案并开展演练。参加应急救援抢险工作。

（10）参与生产安全事故的分析、调查、处理和报告工作。

4.3.21　工程项目部技术员安全生产责任

（1）对其管理的施工区域（专业）范围内的安全技术管理工作全面负责。

（2）严格执行制定的安全施工方案，按照施工技术措施和安全技术操作规程要求，结合工程特点，以书面形式向班组进行安全技术交底。

（3）做好每日安全巡查，检查施工人员执行安全技术操作规程的情况，制止违章冒险作业。

（4）负责管理范围内安全设施的验收，参与危险性较大的分部（分项）工程的验收。

（5）参加项目安全生产文明施工检查，对管辖范围内的事故隐患制定整改措施，落实整改。

（6）负责对危险性较大工程施工的现场指导和管理，对重大危险源项目施工作业时实施旁站监督，做好相关记录。

（7）发现生产安全事故立即上报，参与抢险救援、保护现场、配合事故调查、落实防范措施。

4.3.22　工程项目部材料员安全生产责任

（1）认真贯彻执行国家安全生产法律、法规和安全规章制度。

（2）保证进场物资及劳动防护用品满足国家、省、市安全管理的有关规定。

（3）认真贯彻执行易燃易爆、有毒有害物品、危险化学品的管理规定，确保场区内运输和保管安全，严格按制度发放及回收。

4.3.23　工程项目部机械员安全生产责任

（1）负责进场机械设备的检查、验收和定期检测、维修保养，确保设备安全运行，对机械设备安全生产负责。

（2）严格遵守机械设备安全操作技术规程。

（3）有权制止违章操作。

（4）做好机械设备日常安全生产检查工作，对发现的问题及时提出整改意见和要求，并督促落实。

4.3.24　工程项目部劳务管理员安全生产责任

（1）认真贯彻执行国家安全生产法律、法规和安全规章制度。

（2）协助做好劳务分包方施工人员的安全管理工作，参与安全宣传教育培训工作。

（3）监督劳务分包方与农民工签订安全协议。

（4）监督劳务分包方做好安全技术交底和班前安全教育工作。

（5）对作业人员违规违章行为予以纠正，对发现的重大安全隐患立即报告。

4.3.25　工程项目部班组长安全生产责任

（1）遵守劳动纪律，认真执行本工种安全技术操作规程及各项安全生产规章制度，对所承担的施工任务或作业面的安全和操作者的安全负责。

（2）认真执行安全技术交底，带领工人在施工中做到三不伤害：不伤害自己、不伤害他人、不被他人伤害。

（3）开好班前安全会，做好班组安全活动记录；对所使用的机具、设备、防护用具及作业环境进行安全检查。

（4）对作业环境、设施的安全状况进行自查，消除事故隐患、制止违章作业，有权拒绝违章指挥和冒险作业。

（5）作业结束后，进行现场检查与清理，不留事故隐患。

（6）根据作业内容、作业环境正确使用劳动用品，将安全技术措施、安全注意事项、劳动纪律、紧急情况下的应急措施等进行技术交底。

（7）发生事故后立即组织抢险救援，以最快方式向上级报告，保护事故现场。

4.3.26　工程项目部作业人员安全生产责任

（1）认真学习和严格遵守各级安全生产规章制度和安全操作规程，遵守劳动纪律，不违章作业。

（2）认真执行安全技术交底，做到三不伤害，即不伤害自己、不伤害他人、不被他人伤害。

（3）正确使用劳动防护用品和安全防护装置，维护安全防护设施和机具设备。

（4）有权拒绝违章指挥，不违章操作，不冒险作业。

（5）发现事故隐患或险情时，应立即上报，保护现场，参加应急救援。

4.4　建筑工程项目经理部专业技术管理人员岗位职责

4.4.1　项目经理岗位职责

（1）建立项目管理班子，调集施工力量，组建相应的工程管理人员班子，组织编制作业计划，并下达施工任务，签订班组承包合同。

（2）组织财会人员进行国家财经政策、财经法规、专业知识、公司管理制度的学习与培训，进行思想品德和职业道德教育，考评应聘上岗人员的业绩，提高会计人员综合业务素质。

（3）不断引进、吸收先进的财务管理工作经验，促进公司建立科学、合理的财务管理办法，积极推进公司财务现代化管理与会计工作的达标升级。

（4）调查了解建筑项目的特征、工程概况和性质，弄清设计规模、结构特点、工艺流程，掌握主要设备性能、设计概预算，摸清工程的总工期及工程分期分批施工的配套交付的顺序要求、交付图纸时间，工程施工的质量要求、技术难点。

（5）调查掌握施工场地及当地的自然条件、地形与环境条件、地质条件、地震级别、工程水文地质情况、气象条件。

（6）调查当地的技术经济条件，了解供水、供电、供热、供气（氧气、乙炔）等的能力及交通运输条件，地方材料供应情况和当地协作条件及主要设备的供应条件。

（7）调查社会生活条件，摸清周围可为施工利用的房屋情况，附近的机关、企业、居民的分布情况，生活习惯和交通情况，副食供应、医疗、商业、邮电、治安条件。

（8）必须搞清建设单位施工准备落实情况，场地"三通一平"落实情况，障碍物的处理情况，按合同规定应提供的材料、设备的到货情况。

（9）组织材料、构件、半成品的订货、生产、储运及材料、机具设备的租赁、进场、堆放等管理工作。

（10）根据材料预算，组织施工员编制材料采购计划，由采购员了解市场价格后，由施工员审核、项目负责人批准后，方可选择供货单位订货。

（11）根据施工组织设计要求，组织相关人员提前储备冬、雨期施工使用的材料和专用材料。

（12）根据建设单位提供的水泥源、电源等，接通施工给水、排水、电器、照明、通信、通气线路，结合永久性路基，铺设施工用循环道路。

（13）根据施工总平面布置图，组织相关人员搭建临时生产设施和生活设施。

（14）履行项目部安全、消防第一责任人的所有职责。

（15）完成总经理室交办的其他工作任务。

4.4.2　生产副经理岗位职责

（1）负责项目生产的进度管理、质量管理、文明施工管理、安全管理等现场各项管理工作。

（2）做好施工准备工作，包括落实合同工期、质量目标等各项生产目标；临时设施现场准备，组织劳动力进场，组织机械设备就位运转，协调材料购置进场。

（3）落实合同工期，编制生产进度总控制网络计划，并据此编制月计划、周计划，下发落实到生产各部门；负责计划的执行、实施与考核。

（4）落实各项质量管理工作，落实质量计划与各项质量管理制度。

（5）对现场文明施工负全责，建立文明施工管理制度和文明施工考评制度，定期检查制度等并负责文明施工各项工作的落实、执行。

（6）领导现场安全生产工作，组织安全生产例会，定期进行安全生产检查、安全教育活动。

（7）制定生产例会制度，协调材料、机械、劳动力等各项生产要素的配置，落实各部门的工作。安排工程进度计划及各项工作目标。

（8）协调、管理各分包单位的生产工作，组织控制、检查分包单位的工期、质量、文明施工、安全等各项生产指标，依据分包合同对分包单位进行管理。

（9）负责工程项目的成品保护，工程回访工作。

（10）负责现场人、材料、机械等各项生产要素的配置及协调。

（11）贯彻执行公司《质量环境职业健康体系》程序，要求在施工生产中落实。

（12）负责完成项目经理交付的其他任务。

4.4.3　项目总工程师岗位职责

（1）直接向总经理负责，贯彻执行国家的技术政策，开展各项技术活动，积极采取技术措施，高速度、高质量、低消耗地完成施工任务，遵守集团公司的经营管理程序与各项规章制度。

（2）主持审批、编制大型建设项目及结构复杂、施工难度较大的特种工程的施工组织设计。审批分包单位上报的单位工程施工组织设计、有关技术文件和技术报告。负责审批技术管理系统有关文件及制度。

（3）主持技术会议，研究和处理施工中的重大技术问题和安全操作问题，负责处理重大质量安全事故，并提出技术鉴定和处理方案。

（4）参与编制和执行公司的中、长期技术发展规划和技术组织措施。

（5）根据发展需要，及时修改和完善项目部程序文件，接受总公司对管理体系进行的内审和外审。

（6）负责项目部的质量和技术管理，确保项目部质量目标的实现；对出现的不合格品按程序进行追溯，分清责任，采取有效的改进措施。

（7）组织施工方案的优化和经济技术对比分析，满足保证质量和降低成本的要求。负责对各专业编制的施工方案及安全技术措施进行审批，监督施工方案及安全技术措施的实施。

（8）对组织施工组织设计方案的编制质量负领导责任。

（9）组织指导正常施工中的技术管理和技术资料的完善及归档工作。

（10）参与指导建立与完善公司技术与质量管理数据库。

（11）负责组织科技攻关和新技术、新材料、新工艺的推广应用；积极推进技术开发工作，组织领导新技术、新工艺、新设备、新材料的试用、鉴定和推广工作。

（12）技术管理发展规划切实可行，科技攻关和"三新"推广应用做到人员、经费、项目三落实。

（13）定期培训工程技术人员和技术工人，不断提高其专业能力和管理水平，使之满足项目部技术发展的需要。组织定期对工程技术人员的考核。

（14）负责制订年度内管理评审计划。

（15）完成领导交办的其他工作任务。

4.4.4　工程部部长岗位职责

（1）负责工程部领导工作，在行政上对项目经理负责并向其汇报工作。

（2）负责中标后工程进场前的施工准备工作。

（3）负责审批落实项目各分承包合同的谈判和签订工作，对工程分承包方进行评价和选择，建立合格分承包方名册，并负责分承包队伍的管理。

（4）在生产副经理的领导下，负责施工过程中的过程控制，包括落实年、月生产计划，并负责考核计划的完成情况。

（5）随时掌握工程进展情况，进行综合平衡，统筹安排，以加快施工进度，缩短施工工期，并负责工程部阶段性和年度的工作总结。

（6）协助集团总公司对在施工程的现场监督管理，安全文明施工，以及环境职业健康安全运行管理涉及的其他方面的监督检查工作。

（7）负责工程施工的成品保护检查，以及项目工程成品保护措施的执行情况的监督检查工作。

（8）对部门内所有上报的申请、报告、报表、工程进度等文件的质量负责。

（9）负责及时、真实、准确地向项目部有关部室提供与工程有关的数据；并对向项目部有关部室提交的工程有关数据的及时性、真实性和准确性负责。

（10）负责组织在施过程管理、搬运、储存、防护和交付管理，顾客、相关方满意度测评及服务管理，工程分承包管理，以及环境、职业健康安全运行的管理。

（11）在投标、施工及交付的服务过程中，及时通过主动走访、电话、信件及交谈等方式收集顾客及相关方的满意信息并向项目分公司进行施工交底。

（12）对在施项目负责组织制订年度工程回访计划和进行顾客满意度调查，受理顾客投诉，组织回访、保修和服务工作，并将来自顾客的信息传递到相关部门。

（13）负责与部门内业务有关的环境因素、主要环境因素、危险源、主要危险源的测定和监督。

（14）本部门管理范围内的程序文件和其他管理文件的拟定、更改、受控发放、登记、标识、收回等工作。

（15）负责与公司项目部有关法律法规的收集和信息传递。

（16）定期召开部署会议，提出改进工作的目标和措施。

（17）承担项目经理交付的其他工作。

4.4.5　各专业工程师岗位职责

（1）在项目经理的领导和项目技术负责人的指导下，全面负责本专业工程施工任务。

（2）参与施工单位、监理单位的审查，图纸会审和技术交底。并对图纸中不合理的部分提出修改建议。

（3）初审开竣工报告、施工组织设计方案、监理规划和监理细则，具体负责工程验收的准备，配合规划定位、验线，楼房的标高的测定及其书面交验。

（4）按照现行的国家施工验收规范、规定和操作规程，组织本专业工种施工，技术指导，按图施工、精心管理，严格把好质量关。

（5）初审工程设计变更、工作联系单，施工材料需用计划、初步办理工程的经济签证、及时将以上业务上报领导签署意见。

（6）检查、复核工程定位、轴线、标高、断面尺寸，检查核验建筑安装材料（设备）的质量状况，监督现场试件、试块的取样，参加或主持隐蔽工程、分部（分项）工程的验收，对分管的工程项目进行全面监督管理，充分行使甲方代表的权利并承担相应的责任。

（7）向班组下达并做好技术及安全交底工作，抓好安全生产。

（8）负责抓好班组质量自检、互检、交接检工作，参加做好隐蔽、分部（分项的）工程的验收与质量评定工作。

（9）协助部门领导进行施工中的各种关系的协调，参加施工和监理例会，并提出意见和建议。

（10）参与签发和计算本工种的工时单和任务单，按任务单的质量和数量进行验收。

（11）与项目技术负责人一道编制好本项目工程的料具计划。

（12）与材料管理员一道做好主要材料的限额领料工作。

（13）贯彻执行施工组织设计的技术措施、质量措施和降低成本措施。

（14）督促监理单位、施工单位加强施工现场安全文明施工、合理安排工序施工按工期完成施工任务。

（15）及时编制、收集、整理、审核工程施工的相关归档资料。

（16）及时完成领导交办的其他工作。

4.4.6　施工员（工长）岗位职责

（1）在项目工程师的指导下进行施工技术管理工作，并对所分管部分的施工技术和工程质量负责。

（2）施工前，熟悉图纸，了解设计意图和质量要求，参与图纸会审和设计交底，并提出有关图纸中的技术性处理意见，参与施工组织设计的编写，施工中严格按照图纸、规范和施工组织设计要求，精心组织施工。

（3）根据施工总平面图，参与单位工程平面规划，组织机械设备、材料、成品和半成品的进场，搭设临时设施。

（4）负责组织或会同有关人员，做好抄平、放线工作。

（5）负责施工过程的技术复核和资料的核定、整理并及时向有关人员提供（或保管、移交）。

（6）编制月度施工计划和工程用料计划，并负责对工程材料、试块（件）和成品的质量复查。

（7）参加工程部月度质量检查，参与工程质量事故的调查分析，并按检查或处理意见负责整改。

（8）根据图纸、规范、措施、方案、程序和操作规程来组织施工。

（9）施工中要落实各项管理制度和完成上级下达的各项经济指标，按图纸和设计要求，协同有关人员经常对材料质量、工程质量、安全生产、工序穿插、机具配备和劳动力组织进行检查，并协同有关人员组织好隐蔽工程验收工作，发现问题及时解决。

（10）对工程变更部分作好原始记录，会同预算员按单位工程及时做好工料核算和分析工作，参加工程估算。并组织班组进行工料分析，开展班组核算工作。

（11）会同有关人员做好竣工检查，高标准、严要求地按国家规范标准交付使用。

4.4.7　技术部部长岗位职责

（1）对技术部部门职能的实现负直接责任。

（2）遵守集团公司的经营管理程序与各项规章制度，以及部门内技术管理规定。

（3）对本部门编制工程技术文件的质量和工作进度负责。

（4）协助生产副总经理、工程师做好工程技术应用与管理工作；组织技术部对在施项目进行施工技术支持与技术管理，按程序规范指导项目施工。

（5）审批各项目分公司编制上报的单位工程施工措施、方案、设计，及时解决施工中出现的技术、安全、施工方法、工程管理等问题。

（6）组织有关人员参与编制大型工程的施工组织设计，进行经济技术的对比分析，确保工程质量，满足降低成本的要求。

（7）组织领导部内人员编制公司年、季、月施工进度计划，指导工程的均衡生产。

（8）随时掌握工程施工进展情况，进行综合平衡，统筹安排以加快施工进度，缩短施工工期。

（9）参加公司每月一次的生产调度会。

（10）负责审查对外分包工程队伍的施工方案。

（11）确保管理体系在技术部工作中的落实，定期进行内审。

（12）负责指导部门内职员配合项目分公司实施"四通一平"工作和扫除施工障碍。

（13）完成领导交办的其他工作任务。

4.4.8 专业技术负责人岗位职责

（1）图纸会审：接到施工图及技术资料后，按施工技术与质量管理中的图纸会审规定，组织图纸会审，找出图纸中的问题和疑问并进行汇总，安排有关技术人员、施工工长阅读并熟悉图纸，参加由建设单位组织的设计单位、施工单位、监理单位等各单位参加的图纸会审，签署会审记录。

（2）按施工技术与质量管理中的施工组织设计的编制与审批的规定，制定重要部位的施工方案，总进度控制计划，材料、成品、半成品、预制构件加工等计划，确定分部（分项）工程的施工技术措施，组织均衡生产，根据标价编制生产用料、用工计划。

（3）工料分析：结构件、钢木制品等，作好施工的分部（分项）工料分析，作为签发任务单，限额领料和经济核算的依据。

（4）做好建筑物定位放线、引入水准控制点的技术、安全交底工作；以及进度计划、图纸、技术、质量、安全、方案和商务的交底。

（5）做好施工翻样与加工订货工作：

1）按分部工程和工种绘制翻样图。

2）委托外单位加工（或申请材料）的构件翻样。

3）模板翻样。

4）钢筋翻样。

5）其他翻样工作：包括皮数杆制作、修改设计或选用标准构件时，某些尺寸须根据具体工程项目确定，装修复杂的工程，还需绘制装修施工翻样图等。

6）按相关规定做好原材料、半成品的技术试验及检验：现场配制品（如混凝土、砂浆等）的试配工作，按实验室出具的试配报告，换算成现场配合比，挂牌操作。

7）做好计量器具的准备、使用、维护、保养、检定、测试工作。

8）编制企业内部的施工工艺卡，由企业的技术管理部门编制，并经有关部门（质量安全、材料供应、机械设备等部门）会审签证后，经项目技术主管审查批准，然后发给班组执行。

9）做好"四新"试验、试制的技术准备工作，对用于工程的主要材料，进场时必须出具正式的出厂合格证或材料化验单，对检验证明有怀疑时，应补做检验。

10）做好相关记录工作。

4.4.9　技术员岗位职责

（1）技术员在队长和主管工长的领导下工作，对施工栋号的技术质量负直接责任。

（2）制订保证安全技术的措施计划，作业人员安全技术教育、安全技术书面交底、安全技术的监督检查及措施的落实，对施工生产中的安全负技术上的责任。

（3）制订保证工程质量的控制计划，深入现场督促指导操作工艺，发现问题及时解决，严把质量检查验收关，对施工生产中的工程质量负指挥责任。

（4）认真执行施工组织设计，负责施工图的审查和技术交底，对重点部位和隐蔽工程进行检查、核对和验收，防止发生错误。

（5）严格执行各项技术规程，操作工艺验收规范及质量检验标准，记录好施工日志，建立技术档案，保存全部原始资料和写好施工技术总结。

（6）协助工长安排和制订生产计划，组织生产，加强文明施工、完成生产任务，计算工程量，提供结算依据。

（7）对图纸与实际操作发生技术上的错误，应及时通知甲方进行修改，对内部不按操作规程的违章人员有权责令停工。

（8）经常组织职工学习安全技术操作规程、工艺标准和各项技术管理制度。

（9）对出现的质量事故要认真调查、分析原因、提出技术上的措施。

（10）定期向队长汇报施工中的技术质量情况。

4.4.10　测量员岗位职责

（1）认真学习和执行国家法令、政策与规范，在项目工程师的指导下工作，并对自己工作质量负责。

（2）施工前必须熟悉图纸及参加图纸会审、设计交底，编制测量方案。

（3）定位放线工作必须执行自检、互检，合格后，由负责部门校验。实测要当场做好原始记录，测后要保护好桩位。

（4）测量计算依据正确、方法科学、计算有序，步步校核，结果可靠。

（5）正确使用、维护测量仪器，按计划做好仪器的周期检定工作。

（6）对工程轴线定位，标高控制，建筑物垂直线等负责。

（7）认真做好以下工作：

1）房屋基础测设，轴线、引桩、龙门板设置，楼层轴线投测，楼面高层传递。

2）厂房控制网建立、柱列轴线与柱基的测设、柱子吊装测量。

3）高层建筑基础及基础定位轴线测设，垂直度的观测，标高测设及水平度的控制。

4）管道边线及中线测量，烟囱、厂区道路测量。

5）建筑物的沉降观测、倾斜观测、裂缝观测。

6）及时做好测量，并做好原始记录。

7）做好仪器的保养、保管并经常校验和维修。

8）坚持按照施工规范及操作规程操作，及时建立自检评定资料，办好有关的签订手续。

4.4.11　资料员岗位职责

（1）认真贯彻上级主管部门的各项规定。

（2）负责本项目部所有技术资料、图纸变更、洽商记录，来函的及时接收、整理、发放、借出、保存工作。

（3）资料员应随工程进度同步收集、整理施工资料。

（4）资料员收到文件及设计变更通知后，应立即编号登记，及时、有效地传达到工程技术文件使用者手中。

（5）收集和整理工程准备阶段、竣工验收阶段形成的文件，并应进行立卷归档。

（6）归档文件必须齐全、完整、系统、准确。

（7）归档文件材料必须层次分明，符合其形成规律。

（8）归档文件必须准确地反映生产、科研、基建和经营管理等项活动的真实内容和历史过程。

（9）严格执行资料工作的要求，加强资料的日常管理和保护工作，定期检查，发现问题及时向分管经理汇报，采取有效措施，保证资料安全。

（10）按照资料保管期限，定期鉴定资料。

（11）维护项目工程技术资料的完善与安全，对违反有关制度或不正确使用的行为，拒绝提供使用。

（12）参与本分公司工程竣工图的整理和移交。

（13）资料员必须不断学习，钻研业务，提高计算机操作技能，实现资料管理的自动化。

（14）资料员工作变动时，必须在办理完资料移交手续后，方能离开岗位。

4.4.12　试验员（试验工）岗位职责

（1）认真贯彻执行国家规范，掌握常用材料的性能和基本成分。

（2）努力学习科学技术，不断提高个人的业务能力，熟练地掌握各项试验业务和标准要求。

（3）接到送料试样后，要分清产地、品种、标号、数量，记录清楚；做完试验后，填写试验报告单必须做到数据可靠，结论明确，不得涂改，要按工号建立各类台账。

（4）熟悉试验仪器性能、用途、注意事项、操作规程；注意使用前必须先检查仪器、设备的准确度，校正调整后再进行试验。

（5）负责室内卫生，工作完后对机器、工具、工作台及地面要及时检查清理、保持工作间的良好环境。

（6）在项目总工程师的领导下，负责协助取样员进行现场的原料、半成品的取样、送检工作，及时索取试验报告并将试验结果通报有关人员。

（7）做好砂石含水率、混凝土坍落度、砂浆稠度等试验的现场测定，为施工过程的质量控制提供及时、准确的数据。

（8）协助取样员做好试块的取样、养护、送检等工作。索取试验报告，并及时向有关人员通报试验结果。

（9）熟悉常用建筑材料的性能指标及试验方法，掌握实验仪器、机具的性能，做好维护和保养工作。

（10）在施工过程中应根据砂、石含水率的变化及时调整配合比。

（11）配合有关管理人员对原材料的采购、保管、标识、检验及使用进行检查和监督。

（12）认真整理有关的试验资料，做到及时、准确、不遗漏。

（13）根据项目新材料、新工艺、新技术推广计划的要求做好有关的试验工作，以推动科技进步。

（14）做好试验用计量器具的维护、保养工作，并正确使用，避免失准。

（15）现场使用的原料均应先按规定取样试验合格后方可使用。

（16）对人工上料的混凝土后台计量进行抽样并做好记录，发现问题应立即进行纠正，把计量偏差控制在允许的范围内。

4.4.13　质量部部长岗位职责

（1）负责质量部行政领导工作。

（2）负责项目部工程质量管理工作的实施、验证和改进，建立健全质量部管理制度。

（3）负责制定《质量策划管理程序》《监视和测量管理程序》《不合格品管理程序》并组织实施。

（4）负责公司质量目标的分解和落实，制定公司的年度工程质量创优目标和质量计划，参与制定质量的年、季、月质量技术措施计划。

（5）负责组织质量检查，参加工程的基础和主体验收、竣工验收及交接验收，提出工程质量评定意见，核定质量等级，负责监督检查验收和移交过程中出现的质量问题，负责对分部（分项）工程的检验状态进行标识、检查、监督，负责收集质量检查、验收中的相关数据，在工程质量抽查中发现不合格现象，要开具《不合格物资评审记录》通知有关人员按照评审权限进行评审。

（6）参与审核各项工程的设计交底和图纸会审，参与审核各项工程的施工组织设计、施工方案和施工措施，并对施工项目施工组织设计（或专项质量计划）的实施进行监督检查。

（7）组织质量专业会议，总结推广质量管理方面的先进技术；定期汇总公司总体质量目标的实现情况、质量动态和趋势，对可能发生的偏离制定预防措施，并予以纠正；参与特殊技术、特殊工艺、特殊材料和创新开发的项目工程施工组织设计编制。

（8）负责识别本部门的环境因素和危险源，填写《环境因素调查表》《危险源调查表》，反馈给技术部和安保部，加强本部门的环境保护和职业健康安全管理；接受内部审核，参加管理评审会议；与各部门和项目部进行交流、沟通。

（9）根据施工阶段，部门、季节等变化，对本部门的环境管理运行工作进行自查，发现不符合项和不符合趋势立即采取纠正与预防措施，并将检查情况填入《管理体系运行检查记录》；负责对检查中不能立即解决的不符合项制定纠正与预防措施，并组织实施。

（10）负责本部门管理范围内文件的拟订、更改、受控发放、登记、标识、收回等工作。

（11）完成相关领导交办的其他任务。

4.4.14　质量员岗位职责

（1）坚持"百年大计，质量为主"的原则，认真贯彻国家颁布的工程质量检验评定标准，以及其他各相关技术要求。

（2）熟悉和掌握标准规范，做好项目工程质量的监督和检查，发现问题及时指出纠正。

（3）严格按施工验收规范开展全面质量管理活动，认真组织基层开展质量自检互检的专业检查活动。

（4）对用于工程上的原材料、半成品等，协助物资部门按有关技术标准进行监督检查；对需要试验的物资，督促材料人员和试验员按时取样送检，把好原材料质量关。

（5）参加重大质量事故的调查、分析，并对事故提出处理意见。

（6）随时进行在施工过程的质量检查，检查中发现问题及时向施工负责人指出，并按时更正，把质量事故消灭在萌芽状态。

（7）认真督促检查原材料质量情况，查看有关质量保证书，发现不合格原材料立即停止使用，检查混凝土试块制作、保养情况；协助物资部门按有关技术标准进行监督检查；对需要试验的物资，督促材料人员和试验员按时取样送检，把好原材料质量关。

（8）熟悉施工图、施工规范和质量检验评定标准，实施分项（分部）工程质量检查验收，监督不合格工程纠正措施的落实，发现质量隐患有权停工整顿，并向总工程师报告。

（9）把好工序质量关，执行"三检制"，上道工序不合格，下道工序不许施工，用工序质量来保证分项工程质量。

（10）实施工程质量预控，对工程可能出现的质量通病，及时向工长或项目经理汇报，以便采取相应的预防措施。

（11）出现事故或不合格情况时，要检查原因，掌握第一手资料，并及时通报工长，向项目经理和公司质量部门汇报，督促有关部门和人员及时提出纠正措施和预防措施。

（12）深入项目各班组，指导检查有关人员的工艺执行情况、原始记录及检验凭证的填写情况，并及时处理检验工作中的技术问题，参加质量分析会及不合格质量问题的处理工作。

（13）做好资料的汇集、整理和上报工作，参加工程竣工、交工验收工作，并做好质量信息的反馈工作。

（14）经常参加新材料、新工艺的学习，不断提高自己的业务水平。

（15）完成质量部部长及相关领导交办的其他工作。

4.4.15　商务部部长岗位职责

（1）认真执行国家的方针、政策，在项目经理领导下，努力完成本部门的各项任务。

（2）负责商务部管理工作，贯彻落实上级有关单位、部门下发的文件、法规、规范。

（3）参与公司编制年度生产计划，及时下达年、季度各项技术经济计划指标。

（4）负责与部门内业务有关的环境因素、主要环境因素、危险源、主要危险源的测定和监督。

（5）全面正确及时汇总、编报各种统计报表和有关资料，并利用图表反映生产动态。

（6）参与工程招标工作，组织人员与相关部门配合编制招标文件，计算工程标底。负责对标书和合同评审，及合同跟踪管理工作。

（7）配合有关部门做好机电设备的招标工作。

（8）按合同规定做好工程预付款、进度款的审核工作。

（9）做好工程预算结算审核工作，贯彻落实公司领导对工程预算工作的指标。

（10）参加施工图设计交底，深入现场，及时了解掌握在施工程与工程造价有关的情况。

（11）负责与公司有关法律法规的收集和信息传递。

（12）做好工程造价分析及资料归档管理。

（13）根据本部工作职责，编制本部月、季、年度工作计划，负责本部人员的思想教育、作风建设，工作安排以及工作质量、进度，劳动纪律等监督考核工作。

（14）做好与建委工程造价处的联系。

（15）完成上级领导交办的其他工作。

4.4.16　合同员岗位职责

（1）负责集团项目工程施工管理、工程招标投标、合同签订、维保协议签订、合同档案建立；对合同履约凭证收集、整理和归档。

（2）合同执行情况监督与阶段报告等。在部长领导下，按照国家经济合同法规、公司经济合同管理制度有关规定，负责拟订公司具体经济合同管理实施细则，在上级批准后组织执行。

（3）负责对外签订重大经济合同的起草准备、参与谈判和初审工作，严格掌握签约标准和程序，发现问题及时纠正。

（4）对公司内部模拟法人独立核算的经济责任制，提出适用经济合同文本和实施方案，并负责培训相关基层人员。

（5）负责不断追踪部门合同履约完成情况，并督促其如期兑现，汇总公司合同执行总体情况，提出有关工作报告和统计报表，并就存在的问题提出相应建议。

（6）认真研究合同法规和法院判例，对公司的合同纠纷和涉讼提供解决的参考意见。

（7）负责做好公司正本的登记归档工作，建立合同台账管理，保管好合同专用章。未经领导审核批准，不得擅自在合同上盖章。

（8）控制合同副本或复印件的传送范围、保守公司商业机密。

（9）完成商务部部长临时交办的其他任务等。

4.4.17　造价员岗位职责

（1）编制各工程的材料总计划，包括材料的规格、型号、材质；在材料总计划中，主材应按部位编制，耗材按工程编制。

（2）负责编制工程的施工图预、结算及工料分析，编审工程分包、劳务层的结算。

（3）编制每月工程进度预算及材料调差（根据材料员提供市场价格或财务提供实际价格）并及时上报有关部门审批。

（4）审核分包、劳务层的工程进度预算（技术员认可工程量）。

（5）协助财务进行成本核算。

（6）根据现场设计变更和签证及时调整预算。

（7）在工程投标阶段，及时、准确做出预算，提供报价依据。

（8）掌握准确的市场价格和预算价格，及时调整预、结算。

（9）对各劳务层的工作内容及时提供价格，作为决策的依据。

（10）参与投标文件、标书编制和合同评审，收集各工程项目的造价资料，为投标提供依据。

（11）熟悉图纸、参加图纸会审，提出问题，对遗留未发现问题负责。

（12）参与劳务及分承包合同的评审，并提出意见。

（13）建好单位工程预、结算及进度报表台账，填报有关报表。

4.4.18　安全部部长岗位职责

（1）就安全工作对职能上级负责。

（2）对本项目部施工现场办公、生活区、安全生产、消防、保卫、治安和对员工进行相应的培训教育考核及监督检查负责。

（3）对项目部全部危险源的识别、主要危险源的确定和造册以及防范措施的制定、监督、检查和因此而产生的不合格项的认证、整改、复查承担责任。

（4）在项目部内组织宣传、培训、落实国家有关安全的法律、法规、规范、规程、制度，并在本项目部范围内负责各安全事项的监督、检查、纠正工作。为此根据项目部实际情况，组织编制、颁发相关细则并贯彻落实到位。

（5）负责和公司或有关公安、消防、劳动部门保持密切联系，及时收集有关信息取得帮助和指导。

（6）组织制定安全保卫部长期工作方针和短期工作目标，并有督促执行的责任。

（7）负责主持大事故以上安全事故的现场勘察，调查分析工伤鉴定会议，并及时按程序如实向上级申报。

（8）组织部内人员和现场安全员进行每月 25 日安全生产的例行检查，对施工现场进行不定期检查，并做出评价。

（9）配合物资采购中心进行安全防护用品、劳动保护用品选型、定厂，严格控制所购产品厂家在已按程序批准并已列入合格供方账目的厂家范围内。

（10）监督本部门有关资料和数据的收集和汇总，整理建档。

（11）负责阶段性的工作总结和本部内有关请示、报告、申请等文件的审核。

（12）协同单位工程部、项目分公司等部门签订外包队伍安全责任书，以及奖罚制度的实施。

（13）负责完成相关领导安排的其他工作。

4.4.19　安全员岗位职责

（1）贯彻执行国家安全生产的有关方针、政策和各项规定，搞好安全生产，督促检查基层对安全技术各项措施和安全操作规程的实施情况。

（2）积极参加公司季、年安全生产的联合检查，坚持不定期的巡回检查；对违章指挥和违章作业要及时制止；对违反操作规程作业，要责令纠正。

（3）对各施工作业点进行安全检查，掌握安全生产情况，检查出的安全隐患及时提出整改意见和措施；制止违章作业和指挥，遇到严重险情，有权暂停生产，并报告主管领导。

（4）组织和指导安全活动工作，及时汇报安全活动情况，坚持安全工作的奖惩制度。

（5）经常对职工进行安全教育，督促有关部门发放个人防护用品和保健用品。

（6）发生工伤及未遂事故做好现场保护、抢救工作，并立即上报，如实反映事故情况。

（7）参加事故的调查分析和重大事故的处理，协助基层提高整改措施，并负责督促其按期完成。

（8）坚持安全生产的各项制度，做好各项安全事故的资料收集、整理、登记工作，按时报送安全生产的有关报表。

（9）负责项目部的安全系统、安全设施、劳防设施、安全措施及制度的建立健全和监督检查，参与制定主要危险源的防护控制措施，对不合格项有监督、整改、复查和评价的责任。对项目工程施工现场出现安全防护设施与劳动保护用品的不到位或不合格、安全防护措施不落实、安全交底无可操作性现象及时进行纠正。

（10）严格依照《消防安全管理制度》协助职能上级健全集团公司范围内消防系统、消防设施、消防措施，并予以落实和监督检查，制定本项目部主要危险源中有关消防部分的安全防护措施，对不合格项负有监督、改正、复查、评价的责任。

（11）负责进行集团公司有关消防方面危险源的识别、主要危险源的确定和造册以及防范措施的制定监督检查和因此而产生的不合格项的认证、整改、复查；对消防设施定期检查和试验，确保其运行时有效承担责任。

（12）协助有关部门搞好环境卫生，改善劳动条件。会同有关部门搞好特殊工种工人的安全培训和考核。

（13）完成职能上级布置的其他工作。

4.4.20　门卫、保安岗位职责

（1）按时上下班。白天交接班时，双方应认真交接有关情况和物品并填写值班记录。接班人员未按时到的，交班人员不能擅自离开岗位。

（2）按规定着装，佩戴上岗证，保持良好的精神状态。

（3）严格执行门卫的制度，不允许未经同意的无关人员进入工程施工现场。

（4）加强自身修养，坚持文明值勤，礼貌待人，遇事冷静。对不服从管理的人员，应耐心解释、说明，不得用不文明的方式对待任何人。

（5）接听电话时，态度要和蔼，语气要亲切。拿起听筒，首先说"您好，×××公司×××项目部"，然后耐心地倾听对方的询问。回答时，应耐心细致，遇有不清楚的问题，应首先说："对不起"，然后视情况尽可能向对方提供帮助，或做出解释，不得简单甚至粗鲁地回答对方的问题或拒绝提供可能的帮助。

（6）接待来访人员时，先问清事由，然后与被访人员或部门联系。经同意的，办理登记手续，发放来访证，方可允许其入内。客人离开时需收回有被访人签字的来访证。

（7）有事先与项目部联系好进入工地参观的，项目部应提前通知门卫；对临时进入工地参观的，门卫应与项目经理联系，经同意并办理好登记手续后，方可允许进入工地；未经同意或无人接待的，一律谢绝参观。

（8）除项目部及本工程施工队的汽车、垃圾运输车、送货车以外，其他社会车辆未经同意，不得进入施工现场；进入施工现场的车辆，均必须按指定地点停放，不得占据通道、路口等。

（9）携带工程中的公用物品出工地大门的，应有相关领导签字的放行证，经核对无误的可放行，放行证保留在值班室备查；不符合上述要求的，不得放行。

（10）坚守岗位，不得擅离职守，不做与工作无关的事情，时刻注意进出工地大门的人员及值班室周围的情况。

（11）门卫值班室为工作场所，不允许与工作无关人员进入值班室闲坐、聊天、阅读

报刊。

（12）接收报纸、邮件，认真核对，及时发放，防止丢失或损坏。

（13）门前"三包"，卫生清洁干净整齐；保持值班室内清洁，发现垃圾或丢弃物应及时清扫；交班前整理好室内物品。

（14）爱护值班室内外的设施、设备，发现问题或故障，应及时报修，不得影响工作。

（15）认真记录值班时发生和处理的各种情况以及接听的重要的电话，及时报告有关领导。交班时，应将重要事项向接班人交代清楚。

（16）遇有特殊情况，及时向有关领导汇报。

4.4.21　环境部负责人岗位职责

（1）贯彻执行国家及地方有关环境保护管理规定和标准，对现场环境保护工作负直接管理责任。

（2）协助项目经理落实施工现场环境保护岗位责任制及环境保护管理制度。

（3）协助项目经理编制施工现场环境保护措施并组织实施。

（4）协助项目经理对现场人员进行环境保护知识的教育、考核，推广和使用环境保护新技术、新工艺、新设备。

（5）负责组织对环境保护设施的安装、维修、检查，保证环境保护设施的正常进行。

（6）负责对施工噪声、灰尘的定期检测，发现问题及时落实整改。

（7）负责落实施工现场环境保护"三同时"（同时设计、同时施工、同时投产使用）。

（8）负责施工现场环境保护内业资料的建档和管理工作。

（9）定期对现场污染设施进行检查，提出整改意见并进行复查，对违反环境保护制度和措施的人员提出处理意见。

4.4.22　物资部部长岗位职责

（1）施工前的材料准备工作：

1）了解工程进度计划，掌握各种材料需用量及材质的要求。

2）了解材料供应方式。

3）做好现场材料堆放平面布置规划。

4）做好材料堆放场地、仓库、水泥库使用准备等。

（2）施工中的材料组织管理工作：

1）合理安排材料进场，做好现场材料的数量、规格、质量的验收工作。

2）履行供应合同，保证施工需要。

3）掌握施工进度变化，及时调整材料配套供应计划。

4）加强现场物资保管，减少损失浪费，防止丢失。

5）组织督促料具的合理使用。

（3）施工验收阶段材料管理：

1）根据收尾工程，清理料具。

2）组织多余的料具退库。

3）及时拆除临时设施。

4）做好废旧物资的回收和利用。

5）及时进行结算，总结施工项目材料消耗水平及管理效果。

4.4.23 材料员岗位职责

（1）熟悉材料采购、保管、使用，懂得物资管理相关知识，经专业考核合格后方可上岗。

（2）能根据材料预算，及时掌握市场信息，编制月度采购计划、用款计划，经审核落实后实施，编制材料报表。

（3）能坚持"六不"采购原则：无计划不采购、质量不好不采购、超储备不采购、价格超过规定未经领导同意不采购、违反财务制度和国家有关物资管理规定不采购。

（4）能做好"三比一算"，降低物资采运成本，做到采购及时、就近采购、直达供应、精打细算、先算后用、点滴节约，尽量减少周转环节，降低材料成本。

（5）能对甲供"三材"严格把关，钢材一定要符合国家标准，质量保证书要完整齐全；木材要加强验收，保证木材的出材率和利用率；水泥必须保质保量，须经过试验鉴定后方能使用；砖、瓦、砂、石能根据进场用料申请单，落实货源。

（6）能运用物量消耗限额和定额消耗限额，以任务单为依据按照分项工程限额发料。

（7）能对现场材料做到收支有台账，耗用有限额，分项有核算，节约有依据，竣工有退料。材料堆放做到砂石成方，砖瓦成堆，规格分清，安全牢固。

（8）能根据进库验收、发料制度，对库容库貌，做到库容整齐清洁，场上物资层次分明、堆置合理，对室内物资数量、规格、性能、用途心中有数，实物台账，账物相符，月清月结。

（9）对周转材料调进调出能严格执行检查手续，记好单据，做到账物相符。

（10）能区分施工工具及低值易耗品的使用管理，根据劳动组合及工具配备标准、规定使用期限进行奖罚，能遵守财经纪律，严格控制费用开支，外出借款返回应在 3d 内报销，结算清楚，不拖延。

4.4.24 库管员岗位职责

（1）认真学习国家物资政策、业务技术和仓库管理的基本知识，提高政治、业务素质，管好仓库所储物资，为施工生产一线服务。

（2）严格遵守国家和单位的各项物资政策和纪律，严格执行仓库管理的各项规章制度和物资的进出库手续。

（3）所有进出库物资手续均按《库存物资收、发料制度》施行。认真对货物的名称、规格、型号、单价、数量、质量逐项核对，确认无误后，与对方签认交接。手续如出现差错，保管员应负行政经济责任。

（4）对其所管物资，要实行"四定位""五五化"和"五十摆放"等科学方法进行管理。按类分账，新、旧、废分堆，标志鲜明、材质不混、名称不错、规格不串，做到对号入座、井然有序，库房料架摆放纵横成行，卡片悬挂成线，横平竖直。库内、库区经常打扫，做到无垃圾、无杂草、无尘土，保持清洁卫生。

（5）应根据《材料技术管理》和《库存物资维护保养制度》要求对其所管物资进行维护保养。

（6）在工作时间内必须要坚守岗位和"两检查"制度，即班前要对自己所管的库房、库区进行一次检查，看有无异常情况；班后检查一日工作完成情况，看有无差错和不妥。特别是风雨天，要检查上盖下垫、门窗、灯、锁及灭火器具等是否安全妥当。

1) 对设备部全部购入的零配件和其他物资负有按规范建账验收、销账和监督库工保管、发放的责任，就本岗位工作直接对职能上级负责。

2) 对设备部库存物资按规范保管、存放、保养、发放、办理出入库手续和签证负责，对及时向计划统计员提供真实、准确的库存量负责。

3) 对购入物资严格按规范验收，保证数量、质量合格并及时办理入库手续。

4) 对物资的按规范发放及回收负有监督责任，及时汇总上报物资消耗状况。

5) 对规定应收回的废件和贵金属，有监督库工以旧换新及时回收的权力。

6) 对物资因保管不善造成的丢失、损坏，仓库管理员负有主要责任。

7) 有参与处理回收废旧件及时上缴资金的权力。

（7）资料、账卡、单据日清月结，装订成册，妥善保管。及时准确地报送上级规定的业务资料。

（8）库管员因事、病假离库时，应请领导指定接替人代管，对所管物资及凭证要进行认真交接，回来后如发现差错和事故，应及时向领导反映，查清责任，由交、接人员分别负责。

（9）要做好包装容器及废品的回收、上交工作，凡有押金的包装容器都要进行回收，上交给有关部门。对施工单位退回的废料及包装品，予以妥善保管或进行利用。

（10）要随时做好安全保卫、保密等工作，防止库房失火、被盗、泄密等事故的发生。对入库人员有进行宣传、教育、监督的权利和义务，对违反规定而又不听劝阻者，应及时报告有关部门进行处理。

（11）积极完成领导交办的其他任务。

4.4.25 设备部部长岗位职责

（1）在总机械师的领导下，对项目内的全部机械设备的技术业务管理工作负责；负责机械使用和维修中的主要环境因素、主要危险源的识别和有针对性的控制，对因此而产生的不合格项负责制定措施整改。

（2）负责对机械操作人员和维修人员的岗位培训，加强对运行和机械维修中安全技术操作规程和控制主要危险源及主要环境因素的监督和教育；对内、外审出现的不合格项有制定防治措施整改落实的责任。

（3）参与机械事故和与机械有关的人身事故的调查，参与事故分析会并提出意见。

（4）参与编制和提出机械台班定额、消耗定额、大修中修及保养定额、报废鉴定及计划草案，待按程序批准后实施。

（5）负责机务人员的调配，及时根据需要提出人员增减计划。

（6）负责提出机务人员培训计划草案，并于批准后组织实施。

（7）负责定期结算机械租赁费和损坏、丢失机械及零配件的索赔费。

（8）负责随时掌握施工现场操作维修人员的思想、工作状态。

（9）完成职能上级交办的其他工作。

4.4.26 机械人员岗位职责

（1）项目分管经理职责：

1) 贯彻国家和上级有关机械管理的方针、政策和规章制度。组织制定实施细则，负责检查执行情况，加强对机械管理工作的领导。

2）制定机械管理的计划、目标、措施等，并领导组织实施。

3）负责对本项目机械管理和维修机构、体制的设置，合理配备有关人员。

4）负责机械设备的安全生产管理指导，贯彻安全监督制度和安全操作规程，组织机械事故的分析处理。

5）负责组织机械管理人员的技术、业务培训，不断提高机械管理人员的素质。

6）组织机械设备的定期综合检查，定期向上级汇报机械管理工作情况，提出改进方案和建议。

7）组织机械设备经济承包和租赁制，推行机械经济核算，保证完成各项技术经济指标。

8）协助租赁单位对租赁机械的进场、安装、使用、维修的管理，对租赁机械设备做使用前初验认可。

（2）机械设备管理责任人职责：

1）认真贯彻执行上级有关部门颁发的各项机械设备管理规章制度、操作规程，负责检查本项目施工中的执行情况，发现问题及时采取措施，落实整改。

2）协助分管经理编制施工现场机械设备管理方案、规章制度。

3）配合有关部门做好特种作业人员的技术培训和考核、复审工作，对违反机械操作规程的作业人员提出处理意见。

4）严格执行公司的机械设备修理、保养、检查制度，掌握现场机械设备的使用、维护及保养计划的执行情况，并积极解决其中存在的问题。

5）定期对现场机械设备实行安全运行检查，切实做好隐患整改工作。

6）负责参与对现场中小型机械的入场、安装、检测、验收工作，并做好文字记录。

7）监督检查机械作业人员的持证上岗工作，落实安全交底、安全检查、交接班等系列管理制度，认真做好各项原始记录。

8）积极协助处理现场机械事故，组织落实"三不放过"的措施。

（3）现场机械操作工职责：

1）操作人员必须身体健康，并经过专业培训考核合格，取得有关部门颁发的操作证或特殊工种操作证后，方可独立作业。

2）机械操作工必须严格遵守现场机械管理的各项规章制度，执行安全技术交底。对本人所操作的机械安全运行负责。

3）操作前，必须熟悉作业环境和施工条件，按规定穿戴好劳动保护用品。检查机械的安全、防护装置及技术性能等，并进行试运转。

4）操作中，作业人员不得擅自离开岗位，严禁无关人员进入机械作业区，不准对处在运行或运转中的机械进行维修、保养或调整等作业，工作完毕应清理现场、拉闸断电、锁好配电箱。

5）操作人员有权拒绝来自任何方面的违章、违规指令。当使用机械设备与安全发生矛盾时，必须遵循安全原则。

6）当机械设备发生故障时，必须由专业人员检测维修，严禁机械带病作业。发生事故或未遂恶性事故时，必须及时抢救，保护现场并立即向上级报告。

7）进行轮流作业时，操作人员应实行交接班制，认真填写机械运转、交接班记录；夜间作业现场必须有充足的照明。

4.4.27　会计主管岗位职责

（1）在财务部经理领导下，具体负责项目部会计部门的管理工作。

（2）负责领导所属的出纳员、记账员、会计员按时、按要求记账收款，如实反映和监督企业的各项经济活动和财务收支情况，保证各项经济业务合情、合理、合法。

（3）负责指导、监督、检查和考核本组员工的工作，及时处理工作中发生的问题，保证本组的会计核算工作正常进行。

（4）按时编制月、季、年度会计表，做到数字真实、计算准确、内容完整、说明清楚、报送及时。

（5）根据会计制度，定期汇总会计凭证（登记总账不超过 10d），并与科目明细账核对相符。

（6）负责公司管理费核算，认真审核收支原始凭证，账务处理符合制度规定，账目清楚，数字准确，结算及时。

（7）负责专用款项的明细核算，正确反映各项专用基金运用和结余情况以及专项工程支出情况。专用基金的往来款项要及时对账清算。

（8）负责每月预提和待摊费用的核算。

（9）负责公司税金台账的登记和税金的缴纳。

（10）负责公司各部门的费用报销业务手续。

（11）按每月工资表、水电耗用表、燃料耗用表等费用项目编制部门费用分摊表，根据工资表提取福利基金、工会经费，并按规定上缴工会经费。

（12）对公司的会计凭证、账簿报表、财务计划和重要合同等会计资料定期收集、审查、装订成册，登记编号，按照《会计档案管理办法》的规定妥善保管，并按照规定办理销毁报批手续。

（13）定期组织对公司固定资产和流动资金的清查、核实工作，确保财产的准确性，加强对固定资产和流动资金的管理，提高资金利用率。

（14）严格按照财务管理制度的要求，认真做好记账凭证的稽核，组织会计统计报表的编审工作，保证财务结算的准确、及时和真实，为领导提供可靠的经营管理资料。

（15）及时掌握流动资金使用和周转的情况，定期向财务部经理汇报工作。

（16）督导所负责岗位的工作情况，并对工作完成的效果负直接责任。

（17）定期组织所属部门员工学习国家有关财政政策、法规、财经纪律和财会制度，不断提高员工的思想水平和业务工作能力。

4.4.28　会计岗位职责

（1）固定资产核算岗位的职责：

1）会同有关部门拟订固定资产的核算与管理办法。

2）参与编制固定资产更新改造和大修理计划。

3）负责固定资产的明细核算和有关报表的编制。

4）计算提取固定资产折旧和大修理资金。

5）参与固定资产的清查盘点。

（2）材料物资核算岗位职责：

1）会同有关部门拟订材料物资的核算与管理办法。

2）审查汇编材料物资的采购资金计划。

3）负责材料物资的明细核算。

4）会同有关部门编制材料物资计划成本目录。

5）配合有关部门制定材料物资消耗定额。

6）参与材料物资的清查盘点。

（3）库存商品核算岗位的职责：

1）负责库存商品的明细分类核算。

2）会同有关部门编制库存商品计划成本目录。

3）配合有关部门制定库存商品的最低、最高限额。

4）参与库存商品的清查盘点。

（4）工资核算岗位的职责：

1）监督工资基金的使用。

2）审核发放工资、奖金。

3）负责工资的明细核算。

4）负责工资分配的核算。

5）计提应付福利费和工会经费等费用。

（5）成本核算岗位的职责：

1）拟订成本核算办法。

2）制订成本费用计划。

3）负责成本管理基础工作。

4）核算产品成本和期间费用。

5）编制成本费用报表并进行分析。

6）协助管理在产品和自制半成品。

（6）收入、利润核算岗位的职责：

1）负责编制收入、利润计划。

2）办理销售款项结算业务。

3）负责收入和利润的明细核算。

4）负责利润分配的明细核算。

5）编制收入和利润报表。

6）协助有关部门对产成品进行清查盘点。

（7）资金核算岗位的职责：

1）拟订资金管理和核算办法。

2）编制资金收支计划。

3）负责资金调度。

4）负责资金筹集的明细分类核算。

5）负责企业各项投资的明细分类核算。

（8）往来结算岗位的职责：

1）建立往来款项结算手续制度。

2）办理往来款项的结算业务。

3）负责往来款项结算的明细核算。

（9）总账报表岗位的职责：

1）负责登记总账。

2）负责编制资产负债表、利润表、现金流量表等有关财务会计报表。

3）负责管理会计凭证和财务会计报表。

（10）稽核岗位的职责：

1）审查财务成本计划。

2）审查各项财务收支。

3）复核会计凭证和财务会计报表。

4.4.29　出纳员岗位职责

（1）在上级的领导下，负责项目部现金收支工作。

（2）按照现金管理制度，认真做好现金和各种票据的收付、保管工作。

（3）严格把好现金支付关，经上级主管审批，责任会计盖章后的合法凭证，才可办理付款手续，并要加盖"现金付讫"戳记。

（4）收付现金必须迅速、准确，在交款人面前点清，如有异议应及时解决，保持适当的库存现金限额，超额的库存现金要及时送存银行。

（5）每日及时登记现金日记账，并要结出金额，现金的账面额要同实际库存现金相符，对于现金和各种有价证券，要确保安全、完整无缺；如有短缺，要负责赔偿，出纳人员保管的印章要严格管理，按照规定用途使用，但签发支票所使用的印章，不能全部交由出纳一人保管。

（6）督促各业务部收款后，按时上交款项。收款完毕，认真核对缴款凭证，并清理现金，及时将当天销售收入送交银行。

（7）每日收入现金，必须切实执行"长缴短补"的规定，不得以长补短，发现长款或短款，必须及时如实向领导汇报。

（8）每日盘点库存现金，做到账款相符，收入的现金、票据必须与账单核对相符并按不同币种、票证分别填写营业日报表，交稽核处审核签收。

（9）要切实执行外汇管理制度，不准套取外汇也不得私自兑换外币。

（10）备用周转金必须天天核对，不得以白条抵库，一切现金收入，不准坐支，未经财务经理批准，不得将现金收入借给任何部门或个人，更不能挪用任意现金。

（11）严格保存现金支票，专设登记簿登记，认真办理领用注销手续，不得将空白现金支票交给外单位及个人签发，对于填写错误或作废的支票，必须加盖"作废"戳与存根一并保存。

（12）编制和发放公司员工工资、奖金，办理工资结算，编制现金记账凭证。

（13）现金日记账要做好日清月结。每月应与会计对账一次，做到账款相符。

（14）对违反财经纪律和不符合公司及项目部财务制度的单据有权拒付。

（15）严格执行国家及公司规定的资金管理制度，负责各方面应收账款的回笼工作。

（16）要按财务制度规定，经常清理现金借款的报账和欠账，并要定期核对备用金。

（17）严格遵守公司各项规章制度，上班时间不擅离职守，不做与本岗位无关的任何事项。

4.4.30 劳资员岗位职责

（1）建立本岗位工作开展必需的各类台账，并保证其准确、清晰、时效性。

（2）负责填写新员工的"薪资通知单"。

（3）负责将减编人员的工资从工资总额中减除。

（4）负责核定转正员工的薪资、津贴及福利。

（5）负责晋降职人员的加减薪核算。

（6）根据考勤表核定员工工资表。

（7）负责核算辞退或辞职人员的工资。

（8）参与完善符合集团经营状况的薪资制度。

（9）按照公司考勤管理制度，做好集团公司考勤汇总，保证及时准确。

（10）根据具体情况需要，核算、办理员工社会保险。

（11）完成相关领导交代的其他工作。

4.4.31 后勤部部长岗位职责

（1）对项目部后勤部各项工作负责，就本岗位工作直接向职能上级负责。

（2）据项目部实际情况，编制颁发各种相关细则并贯彻落实。

（3）对本部成员的工作负全责。

（4）组织制定后勤部长期工作方针和短期工作目标，并督促执行。

（5）负责因后勤工作引发的事故的调查、处理并及时向主管副总经理汇报。

（6）负责本部门有关资料和数据的收集汇总，整理建档。

（7）负责阶段性的工作总结和部室内有关请示报告申请等文件的审核。

（8）配合物资部对办公用品、办公设施及食堂炊具采购过程中的全面控制，对销售点考察价格的认定计划报表的审批及报销票据的审核、签字等工作。

（9）参与制定本部门对外发包协议，并监督履行，负责本部门人员招聘工作和思想教育工作。

（10）完成相关领导安排的其他工作。

4.4.32 食堂管理员岗位职责

（1）负责执行国家、地方有关食品卫生的各种规定；有自觉遵守公司及食堂一切规章制度，服从分配、听从指挥、接受监督检查，并主动改进的责任。

（2）要精打细算合理开支，随时掌握市场信息，杜绝浪费。

（3）负责后勤仓库的保管，对采购物品严把质量、价格关。

（4）负责公司及项目部锅炉房、招待所、绿化组、保洁组的管理工作，同时负责本部门的安全环保工作。

（5）对食堂卫生情况的检查、监督负责，对食堂内的卫生、饮食安全、饭菜质量负责。

（6）有严格按我国《食品卫生法》监督和检查食堂员工操作规程的责任。

（7）有严格按规范工作，确保质量和卫生安全的责任。

（8）协助后勤部主管、副主管做好后勤管理、监督、检查、指导、考核工作。

（9）组织相关人员做好餐厅、包间及各楼层的环境卫生工作。

（10）组织相关人员做好来人接待及服务工作。

（11）持证上岗，不断加强业务学习，提高服务质量，遵守操作规程和劳动纪律，保质保量地完成领导交办的各项任务。

4.4.33　后勤服务人员岗位职责

（1）负责项目部人员的住房安排，设施的管理。

（2）负责办公用品的采购、维修，供应管理。

（3）参与项目食堂的管理。

（4）负责施工队伍的住房安排，水、电、床等的使用管理。

（5）负责生活区、办公区的环境管理。

（6）负责项目的安全保卫工作，消防器材的采购管理工作，办公区和生活区的安全防火工作。

（7）负责施工队伍人员登记、暂住证的催办工作。

（8）负责食堂卫生许可证的办理工作。

（9）按照《工服洗涤管理规定》定时办理工服洗涤事宜。

（10）遵照有关规定执行门前"三包"、员工浴室、值班室、厕所、楼道等公共环境卫生的管理工作。

（11）负责公司内部的公共场所和各处室的公共设施维修管理。

（12）根据有关规定配备办公桌椅、文具柜，做好低值易耗品的登记管理工作。

（13）按标准定期发放劳保用品。

（14）办理各类人员工服制装事宜。

（15）对于炊事员要严格按我国《食品卫生法》的规范工作，确保质量和卫生安全的责任。

1）负责食堂卫生及按时、保质、保量的向所有人员供水、供饭。

2）负责公司干部、职工饭菜的制作及来人就餐工作，对就餐人员应做到心中有数（民族、口味等），按时并保质保量进行供给。

3）不断提高制作饭菜技巧，使饭菜达到色鲜、味美及多样化。

4）对待职工要一视同仁，不打人情饭菜，做到公平合理，不使用强硬的工作方式，对待职工要热情服务。

5）要随时把握食堂卫生管理的"四不""四过""四定""四隔离"的原则，坚决杜绝食物中毒。

6）安全使用液化气，防止烧伤、烫伤、爆炸及触电。

4.4.34　食堂采购员岗位职责

（1）贯彻执行食堂卫生管理制度，服从食堂管理人员的领导；对采购的食品是否符合卫生要求，负直接责任。

（2）不得采购腐坏变质、霉变、有异味或我国《食品卫生法》规定禁止生产经营的食品。

（3）不采购小商小贩加工制作的荤食、凉菜。

（4）采购食品时，做到一看是否新鲜、二看有无合格证件，比质比价。

（5）采购外地食品应向供货单位索取县级以上食品卫生监督机构开具的检验合格证或检验单，认为必要时，请当地食品卫生监督机构进行复验。

（6）采购食品用的车辆、容器应清洁卫生，做到生熟分开、防尘、防晒、防蝇。

（7）协助食堂财务管理人员搞好成本核算，保证饭菜价格合理，职工满意率达90%以上。

4.4.35　司机岗位职责

（1）遵守员工守则和交通法规。

（2）认真贯彻执行公司制定的各项车辆管理制度。

（3）听从调度指挥，按时出车完成任务。

（4）确保行车安全，文明驾驶车辆。

（5）维护保养车辆，车辆内外干净整洁。

（6）不开带病车上路，发现故障及时修理，不耽误工作。

（7）礼貌待人，优质服务，团结协作。

4.4.36　经理办公室主任岗位职责

（1）直接对经理（或主管副经理）负责。

（2）遵守集团公司及项目部的行政管理程序与各项规章制度。

（3）对本部门职能工作负全责，是部门工作失误追究的第一责任人。

（4）负责制定本部门业务工作计划，对部门职能实现负全责。

（5）对本部门员工的工作质量及工作结果负领导责任。

（6）负责落实公司行政管理制度，督办企业行政管理规范工作。

（7）根据集团公司有关信息管理制度及时汇总、编辑、传递企业动态信息。

（8）对本部门外发的文件质量负责。

（9）汇编所属单位（项目部）工作计划，并督办各部门计划实施，组织参与所属单位（项目部）计划工作考核。

（10）协助经理根据公司有关规定控制项目部办公用品费用。

（11）负责组织公司来宾接待服务事务及管理工作。

（12）负责公司员工行为规范的落实工作。

（13）根据需要亲自或组织机关人员完成公司有关文字材料的起草工作，对文字材料的质量和及时性负责。

（14）负责组织部门内人员，并根据需要会同有关部门策划安排公司大型会议和大型活动。

（15）完成领导交办的其他工作任务。

4.4.37　经理办公室文员岗位职责

（1）办公室文员受经理办公室主任领导，负责办公室日常工作；努力完成项目经理交办的各项事务，对公司内部的通知、文件要及时上传下达，并做好归档管理工作。

（2）负责项目部办公用具台账的管理。

（3）负责项目经理办公室的卫生。

（4）负责项目部传真件、电子邮件的及时准确登记、收发和管理，负责邮寄和领取各种公务信件。

（5）参与会议服务和接待工作。

（6）负责办公室重要办公用品和器材的使用管理。

（7）负责项目部图书管理。

（8）认真执行《文印管理制度》。

（9）完成项目部各种文件的打印、复印以及根据需要要求的资料备份。

（10）负责项目部文印设备的维护、保养。

（11）负责统计文印易耗品用量，并提前向职能上级报购买计划。

（12）负责逐次登记项目部各部门文印量，并统计各部门每月文印费用。

（13）完成职能上级布置的其他工作。

第5章 建设工程安全生产技术

5.1 土方工程安全技术

5.1.1 土方工程安全生产基本要求

1. 基坑土方开挖的施工工艺

随着城市建设的快速发展，高层、超高层建筑、地下工程的数量越来越多，工程规模也越来越大，技术日益复杂新颖。施工技术的发展带来了巨大的经济效益和社会效益。同时由于设计、施工技术失误，安全生产管理跟不上，安全事故也时有发生。就目前发生的工程事故来看，土方工程坍塌占了不少比重。对于这个问题应引起足够的重视。

必须掌握正确的施工安全生产技术和进行严格的管理，才能保证安全。基坑土方开挖的施工工艺一般有两种：

（1）放坡开挖（无支护开挖）。

（2）有支护开挖，在支护体系保护下开挖。

前者既简单又经济，在空旷地区或周围环境能保证边坡稳定的条件下应优先采用。但在城市施工，往往不具备放坡开挖的条件，只能采取有支护开挖。对支护结构的要求，一方面是创造条件方便基坑土方开挖，另一方面建筑稠密的城市地区还有更重要的是保护周围建筑物的安全以及管道和道路设施的安全，使周围环境不受破坏。因此，对支护结构的精心设计与施工是土方顺利、安全开挖的先决条件。

在地下水位较高的基坑开挖施工中，为保证开挖时以及开挖完毕后，基础施工过程中坑壁的稳定，降低地下水位又是一项必需的重要措施。同时还要检测周围建筑物、构筑物、管道工程等，保证不受其影响。

2. 基坑土方开挖施工组织设计的内容

（1）基坑土方工程，必须要有一个完整、科学的施工组织设计来保证施工安全和监督，主要内容应包括：

1）勘察、测量、场地平整。

2）降水设计。

3）支护结构体系的选择和设计。

4）土方开挖方案设计。

5）基坑及周围建筑物、构筑物、道路、管道的安全监测和保护措施。

6）环保要求和措施。

7）现场施工平面布置、机械设备的选择及临时水、电的说明。

（2）基坑土方工程施工组织设计应收集下列资料：

1）待建场地的岩土工程勘察报告。

2）临近建（构）筑物和地下设施的分布情况（位置、高程等）。

3）项目的建筑总平面图、地下结构施工图、红线范围等。

（3）进行基坑支护体系选择与设计时应考虑的问题如下：

1）土压力。

2）水压力。除了基础施工期间的降水，还要考虑由于大量土方开挖，水压向上顶起基础土体的作用，有时应在上部结构施工达到规定程度，才能停止降水。

3）坑边地面荷载。包括施工荷载、汽车运输、起重机、材料堆放等。

4）影响范围内的建（构）筑物产生的荷载（一般）。

5）大量排水对临近建筑的沉降影响。

3. 土方开挖的基本规定及各种土质开挖的一般规定

（1）土方开挖的基本规定：

1）人工开挖时，两个人操作间距应保持在 2~3m，并应自上而下逐层挖掘，严禁采用掏洞的挖掘操作方法。

2）挖土时要采取先撑后挖、逐层挖掘、严禁超挖的原则。

3）挖土时要随时注意土壁变动的情况，如发现有部分裂纹或塌落现象，要及时进行支撑或改缓放坡，并注意支撑的稳固和边坡的变化。

4）上下基坑应设专门的通道，不应踩踏土壁及支撑上下。

5）在坑边堆放弃土、材料和移动施工机械时，应与坑边保持一定的安全距离。

（2）斜坡土挖方：

1）土坡坡度要根据工程地质和土坡高度，结合当地的同类土体的稳定坡度值确定。

2）土方开挖宜从上到下分层分段进行，并随时做成一定的坡势以利泄水，且不应在影响边坡稳定的地方积水。

3）在斜坡上方弃土时，应保证挖方边坡的稳定。弃土堆应连续设置，其顶面应连续向外倾斜，以防山坡水流入挖方场地。但坡度陡于 20°或在软土地区，禁止在挖方上侧弃土。在挖方下侧弃土时，要将弃土堆表面整平，并向外倾斜，弃土表面要低于挖方场地的设计标高，或在弃土堆与挖方场地间设置排水沟，以防地面水流入挖方场地。

（3）滑坡地段挖方：在滑坡地段挖方时应符合下列规定。

1）施工前应先了解工程地质勘查资料、地形、地貌及滑坡迹象等情况。

2）不宜雨期施工，同时不应破坏挖方上坡的自然植被，并要事先做好地面、地下的排水设施。

3）遵循先整治后开挖的施工顺序，在开挖时，遵循由上到下的开挖顺序，严禁先切除坡脚。

4）爆破施工时，严禁因爆破震动产生滑坡。

5）抗滑挡土墙要尽早在旱季施工，基槽开挖要分段进行，并加设支撑。开挖一段就要做好这一段的挡土墙。

6）开挖过程中如发现滑坡迹象（如裂缝、滑动等），应立即暂停施工，所有人员和机械撤离至安全地点。

（4）基坑（槽）和管沟挖方：

1）施工中应防止地面水流入坑（槽）和沟内，以免边坡塌方。

2）挖方边坡要随挖随撑，并支撑牢固，且在施工过程中应经常检查，如有松动、变形等现象，要及时加固或更换。

（5）湿土地区挖方：湿土地区开挖时，要符合下列规定。

1）施工前需要做好地面排水和降低地下水位的工作，若为人工降水时，要降至坑底0.5~1.0m时，方可开挖，采用明排水时可不受此限。

2）相邻基坑和管沟开挖时，要先深后浅，并及时做好基础。

3）挖出的土不得堆放于坡顶，要立即转运至规定的安全距离以外。

（6）膨胀土地区挖方：在膨胀土地区开挖时，要符合下列规定。

1）开挖前要做好排水工作，防止地表水、施工用水和生活废水浸入施工现场或冲刷边坡。

2）开挖后的基土不得受烈日暴晒或水浸泡。

3）土方开挖、垫层施工、基础施工和回填土等工序要连续进行。

4）采用回填砂地基时，要先将砂浇水至饱和后再铺填夯实，不能在基坑（槽）或管沟内浇水使砂沉降的方法施工。

5）钢（木）支撑的拆除，要按回填次序依次进行。多层支撑要自下而上逐层拆除，随拆随填。

5.1.2 土方开挖工程的安全重点及安全措施

1. 基坑挖土操作的安全重点

（1）基坑开挖深度超过2.0m时，必须在基坑周边设置防护栏杆，上面悬挂必要的安全警示标志，人员上下基坑应设置坡道或爬梯。

（2）基坑边缘堆置土方、建筑材料或沿挖方边缘移动运输工具和机械，应按照施工组织设计要求进行。

（3）基坑开挖时，如发现边坡裂缝或向下掉土块时，施工人员应立即撤离操作地点，并应及时分析原因，采取有效处理措施。

（4）深基坑上下应挖好阶梯或支撑靠梯，或开斜坡道，采取防滑措施，禁止踩踏支撑上下。基坑周边应设置安全防护栏杆。

（5）人工吊运土方时，应检查起吊工具、绳索是否牢靠。吊斗下面禁止站人，卸土堆应远离基坑边一定安全距离，以防造成坑壁塌方。

（6）用胶轮车运土，应先平整好道路，并尽量采取单行道，以免造成碰撞；用翻斗车运土时，两车前后间距不得小于10m；装土和卸土时，两车间距不得小于1.0m。

（7）已挖完或部分挖完的基坑，在雨后或冬季解冻前，应仔细观察土质边坡情况，如发现异常情况，应及时处理或排除险情后方可继续施工。

（8）基坑开挖后应对围护排桩的桩间土体，根据不同情况，采取砌砖、插板、挂网喷浆等处理方法进行保护，防止桩间土方坍塌伤人。

（9）支撑拆除前，应先安装好支撑替代系统。替代支撑的截面面积和布置应由设计计算确定。采用爆破法拆除混凝土支撑前，必须对周围环境和主体结构采取有效的安全防护措施。

（10）围护墙利用主体结构"换撑"时，主体结构的底板或楼板的混凝土强度应达到设计强度的80%；在主体结构与围护墙之间应设置好可靠的换撑传力构件；在主体结构楼盖局部缺少部位，应在主体结构内的适当部位设置临时的支撑系统；支撑截面面积应由计算确定；当主体结构的底板或楼板采取分块施工或设置后浇带时，应在分块或后浇带的适当部位设置换撑传力构件。

2. 机械挖土安全措施

（1）大型土方工程施工前，应编制土方开挖专项施工方案，绘制土方开挖图，确定开挖方式、路线、顺序、范围、边坡坡度、土方运输路线、堆放地点以及安全技术措施等以保证开挖、运输机械设备的安全作业。

（2）机械挖方前，应对现场周围环境进行仔细调查，对邻近设施要在开挖过程中加强沉降和位移观测。

（3）机械行驶道路应平整、坚实；必要时，底部应铺设枕木、钢板或路基箱垫道，防止机械作业时下陷，在饱和软土地段开挖土方应先降低地下水位，防止设备下陷或基土产生侧移。

（4）开挖边坡土方，严禁切割坡脚，以防导致边坡失稳；当山坡坡度陡于 20°时，或在软土地段，不得在挖方上侧堆土。

（5）机械挖土应分层分段进行，合理放坡、防止塌方、溜坡等造成机械倾翻、掩埋等事故。

（6）多台挖掘机在同一作业面机械开挖，挖掘机间距应大于 10m；多台挖掘机在不同台阶同时开挖，应验算边坡稳定性，上下台阶挖掘机前后应相距 30m 以上，挖掘机离下部边坡应有一定的安全距离，以防造成翻车事故。

（7）挖掘机工作前，应检查油路和传动系统是否良好，操纵杆应处于空挡位置；工作时应处于水平位置，并将行走机械制动，工作范围内不得有人行走，挖掘机回转及行走时，应待铲斗离开地面，并使用慢速运转。往汽车上装土时，应待汽车停稳，驾驶员离开驾驶室，并应先鸣笛，后卸土。铲斗应尽量放低，不得碰撞汽车。挖掘机停止作业，应放在稳固地点，铲斗应落地，放尽储水，将操纵杆置于空挡位置，锁好车门。挖掘机转移工作地时，应使用平板拖车。

（8）推土机起动前，应先检查油路及运转机构是否正常，操纵杆是否处于空挡位置。作业时，应先将作业区域内的障碍物予以清除，非工作人员应远离作业区域，先鸣笛、后作业。推土机上下坡应低速行驶，上坡不得换挡，且坡度不应超过 25°；下坡不得脱挡滑行，坡度不应超过 35°；在横坡行驶时，横坡坡度不得超过 10°，并不得在陡坡上转弯。填沟渠或驶近边坡时，推铲不得超过边坡边缘，并换好倒车挡后方可提升推铲进行倒车。推土机应放在平坦稳固的安全区域，放净储水并将操纵杆置于空挡位置，锁好车门。推土机转移工作地时，应使用平板拖车。

（9）铲运机起动前应检查油路和传动系统是否良好，操纵杆应置于空挡位置。铲运机的开行道路应平坦，其宽度应大于机身 2m 以上。在坡地行走，上下坡度不得大于 25°。横坡不得超过 10°，铲斗与机身不正时，不得铲土。多台机械在一个作业区内作业时，前后距离不得小于 10m，左右距离不得小于 2m。铲运机上下坡道时，应低速行驶，不得中途换挡，下坡时严禁脱挡滑行。禁止在斜坡上转弯、倒车或停车。铲运机应放在平坦稳固的安全区域，放净储水并将操纵杆置于空挡位置，锁好车门。铲运机转移工作地时，应使用平板拖车。

（10）在有支撑的基坑中挖土时，必须防止破坏支撑，在坑沟边使用机械挖土时，应计算支撑强度，危险地段应加强支撑。

（11）机械施工区域内禁止无关人员进入场地内。挖掘机回转半径之内不得站人或进行其他作业。土石方爆破时，人员及机械设备应撤离至安全区域。挖掘机、装载机卸土，应在整机停稳后进行，不得将铲斗从运输汽车驾驶室顶部越过；装土时任何人不得停留在运输汽车上。

（12）挖掘机操作和运输汽车装土行驶要听从现场指挥；所有车辆必须严格按照规定路线行驶，防止撞车。

（13）挖掘机行走和自卸汽车卸土时，必须注意上空电线，不得在架空输电线下作业；如必须在输电线下作业，需保证一定的安全距离。

（14）夜间作业，机上及工作地点必须有充足的照明设施，在危险地段应设置明显的警示标志和护栏。

（15）冬雨期施工，运输机械和行驶道路应采取防滑措施，以保证行车安全。

（16）遇七级以上大风或雷雨、大雾天气时，各种挖掘机应停止作业，并将臂杆降至 $30° \sim 45°$。

（17）遇扬尘污染重污染管控天气，应按照管控要求进行作业或采取停工措施。

5.2 基坑支护工程安全生产技术

5.2.1 基坑支护工程安全生产基本要求

5.2.1.1 基坑侧壁安全等级的划分

基坑工程分级一般按照下列标准进行：

（1）符合下列情况之一，为一级基坑：

1）重要工程或支护结构作为主体结构的一部分。

2）开挖深度大于 10m。

3）与邻近建筑物、重要设施的距离在开挖深度以内的基坑。

4）基坑临近有历史文物、近代优秀建筑、重要管线等严加保护的基坑。

（2）三级基坑为开挖深度小于 7m，且周围环境无特别要求的基坑。

（3）除一级和三级以外的基坑属二级基坑。

（4）但是位于地铁、隧道等大型地下设施安全保护范围内的基坑、以及城市生命线工程或对位移有特殊要求的精密仪器使用场所附近的基坑工程除外，这些基坑工程应按照有关专门文件和规定执行。

5.2.1.2 基坑支护结构安全等级划分

基坑支护结构应满足下列功能要求：

（1）保证基坑周边建（构）筑物、地下管线、道路的安全和正常使用。

（2）保证主体地下结构的施工空间。基坑支护设计时，应综合考虑基坑周边环境和地质条件的复杂程度、基坑深度等因素，按表 5-1 采用支护结构的安全等级。对同一基坑的不同部位，可采用不同的安全等级。支护结构的安全等级及对应的重要性系数 γ_0 见表 5-1。

表 5-1　支护结构的安全等级及对应的重要性系数 γ_0

安全等级	破坏后果	重要性系/γ_0
一级	支护结构失效、土体过大变形对基坑周边环境或主体结构施工安全的影响很严重	1.10
二级	支护结构失效、土体过大变形对基坑周边环境或主体结构施工安全的影响严重	1.00
三级	支护结构失效、土体过大变形对基坑周边环境或主体结构施工安全的影响不严重	0.90

5.2.1.3　基坑变形控制值

基坑（槽）、管沟土方工程验收必须确保以支护结构安全和周围环境安全为前提。当设计有要求时，以设计指标为依据，如无设计指标时应按照《建筑地基工程施工质量验收标准》（GB 50202）与表 5-2 的规定执行基坑变形的控制值。

表 5-2　基坑变形的控制值　　　　　　　　　　（单位：cm）

基坑类别	围护结构墙顶位移监控值	围护结构墙体最大位移监控值	地面最大沉降监控值
一级基坑	3	5	3
二级基坑	6	8	6
三级基坑	8	10	10

5.2.1.4　浅基坑（挖深 5m 以内）的土壁支撑形式（图 5-1）

（1）沟槽开挖应严格按照标准规范规定和施工组织设计或专项方案要求进行，认真做好开挖、放坡、支护、降水、倒运土等工作，尤其应做好软土地基和高水位地区相应防护工作。

（2）危险部位的边沿，坑口要加护栏、封盖并设置必要的安全警示灯。

（3）装卸堆放料具、设备及施工车辆，与坑槽保持安全距离；当土质良好时，要距坑边 1m 以外，堆放高度不得超过 1.5m。

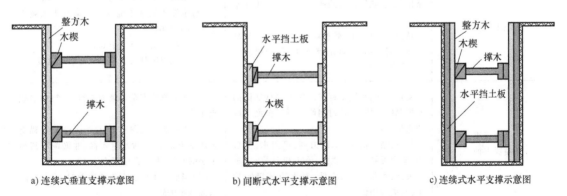

a)连续式垂直支撑示意图　　　　　b)间断式水平支撑示意图　　　　　c)连续式水平支撑示意图

图 5-1　浅基坑（挖深 5m 以内）的土壁支撑形式

5.2.1.5　深基坑支护结构体系的方案选择

由于深基坑的支护结构既要挡水又要挡土，为基坑土方开挖和地下结构施工创造条件，同时还要保护周围环境，为了不使在施工期间，引起周围建（构）筑物和地下设施产生较大变形而影响正常使用；为了正确地进行支护结构设计和合理地组织施工，在支护结构设计前，需要对相关资料进行全面收集，这些资料主要包括：

（1）工程地质和水文地质资料。

（2）周围环境及地下管线状况调查。

（3）主体工程地下结构设计资料调查。

常见支护结构形式的选择见表 5-3。

表 5-3　常见支护结构形式的选择

类型、名称	支护形式、特点	适用条件
挡土灌注排桩或地下连续墙	支护形式：挡土灌注排桩是以现场灌注桩按队列式布置组成的支护结构；地下连续墙是用机械施工方法成槽浇筑钢筋混凝土形成的地下墙体 特点：刚度大，抗弯强度高；变形小，实用性强，需工作场地小，振动小，噪声低。但排桩不能止水，连续墙施工需较多机械设备	（1）基坑侧壁安全等级一级、二级、三级 （2）在软土场地中深度不宜大于 5m （3）当地下水位高于基坑地面时，宜采用降水、排桩与水泥土桩截水帷幕或采用地下连续墙 （4）适用于逆做法施工 （5）变形较大的基坑边可采用双排桩
排桩土层锚杆支护	支护形式：是在稳定土层钻孔，用水泥浆或水泥砂浆将钢筋与土体粘接在一起拉结排桩挡土 特点：能与土体结合形成很大拉力，变形小，适应性强；不用大型机械，需要场地小，节省钢材，费用低	（1）基坑侧壁安全等级一级、二级、三级 （2）适用于难以采用支撑的大面积深基坑 （3）不宜用于地下水大、含化学腐蚀物的土层
排桩内支撑支护	支护形式：是在排桩内侧设置型钢或钢筋混凝土内支撑，用以支挡基坑侧壁进行挡土 特点：受力合理，易于控制基坑变形，安全可靠；但须大量支撑材料	（1）基坑侧壁安全等级一级、二级、三级 （2）适用于各种不宜设置锚杆的较松软土层及软土地基 （3）当地下水位高于基坑地面时，宜采用降水措施或止水结构
水泥土墙支撑	支护形式：是由水泥土桩相互搭接形成的格栅状、壁状等形式的连续重力式挡土止水墙体 特点：具有挡土、截水双重功能；施工机具设备相对较简单；成墙速度快，使用材料单一，造价低廉	（1）基坑侧壁安全等级宜为二级、三级 （2）水泥土墙施工范围内的地基土承载力不宜小于 150kPa （3）基坑深度不宜大于 6m （4）基坑周围具备施工水泥土墙的宽度
土钉墙或喷锚支护	支护形式：是用土钉或预应力锚杆加固的基坑侧壁土体，与喷射钢筋混凝土护面组成的支护结构 特点：结构简单，承载力高；可阻水、变形小、安全可靠，适应性强；施工机具简单，施工灵活，污染小，噪声低，对周边环境影响小，支护费用低	（1）基坑侧壁安全等级为二级、三级的非软土场地 （2）土钉墙基坑深度不宜大于 12m，喷锚支护适用于无流沙、含水量不高、非淤泥等流塑土层的基坑，开挖深度不大于 18m （3）当地下水位高于基坑地面时，应采取降水或截水措施
钢板桩	支护形式：采用特制的型钢板桩，机械打入地下，构成一道连续的板墙，作为挡土、挡水围护结构 特点：承载力高、刚度大、整体性好、锁口紧密、水密性强，能适用于各种基坑形状与土质，打设方便，施工快速，可回收使用，但需大量钢材，一次性投资较高	（1）基坑侧壁安全等级为二级、三级 （2）基坑深度不宜大于 10m （3）当地下水位高于基坑地面时，应采取降水或截水措施

5.2.2 基坑支护工程的安全重点及安全措施

（1）基坑开挖应严格按照支护设计要求进行。应熟悉围护结构撑锚系统的设计图，包括围护结构的类型、撑锚位置、标高及设置方法、顺序等设计要求。

（2）混凝土灌注桩、水泥土墙等支护结构应有 28d 以上龄期，达到设计要求时，方能进行土方开挖。

（3）围护结构撑锚系统的安装和拆除顺序应与围护结构的设计工况相一致，以免出现变形过大、失稳、坍塌等安全事故。

（4）围护结构撑锚系统安装应遵循时空效应原理，根据地质条件采取相应的开挖、支护方式。一般应严格遵循"分层开挖、先撑后挖"的原则，撑锚与挖土密切配合，严禁超挖。使土方挖到设计标高的区段内，能及时安装并发挥支撑作用。

（5）撑锚安装应采用开采架设，在撑锚顶面需要运行施工机械时，撑锚顶面安装标高应低于坑内土面 20~30cm。钢支撑与基坑土之间的空隙应用粗砂填实，并在挖掘机或土方车辆的通道处铺设道板。钢支撑结构应采用工具式接头，并配有计量千斤顶装置，定期校验，使用中有异常现象应随时校验或更换。钢支撑安装应施加预应力。预应力控制值一般不应小于支撑设计轴向力的 50%，也不宜大于 75%。采用现浇混凝土支撑必须在混凝土强度达到设计强度的 80% 以上，方能开挖支撑以下的土方。

（6）在基坑开挖时，应限制支护结构周围振动荷载的作用并做好机械上下通道的支护。不得在挖土过程中碰撞支护结构，损坏支护背面截水帷幕。

（7）在挖土和撑锚过程中，应有专人巡视与监测，进行信息化施工，掌握围护结构的变形及变形速率以及其上边坡土体稳定情况，以及邻近建（构）筑物、管线的变形情况，发现异常情况，应查清原因采取安全技术措施认真处理后方可继续施工。

5.3 桩基工程安全生产技术

5.3.1 桩基工程安全生产的基本要求

（1）全体人员要遵守公司文明施工的若干规定，降低施工中产生的噪声，加强运输造成扬尘和滴漏的管理，做到场地平整，道路畅通，排水畅通，无大面积积水。

（2）进入施工现场必须戴好安全帽，扣好安全带。

（3）2m 以上高空作业时，无防护措施的情况下必须系好安全带，并不得随意往下乱抛工具、材料等物件。

（4）各种电动机械设备必须有安全接地和防护装置，方能开动使用。

（5）凡是电动和机械设备，都应贯彻定人定机负责制，未经有关部门许可，任何人不得擅自启动使用，操作人员必须有操作证方可上岗。

（6）桩机、吊机所行驶的道路要平整，倾斜度应小于 1%，并要求地面承载力大于110kPa，否则须经铺石碾压加固处理后方可施工。

（7）桩架等施工机械与现场输电线路之间的距离，应满足表 5-4 安全距离。

表 5-4 施工机械与现场输电线路之间的安全距离

输电线路电压/kV	<1	1~20	35~110	154	220
允许同输电线路的最近距离/m	1.5	2.0	4.0	5.0	6.0

（8）全体工作人员必须十分小心火烛，不得在床上吸烟，不得在禁明火区动明火，确保施工现场和宿舍安全。

（9）全体工作人员要提高警惕，做好防盗工作。

（10）施工中必须严格执行各项卫生制度，严格控制"四害"孳生，不随地大小便，不乱倒垃圾。

5.3.2 桩基工程的安全重点及安全措施

5.3.2.1 桩机安装或拆卸作业时的要求

（1）桩机的安装或拆卸作业，应有专人负责，统一指挥。

（2）部件堆放时要用楞木垫起，抬运时要同时放下，以免压痛手脚。

（3）吊卸物件时，围绳不能太紧或太松，防止同把杆或龙门底座相撞。

（4）安装桩架接点螺栓时，对准螺栓孔要用"尖头板"，不可用手指探摸，避免轧伤。操作时应将"尖头板"插进中间孔，先装上、下两孔的螺栓，然后取出"尖头板"，再装中间的螺栓。

（5）安装作业时，高空操作须有一人为主，负责高空作业指挥，地面指挥同高空作业密切联系，并听从高空指挥的信号，司机要听从地面指挥的信号。

（6）桩架底盘及第一节塔架安装完，应将司机操作座位上的第一节塔架脚手棚板盖好，防止高处作业时物件坠落，避免砸伤司机。

（7）桩架安装完毕，要把所有螺栓拧紧。棚板用圆钉钉牢，连成一片，不得走动。

（8）工具与材料等不准存放在高处架子及脚手板上，登高使用的小型工具，须随身携带，并放在工具袋内，使用时，要注意防止失手跌落伤人，撬棒、扳手等工具要用绳子保险好，严防掉落。

5.3.2.2 桩机施工作业时的要求

（1）在吊装、套"送桩"、跑架子时，桩架一定要保险好。

（2）严禁升桩架与拔"送桩"及跑架子同时进行。

（3）吊桩作业时，龙门前（即下风）严禁站人。

（4）使用撬棒工具校正桩身时，必须步调一致，统一指挥，防止撬棒等回弹伤人。

（5）吊桩"千斤"中发现有10丝以上已拉断时，应及时调换，不得继续使用，"卸甲"须保持结构完整方可继续使用。

（6）桩架安装完毕，要先试沉桩，以检查各个部件工作是否正常。

（7）插桩时，指挥要注意桩头的下沉情况，1号与2号钢丝绳要同时松，防止桩帽与桩脱离。

（8）高空作业人员必须穿软底鞋登高操作，并在登高前将鞋底淤泥铲刮干净。

（9）施工时，要注意清除粘贴在桩身上的砂浆块或混凝土块，并清除桩帽和送桩杆内嵌夹的混凝土块，以防沉桩时坠落伤人。

（10）桩帽大小应同桩截面尺寸配套，不允许以大规格桩帽镶以铁板改为小规格桩帽，以防沉桩作业时，焊缝开裂，导致铁板突然坠落伤人。

（11）指挥联络信号必须清楚而且统一，并力求联络视线不受阻碍，避免失误造成施工混乱。

（12）6级以上大风，必须停止沉桩作业。

（13）夜间施工时，要配备足够的照明。

5.3.2.3　运桩作业时的要求

（1）运桩道路应平直、少弯曲，坡度应在 1% 内。

（2）用起重机吊桩时，要注意在吊臂的旋转范围内，无人也无障碍物，起吊作业时，应平稳进行，放置桩身时，应低速轻放。

（3）起重机起吊受荷后，避免吊臂升降。

5.3.2.4　施工现场安全用电技术措施

（1）施工现场不得架设裸导线，严格乱拉乱接，不准直接绑扎在金属支架上。

（2）所有电气设备的金属外壳必须有良好的接地或接零保护。

（3）所有的临时和移动电器必须设置有效的漏电保护开关。

（4）电力线路和设备的选型必须按国家标准限定安全载流量。

（5）在十分潮湿的场所或金属构架等导电性能良好的作业场所，宜使用安全电压（12V）。

（6）现场应有醒目的电气安全标志，无有效安全技术措施的电气设备不得使用。

（7）配电箱内开关、熔断器、插座等设备齐全完好，配线及设备排列整齐，压接牢固，操作面无带电体外露，电箱外壳设接地保护，每个回路设漏电保护开关，动力和照明分开控制，并单独设置单相三眼不等距安全插座，上设漏电保护开关。

（8）施工现场的分电箱必须架空设置，其底部距地高度不少于 0.5m。

（9）电焊机的外壳应完好，其一二次侧的接线柱应有防护罩保护，其一次侧电源应有橡套电缆线，长度不得超过 5m；并配置漏电保护开关。

（10）现场照明一律采用软质橡皮护套线并有漏电保护开关保护，移动式碘钨灯的金属支架应有可靠的接地（接零）和漏电保护开关保护，灯具距地不低于 2.5m。

5.3.2.5　工地防火

（1）施工现场建立安全防火班子，安全动火制度。

（2）对进场的职工进行消防知识教育。

（3）现场划分用火作业区、易燃易爆区、生活区，按规定保持防火距离。

（4）现场设消防灭火器具，按规定对重点部位，主要部位备齐灭火器具的数量，并经常维修保养，对消防器具有专人管理。

（5）现场火警及时向有关部门报告，并立即组织救护措施。

5.3.2.6　文明施工

（1）施工人员遵守工地环境卫生制度及文明施工制度。

（2）施工人员穿着整齐、戴牌上岗，尊重监理和甲方人员，遵守"七不"规范。

（3）对施工区域和危险区域，必须设立警示标志，并采取警戒措施。

（4）施工中积极采取措施，降低施工中产生的噪声。

（5）实施挂牌施工，施工铭牌应标明：

1）工程名称、建设单位、设计单位、施工单位、项目负责人、开竣工日期和监督电话。

2）工地管理人员名单牌。

3）安全生产、文明施工及管线保护无重大事故计数牌，表牌设置在工地大门醒目处。

（6）规划设置各项临时设施，做到材料堆放整齐、场地平整、道路畅通、排水畅通、无大面积积水。

（7）严格执行："门前三保"制度，工地内污水不得外溢，建筑垃圾应集中堆放及时清运；在建材及垃圾清理过程中，应有防止滴漏或飞扬的措施。

（8）施工过程中，严格执行各项卫生制度，包括工地保洁，操作落手清，场容卫生检查等保持工地环境整洁。

（9）设置必要的职工生活设施，生活区与施工区进行隔离，并符合卫生、通风、照明等要求，建立定期清扫制度，保持卫生整洁，生活垃圾存放在专门容器内并及时清运。

（10）工地食堂应严格执行当地省市或单位职工食堂管理规定，其位置应远离厕所、垃圾等污染环境。食堂保持整洁卫生，炊事员上岗应持有效健康证。

5.4 模板工程安全生产技术

5.4.1 模板工程安全生产的基本要求

模板工程是混凝土结构工程施工中的重要组成部分，在建筑施工中也占有相当重要的位置。特别是近年来高层建筑增多，模板工程的重要性更为突出。

1. 模板组成

一般模板通常由三部分组成：模板面、支撑结构（包括水平支撑结构，如龙骨、桁架小梁等，以及垂直支撑结构，如立柱、格构柱等）和连接配件（包括穿墙螺栓、模板面连接卡扣、模板面与支撑构件以及支撑构件之间连接零、配件等）。

2. 模板设计计算

模板使用时要经过设计计算，主要是模板结构（包括模板面、支撑体系和连接件）的设计计算，这些计算虽然是技术员的责任，但安全管理人员必须熟悉计算原则和方法。模板的结构设计，必须能承受作用于模板结构上的所有垂直荷载和水平荷载（包括混凝土的侧压力、振捣和倾倒混凝土产生的侧压力、风力等）。在所有可能产生的荷载中要选择最不利的组合验算模板整体结构包括模板面、支撑结构、连接配件的强度、稳定性和刚度。当然首先在模板结构设计上必须保证模板支撑系统形成空间稳定的结构体系。模板工程必须经过支撑杆的设计计算，并绘制模板施工图，制定相应的施工安全技术措施。光凭经验去选择模板结构构件的截面尺寸和间距是不行的，特别是当前高层与大跨度水平混凝土构件日益增多，因支撑体系失稳造成模板坍塌事故此起彼伏。为了保证模板工程设计与施工的安全，安全专职人员必须具有一定的基本知识，如混凝土对模板的侧压力、作用在模板上的荷载、模板材料的物理力学性能和结构及支撑体系计算的基本知识等。了解模板工程的关键所在，才能更好地在施工过程中进行安全监督指导。

3. 编制专项施工方案

按照《中华人民共和国建筑法》和《建设工程安全生产管理条例》的要求，模板工程施工前应编制专项施工方案，其内容主要包括：

（1）该现浇混凝土工程的概况。

（2）拟选定的模板种类（部位、种类、面积）。

（3）模板及其支撑体系的设计计算及布料点的设置。

（4）绘制各类模板的施工图。

（5）模板搭设的程序，步骤及要求。

（6）浇筑混凝土时的注意事项。

（7）模板拆除的程序及要求。

4. 常见模板的分类及其常用的材料

（1）常用的模板按其功能分类，主要有以下五大类：

1）定型组合模板：包括定型组合钢模板、钢木定型组合模板、组合铝模板以及定型木模板。目前我国推广应用量较大的是定型组合钢模板。从 1987 年起我国开始推广钢与木（竹）胶合板组合的定型模板，并配以固定立柱早拆水平支撑和模板面的早拆支撑体系，这是目前我国较先进的一种定型组合模板，也是世界上较先进的一种组合模板，我国在 20 世纪五六十年代开始应用定型木模板，它是各施工单位利用短、窄，废旧木板拼制而成，各单位按自己的习惯确定其规格、尺寸，全国没有通用的规格尺寸，也没有成为定型的产品在市场上出售。组合铝模板是从美国进口的一种铸铝合金模板，具有刚度大、精度高的优点，但造价高，目前我国难以推广应用。

2）一般木模板+钢管（或木立柱）支撑：板面采用木板或木胶合板，支撑结构采用木龙骨，立柱采用钢管脚手架或木立柱，连接件采用螺栓或铁钉。

3）墙体大模板：20 世纪 70 年代我国高层剪力墙结构兴起，整体快速周转的工具式墙模板迅速得到推广。墙体大模板有钢制大模板、钢木组合大模板以及由大模板组合而成的筒子模等。

4）飞模（台模）：飞模是用于楼盖结构混凝土浇筑的整体式工具式模板，具有支拆方便，周转快，文明施工的特点。飞模有铝合金桁架与木（竹）胶合板面组成的铝合金飞模，有轻钢桁架与木（竹）胶合板面组成的轻钢飞模，也有用门式钢管脚手架或扣件式钢管脚手架与胶合板或定型模板面组成的脚手架飞模，还有将楼面与墙体模板连成整体的工具式模板——隧道模。

5）滑动模板：滑动模板是整体现浇混凝土结构施工的一项新工艺。我国从 20 世纪 70 年代开始采用，已广泛应用于工业建筑的烟囱、水塔、筒仓、竖井和民用高层建筑剪力墙、框架剪力墙、框架结构施工当中。滑动模板主要由模板面、围圈、提升架、液压千斤顶、操作平台、支撑杆等组成。滑动模板一般采用钢模板面，也可用木或木（竹）胶合板面，围圈、提升架、操作平台一般为钢结构，支撑杆一般用直径 25mm 的圆钢或螺纹钢制成。

（2）模板工程使用的材料：

1）模板结构的材料宜优先选用钢材，且宜采用 Q235 钢或 Q345 钢，模板结构的钢材质量应分别符合下列规定：

① 钢材应符合现行国家标准《碳素结构钢》GB/T 700 和《低合金高强度结构钢》GB/T 1591 的规定。

② 钢管应符合现行国家标准《直缝电焊钢管》GB/T 13793 或《低压流体输送用焊接钢管》GB/T 3092 的规定，并应符合现行国家标准《碳素结构钢》GB/T 700 中 Q235A 级钢的规定。不得使用有严重锈蚀、弯曲、压扁及裂纹等疵病的钢管。

③ 钢铸件应符合现行国家标准《一般工程用铸造碳钢件》GB/T 11352 中规定的 ZG200-420、ZG230-450、ZG270-500 和 ZG310-570 号钢的要求。

④ 连接用的焊条应符合现行国家标准《碳钢焊条》GB/T 5117 或《热强钢焊条》GB/T 5118 中的规定。

⑤ 连接用的普通螺栓应符合现行国家标准《六角头螺栓 C 级》GB/T 5780 和《六角头螺栓》GB/T 5782 的规定。

⑥ 组合钢模板及配件制作质量应符合现行国家标准《组合钢模板技术规范》GB 50214 的规定。

2）模板结构采用的钢材应具有抗拉强度、伸长率、屈服强度和硫、磷含量的合格保证，对焊接结构尚应具有碳含量的合格保证。

3）当模板结构工作温度不高于 -20℃ 时，对 Q235 钢和 Q345 钢应具有 0℃ 冲击韧性的合格保证。

4）焊接采用的材料应符合下列规定：

① 选择的焊条型号应与主体结构金属力学性能相适应。

② 当 Q235 钢和 Q345 钢相焊接时，宜采用与 Q235 钢相适应的焊条。

5）连接件应符合下列规定：

① 普通螺栓除应符合现行国家标准《六角头螺栓 C 级》GB/T 5780 和《六角头螺栓》CB/T 5782 的规定外，其力学性能还应符合现行国家标准《紧固件机械性能螺栓、螺钉和螺柱》GB/T 3098.1 的规定。

② 连接薄钢板或其他金属板采用的自攻螺钉应符合现行国家标准《紧固件机械性能自钻自攻螺钉》GB/T 3098.11 或《紧固件机械性能自攻螺钉》GB/T 3098.5 的规定。

6）钢管扣件应使用可锻铸铁制造，其产品质量及规格应符合现行国家标准《钢管脚手架扣件》GB 15831 的规定。

5. 常见几种模板体系的构造

（1）木立柱模板支架：

1）木立柱宜选用整根方木，其边长应不小于 80mm。当没有整根方木时，每根立柱接头不应超过一个，两根立柱接头处应锯平顶紧，并应采用双面夹板夹牢，夹板厚度应为木柱厚度的一半，夹板每端与木柱搭接长度应不小于 250mm，宽度与方木相等。每块夹板用 8 根（接头处上下各 4 根）圆钉钉牢，圆钉长度应为夹板厚度的 2 倍。接头位置应错开，且应设在靠近水平拉杆部位。同一水平拉杆间距内立柱接头不应超过 25%。

2）当立柱选用原木时，其小头直径应不小于 80mm；严禁接头，原木两端必须锯成平面。

3）木立柱底端应加设木垫板，板厚应不小于 50mm，并用 2 块硬木楔相对楔紧。待标高调整后，用圆钉钉牢。

4）木立柱顶端应与底模支撑梁用圆钉钉牢。

5）2 排及其以上的木立柱支架底部应设置纵、横向扫地杆，中间设置纵、横向水平拉杆；支架外围的端部及两端部之间每隔 2 根立柱应设置一道竖向剪刀撑；支架中间纵、横向应每隔 4 根立柱设置一道竖向剪力撑。

6）当只浇筑梁混凝土，并在梁底模采用单根木立柱时，立柱应支撑于梁的轴线上，柱顶端两边应设置斜撑与梁底模钉牢；立柱沿纵向应设置扫地杆，中间应设置水平拉杆，每根立柱两侧应设置斜撑，木立柱底端应与木垫板钉牢；当梁、板同时浇筑混凝土时，梁底单根立杆应通过纵、横向水平杆、扫地杆与其他立杆连接牢固。

7）扫地杆、水平拉杆和剪刀撑的截面尺寸应不小于 40mm×60mm 或 25mm×80mm，与木立柱的连接应采用不少于两根圆钉钉牢，圆钉长度应不小于杆件厚度的 2 倍。

8）竖向剪刀撑斜杆与地面的夹角应在 45°～60°，至少应覆盖 5 根立柱。剪刀撑应自下而上连续设置，底部与地面顶牢。

9）水平拉杆两端宜与建筑结构顶紧或拉结牢固；扫地杆距离木垫板应不大于 200mm。

10）采用原木做立柱时，纵、横向水平杆及剪刀撑的连接应使用 8 号镀锌钢丝或回火钢丝绑牢。

（2）扣件式钢管支架：

1）立杆底端应设置底座和通长木垫板，垫板的长度应大于 2 个立杆间距，板厚应不小于 50mm，板宽应不小于 200mm。

2）支架立杆必须设置纵、横向扫地杆，纵向扫地杆距离底座应不大于 200mm，横向扫地杆设置在纵向扫地杆下方。当立杆基础不在同一高度上时，必须将高处的纵向扫地杆向低处延长两跨与立杆固定，高低差应不大于 1m，靠边坡上方的立杆距离边坡外边缘应不小于 500mm。

3）立杆必须采用对接扣件接长。立杆的对接扣件应交错布置，相邻两根立杆的接头不应设置在同一步距内。

4）支架必须按设计步距设置纵、横向水平杆，立杆纵、横向水平杆三杆交叉点为主节点。主节点处必须设有纵、横向水平杆，并采用直角扣件固定，两个直角扣件的中心距离应不大于 150mm；水平杆步距应不大于 1.8m；支架水平杆宜与建筑结构顶紧或拉牢。

5）4 排及其以上立杆的支架应按下列规定设置竖向和水平向剪刀撑：

① 竖向剪刀撑。支架外围应在外侧立面整个长度和高度上连续设置剪刀撑；支架内部中间每隔 5～6 根立杆或 5～7m 应在纵、横向的整个长度和高度上分别连续设置剪刀撑。

② 水平剪刀撑。当支架高度大于 8m（包括 8m）时，除应在其底部、顶部设置水平剪刀撑外；还应在支架中间的竖向剪刀撑的顶部平面内设置水平剪刀撑。

6）4 排以下立杆的支架，应在外围纵向外侧立面整个长度和高度上连续设置竖向剪刀撑；支架外围横向外侧立面（即两端外立面）和沿纵向每隔 4 根立杆从下至上设置一道连续的竖向剪刀撑；当设置剪刀撑有困难时，可采用之字形斜杆支撑。

7）当梁截面宽度小于 300mm 时，可采用单根钢管立杆，立杆应设置在梁的轴线位置，其偏心距应不大于 25mm，立杆应与周围楼板模板的支架立杆用纵、横向扫地杆和纵、横向水平杆连接牢固。

8）竖向剪刀撑和水平剪刀撑的斜杆应靠近支架主节点；剪刀撑斜杆与地面的夹角应在 45°～60°之间；剪刀撑跨度应为 4～5 个立柱间距或 5～7m；剪刀撑的斜杆应与其相交的立杆或水平杆用旋转扣件扣紧。

9）在模板板面的下方沿支架纵向应设置次梁，在次梁的下方沿支架横向应设置主梁。

10）支架立杆上部顶端应采用可调 U 形托直接支顶在底模的主梁上，不得将立杆顶端与做主梁的钢管用扣件连接。

11）立杆顶端及底座的可调螺杆伸出长度应不大于 200mm。

12）立杆顶端伸出横向水平杆中心线至模板支撑点的距离 a 应小于 500mm，且支架顶

端的步距 h 应不小于 $2a$。

13）支架立杆间距应由计算确定，且最大间距应不大于 1.5m。

14）各杆件端头伸出扣件盖板边缘的长度应不小于 100mm。

15）当整浇楼盖的梁与板的模板支架立杆间距不相同时，板下立杆间距应是梁下立杆间距的倍数，立杆间应设置纵、横水平杆和扫地杆，互相连接牢固。

（3）门式钢管支架：

1）门架立杆顶端应采用可调 U 形托，支顶在面板下的主梁上。不得将底模搁置在门架横梁上。

2）门架顶端和底座的可调螺杆伸出长度不应大于 200mm。

3）上、下门架立杆对接必须采用连接棒及锁臂。

4）支架底部、顶部应设纵、横向水平杆；上、下门架连接处、门架平面外应设通长的水平杆，门架平面内应每隔二步用短杆将相邻两榀门架进行连接；底部扫地杆离地面高度不应大于 200mm，立杆基础的做法同扣件式钢管脚手架。

5）满堂支架的四周应在外侧立面整个长度和高度上连续设置竖向剪刀撑；中间沿门架平面外方向每隔 4 根立杆应设置一道从底到顶竖向剪刀撑。

6）当支架高度大于 8m（含 8m）时，应在由顶部向下每隔 2 步架的平面内设置一道水平剪刀撑，做法同扣件式钢管脚手架。

7）水平杆和剪刀撑应采用 D48×3.5 钢管，应用可锻铸铁扣件与门架立杆扣紧，竖向剪刀撑的宽度宜为 5~8m，与地面夹角应在 45°~60°，下端和地面顶紧。水平剪刀撑的底宽宜为 5~8m，夹角在 45°~60°。

5.4.2 模板安装及拆除的安全重点及安全措施

1. 模板安装的安全重点及安全措施

（1）施工准备：

1）支架搭设前应根据专项施工方案中的设计图放线定位。

2）应对钢管、门架、扣件、连接件等构（配）件逐个检查，不合格的不得使用。

3）模板支架搭设场地应清理平整、排水通畅；支架地基土应夯实，地基宜高于自然地坪 50mm。

（2）一般规定：

1）当钢筋混凝土梁、板跨度大于 4m 时，模板应起拱；当设计无具体要求时，起拱高度宜为跨度的 1/1000~3/1000。

2）支架的材料，如钢、木，钢、竹或不同直径的钢管间均不得混用。

3）安装支架时，必须采取防倾倒的临时固定设施，工人在操作过程中必须有可靠的防坠落等安全措施。

4）结构逐层施工时，下层楼板应能够承受上层的施工荷载。否则应加设支撑支顶；支顶时，立柱或立杆的位置应放线定位，上、下层的立柱或立杆应在同一垂直线上。

5）吊运模板时，必须码放整齐、捆绑牢固。吊运大块模板构件时吊钩必须有封闭锁扣，其吊具钢丝绳应采用卡环与构件吊环卡牢，不得用无封闭锁扣的吊钩直接钩住吊环起吊。

（3）各类模板安装：

1）基础及地下工程模板安装应遵守下列规定：

① 模板安装应先检查土壁的稳定情况，当有裂纹及塌方迹象时，应采取安全防范措施后方可作业。当基坑深度超过 2m 时，应设上下扶梯。

② 距基槽（坑）上口边缘 1m 内不得堆放模板。

③ 向基槽（坑）内运料时，应使用起重机、溜槽或绳索；操作人员应互相呼应；模板严禁立放于基槽（坑）的土壁上。

④ 斜支撑与侧模的夹角应不小于 45°，支撑于土壁上的斜支撑底脚应加设垫板，底部的楔木应与斜支撑钉牢。高大、细长基础若采用分层支模时，其下层模板应经就位校正并支撑稳固后，方可进行上一层模板的安装。

⑤ 斜支撑应采用水平杆件连成整体。

2）柱模安装应遵守下列规定：

① 柱模安装应采用斜撑或水平撑进行临时固定，当柱的宽度大于 500mm 时，每边应在同一标高内设置不少于 2 根的斜撑或水平撑，斜撑与地面的夹角为 45°~60°，斜撑杆件的长细比不得大于 150，不得将大片模板固定在柱子的钢筋上。

② 当柱模就位拼装并经对角线校正无误后，应立即自下而上安装柱箍。

③ 安装 2m 以上的柱模时，应搭设操作平台。

④ 当高度超过 4m 时，宜采用水平支撑和剪刀撑将相邻柱模连成一体，形成整体稳定的模板框架体系。

3）墙模板安装应遵守下列规定：

① 使用拼装的定型模板时，应自下而上进行，必须在下层模板全部紧固后，方可进行上层模板安装。当下层不能独立设置支撑时，应采取临时固定措施。

② 采用预拼装的大块墙模板时，严禁同时起吊两块模板，并应边就位、边校正、边连接，待完全固定后方可摘钩。

③ 安装电梯井内墙模板前，必须在模板下方 200mm 处搭设操作平台，满铺脚手板，并在脚手板下方张挂大网眼安全平网。

④ 两块模板在未安装对拉螺栓前，板面应向外倾斜，并用斜撑临时固定。安装过程中应根据需要随时增、撤临时支撑。

⑤ 拼接时 U 形卡应正、反向交替安装，其间距不得大于 300mm；两块模板对接处的 U 形卡应满装。

⑥ 墙模两侧的支撑必须牢固、可靠，并应做到整体稳定。

4）独立梁和楼盖梁模板安装应遵守下列规定：

① 安装独立梁模板时应搭设操作平台，严禁操作人员站在底模上操作及行走。

② 面板应与次梁及主梁连接牢固；主梁应与支架立柱连接牢固。

③ 梁侧模应边安装边与底模连接固定，当侧模较高时，应设置临时固定措施。

④ 面板起拱应在侧模与支架的主、次梁固定之前进行。

5）楼板或平台板模板的安装应遵守下列规定：

① 预组合模板采用桁架支承时，应按模板支撑桁架的安装的规定施工，桁架应支撑在通长的型钢或木方上。

② 当预组合模板较大时，应加设钢肋梁后方可吊运。

③ 安装散块模板时，必须在支架搭设完成并安装主、次梁后，方可进行。

④ 支架立杆的顶端必须安装可调 U 形托，并应支顶在主梁上。

6）梁式楼梯模板应按以下顺序安装：平台梁模→平台模→斜梁模→梯段模→绑钢筋→吊踏步模。

7）模板支撑桁架的安装应遵守下列规定：

① 采用伸缩式桁架时，其搭接长度、连接销钉及结构稳定 U 形托的设置应符合模板工程专项施工方案的要求。

② 安装前应检查桁架及连接螺栓，待确认无变形和松动时，方可安装。

8）其他结构模板安装应遵守下列规定：

① 安装圈梁，阳台、雨篷及挑檐等的模板时，其支撑应独立设置在建筑结构或地面上，不得支搭在施工脚手架上。

② 安装悬挑结构模板时，应搭设操作平台，平台上应设置防护栏杆和挡脚板并用密目式安全网围挡。作业处的下方应搭设防护棚或设置围栏禁止人员进入。

③ 烟囱、水塔及其他高耸或大跨度构筑物的模板，应按专项施工方案实施。

9）扣件式钢管支架搭设应遵守下列规定：

① 底座、垫板应准确地放在定位线上。

② 严禁将外径 $\phi 48$ 与外径 $\phi 51$ 的钢管混合使用。

③ 扣件规格必须与钢管外径相同。

④ 扣件在使用前，必须逐个检查，不得使用不合格品，使用中扣件的螺杆螺母的拧紧力矩应不小于 40N·m，不大于 65N·m。

⑤ 模板支架顶部、模板安装操作层应满铺脚手板，周围设防护栏杆，挡脚板与安全网，上下应设爬梯。

10）门式钢管支架搭设应按下列规定进行：

① 用于梁模板支撑的门架应采用垂直于梁轴线的布置方式。门架两侧应设置交叉支撑。

② 门架安装应由一端向另一端延伸，并逐层改变搭设方向、不应相对进行，搭设完成一步架后应按 4）条独立梁和楼盖梁模板安装要求的进行检查，待其水平度和垂直度调整合格后方可继续搭设。

③ 交叉支撑应在门架就位后立即安装。

④ 水平杆与剪刀撑应与门架同步搭设。水平杆设在门架立杆内侧，剪刀撑应设在门架立杆外侧。并采用扣件和门架立杆扣牢，扣件的扭紧力矩应符合扣件式钢管支架搭设第④项的规定。

⑤ 不配套的门架与配件不得混用。

⑥ 连接门架与配件的锁臂、搭钩必须处于锁紧状态。

2. 模板拆除的安全重点及安全措施

（1）一般规定：

1）模板拆除必须在混凝土达到设计规定的强度后方可进行；当设计未提出要求时，拆模混凝土强度应符合表 5-5 的规定。拆模时的混凝土强度应以同龄期的、同养护条件的混凝土试块试压强度为准。当楼板上有施工荷载时，应对楼板及模板支架的承载能力和变形进行验算。

2）后张预应力混凝土工程的承重底模拆除时间和顺序应按专项施工方案进行。

3）当楼板上遇有后浇带时其受弯构件的底模，应待后浇带混凝土浇筑完成并达到规定强度后，方可拆除。如需在后浇带浇筑之前拆模，必须对后浇带两侧进行支顶。

4）模板的拆除应按专项施工方案进行，并设专人指挥。多人同时操作时，应明确分工，统一行动，且应具有足够的操作面。作业区应设围栏，非拆模人员不得入内，并有专人负责监护。底模拆除时的混凝土强度要求见表 5-5。

表 5-5　底模拆除时的混凝土强度要求

构件类型	构件跨度/m	达到设计的混凝土立方体抗压强度标准值的百分率/%
板	≤2	≥50
	>2，≤8	≥75
	>8	≥100
梁、拱、壳	≤8	≥75
	>8	≥100
悬臂构件	—	≥100

5）拆模的顺序应与支模顺序相反，应先拆非承重模板，后拆承重模板，自上而下地拆除。拆除时严禁用大锤和撬棍硬砸、硬撬。拆下的模板构（配）件严禁向下抛掷。应做到边拆除、边清理、边运走、边码堆。

6）在拆除互相连接并涉及后拆模板的支撑时，应加设临时支撑后再拆、拆模，应逐块拆卸，不得成片撬落或拉倒。

7）拆模过程如遇中途停歇，应将已松动的构（配）件进行临时支撑；对于已松动又很难临时固定的构（配）件必须一次拆除。

8）拆除作业面遇有洞口时，应采用盖板等防护措施进行覆盖。

（2）各类模板拆除：

1）柱模板拆除应遵守下列规定：

① 应先拆除支撑系统，再自上而下拆除柱箍和面板，将拆下的构件堆放整齐。

② 操作人员应在安全防护齐备的操作平台上操作，拆下的模板构（配）件严禁向下抛掷。

2）墙模板拆除应遵守下列规定：

① 由小块模板拼装的墙模板拆除时，应先拆除斜撑或斜拉杆，自上而下的拆除主龙骨及对拉螺栓，并对模板加设临时支撑；再自上而下分层拆除木肋或钢肋、零配件和模板。

② 预组拼大块墙模板拆除时，应先拆除支撑系统，再拆卸墙模板接缝处的连接型钢、零配件、预埋件及大部分对拉螺栓。当吊运大块模板的吊绳与模板上吊环连接牢固后，才可拆除剩余的对拉螺栓。

③ 大块模板起吊时，应慢速提升，保持垂直，严禁碰撞墙体。

④ 拆下的模板及构（配）件应立即运走，清理检修后存放在指定地点。

3）梁、板结构模板拆除应遵守下列规定：

① 梁、板结构的模板应先拆板的底模，再拆梁侧模和梁底模，并应分段分片进行，严禁成片撬落或成片拉拆。

② 拆除时，作业人员应站在安全稳定的位置，严禁站在已松动的模板上。

③ 应在模板全部拆除后，再清理、码放。

4）支架立柱（立杆）的拆除应遵守下列规定：

① 拆除立柱（立杆）时，应先自上而下的逐层拆除纵、横向水平杆，当拆除到最后一道水平杆时，应设置临时支撑再逐根放倒立柱（立杆）。

② 跨度 4m 以上的梁下立柱拆除时，应按施工方案规定的顺序进行；若无明确规定时，应先从跨中拆除，对称地向两端进行。

③ 多层与高层结构的楼板模板的立柱拆除时，应符合一般规定中柱模拆除条的规定。

5）特殊结构模板拆除应遵守下列规定：特殊结构，如大跨度结构、桥梁、拱、薄壳、圆穹顶等的模板，应按专项施工方案的要求进行。

（3）模板的检查与验收：

1）扣件式钢管支架的检查与验收：

① 扣件式钢管支架的检查与验收应符合下列规定：

a. 应有产品质量合格证。

b. 应有质量检验报告。钢管材质检验方法应符合现行国家标准《金属拉伸试验方法》GB/T 228 的规定，质量应符合相关规范的规定。

c. 钢管表面应平直光滑，不应有裂缝、结疤、分层、硬弯、压痕和深的划道。

d. 钢管外径、壁厚、端面等的偏差，应分别符合《建筑施工扣件式钢管脚手架安全技术规范》（JGJ 130）中的表 8.1.8 规定：如果外径与壁厚不满足相应的规定时，应按实际外径与壁厚计算支架的承载能力。

② 扣件的验收应符合下列规定：

a. 新扣件应有生产许可证、法定检测单位的测试报告和产品质量合作证；并应按现行国家标准《钢管脚手架扣件》GB 15831 的规定抽样复检。

b. 旧扣件在使用前应逐个进行质量检查，有裂缝、明显变形的严禁使用，出现滑丝的螺栓必须更换。

c. 安装后的扣件螺栓扭紧力矩应采用扭力扳手检查，抽样方法应按随机分布的原则进行。抽样检查数目与质量判定标准参照扣件式钢架脚手架，应符合规范的规定。抽查的扣件中，如发现有拧紧力矩小于 25N·m 的情况，即应划定此批不合格。不合格的批次必须重新拧紧，直至合格为止。

③ 扣件式钢管支架应在下列阶段进行检查验收：a. 立杆基础完工后、支架搭设之前；b. 高大模板支架每搭完 6m 高度后；c. 模板支架施工完毕，绑扎钢筋之前；d. 混凝土浇筑之前；e. 混凝土浇筑完毕；f. 遇有六级大风或大雨之后，寒冷地区解冻后；g. 停用超过一个月。

④ 扣件式钢管支架应依据模板专项施工方案的要求及相关规定进行检查验收。

⑤ 扣件式钢管支架使用中，应定期和不定期检查以下项目：a. 地基是否积水，底座是否松动，立杆是否悬空；b. 扣件螺栓是否松动；c. 立杆的沉降与垂直度的偏差是否符合相关规范的规定；d. 安全防护措施是否符合要求；e. 是否超载使用。

⑥ 扣件式钢管支架搭设的技术要求、允许偏差与检验方法，应符合现行规范的规定。

2）门式钢管支架的检查与验收：

① 支架搭设完毕后，应对支架搭设质量进行检查验收，合格后才能交付使用；

② 检查验收时应具备下列文件：a. 模板工程专项施工方案；b. 门式钢管脚手架构（配）件出厂合格证和质量分类标志；c. 支架搭设施工记录及质量检查记录；d. 支架搭设过程中出现的重要问题及处理记录。

③ 支架工程验收时，除查验有关文件外，还应对下列项目进行现场检查，并记入施工验收报告：a. 构（配）件是否齐全，质量是否合格，连接件是否牢固可靠；b. 安全网及其他防护设施是否符合规定；c. 基础是否符合要求；d. 垂直度及水平度是否合格。

④ 支架搭设的垂直度与水平度偏差应符合表 5-6 的要求。

表 5-6　模板支架搭设垂直度与水平度容许偏差

项　　目		容许偏差/mm
垂直度	每步架	$h/1000$
	支架整体	$H/600$ 及 ± 30
水平度	一跨距内相隔两个门架之差	$\pm l/600$ 及 3.0
	支架整体	$\pm L/600$ 及 ± 30

注：h—步距；H—支架高度；l—跨距；L—支架长度。

3）模板的管理与维护：

① 模板工程应编制专项施工方案，方案应包括下列内容：a. 模板结构设计计算书；b. 绘制模板结构布置图，构件详图，构造和节点大样图；c. 制定模板安装及拆除的方法；d. 编制模板及构（配）件的规格、数量汇总表和周转使用计划；e. 编制模板施工的安全防护及维修、管理、防火措施。

② 在模板工程施工之前，工程技术负责人应按专项施工方案向施工人员进行安全技术交底。

③ 操作人员应经过安全技术培训，并经考核合格持证上岗。搭设模板人员应定期进行体检，凡不适应高处作业者不得进行高处作业。

④ 模板拆除应填写拆模申请表，经工程技术负责人批准后方可实施。

⑤ 模板安装与拆除的高处作业，必须遵守行业标准《建筑施工高处作业安全技术规范》（JGJ 80—2016）规定。

⑥ 遇 6 级以上（包括 6 级）大风，应停止室外的模板工程作业；5 级以上（包括 5 级）风应停止模板工程的吊装作业；遇雨、雪、霜后应先清理施工作业场所后，方可施工。

⑦ 遇有台风、暴雨报警时，对模板支架应采取应急加固措施；台风、暴雨之后应检查模板支架基础，架体确认。确认无变形等，方能恢复施工作业。

⑧ 遇有与临时用电有关的作业，必须遵守现行行业标准《施工现场临时用电安全技术规范》JGJ 46 的有关规定。

⑨ 模板拆除后应立即清理，并分类按施工平面图位置码放整齐。

⑩ 在模板支架上进行电气焊接作业时，应采取防火措施，并派专人监管。

⑪ 严禁在模板支架基础及其附近进行挖土作业。

⑫ 模板支架应设置爬梯。

⑬ 使用后的钢模板和钢构（配）件应遵守下列规定：

a. 钢模板、桁架、钢肋和钢管等应清理其上的黏结物。

b. 钢模板、桁架、钢肋、钢管应逐块、逐榀、逐根进行检查，发现有翘曲、变形、扭曲、开焊等问题的应及时修理。

c. 整修好的钢模板、桁架、钢楞、钢管应涂刷防锈漆；对即将使用的钢模板表面应刷脱模剂，暂不用的钢模板表面可涂防锈油。

d. 扣件等零（配）件使用后必须进行严格清理检查，已断裂、损坏的应剔除，不能修复的应报废。螺栓的螺纹部分应整修上油。

e. 钢模板及配件等修复后，应进行检查验收，其质量标准见表5-7。

表 5-7　钢模板及配件等修复后质量标准

项目		允许偏差/mm	项目		允许偏差/mm
钢模板	板面局部不平整	≤2.0	钢模板	板面锈皮麻面，背面粘混凝土	不允许
	板面翘曲矢高	≤2.0		孔洞破裂	不允许
	板侧凸棱面翘曲矢高	≤1.0	零配件	U形卡卡口变形	≤1.2
	板肋平直度	≤2.0		钢楞及支柱长度方向弯曲度	≤L/1000
	焊点脱焊	不允许	桁架	侧向平直度	≤2.0

f. 经过清理、修复、刷油后的钢模板和钢构（配）件，应分类集中堆放，构件应成捆、配件应成箱，清点数量后入库或由接收单位验收。

g. 钢模板和钢构（配）件应放入室内或敞棚内；若无条件需露天堆放时，则应装入集装箱内，箱底垫高100mm，顶面遮盖防水篷布或塑料布；集装箱堆放高度不宜超过二层。

h. 钢模板和钢构（配）件运输时，装车高度不宜超出车辆的防护栏杆，高出部分必须绑牢，不得散装运输。装车时，应轻搬轻放，不得相互碰撞。卸车时，严禁成捆从车上推下和拆散抛掷。

5.5　混凝土工程安全生产技术

5.5.1　混凝土工程安全防护基本要求

（1）混凝土浇筑时，应先检查振动器运转是否正常，振动器操作人员应穿胶靴、戴绝缘手套，振动器不能挂在钢筋上，湿手不能接触电源开关。

（2）泵送混凝土经常处高压下工作，混凝土泵车停歇后再起动时要保持一定距离，应注意表压是否正常，预防堵管和爆管。

（3）混凝土泵车布料杆采取侧向伸出布料时，进行稳定性验算，使倾覆力矩小于反倾覆力矩。

（4）泵送混凝土作业过程中，软管末端出口与浇筑面应保持一定距离，防止埋入混凝土内，造成管内瞬时压力增高，引起爆管伤人。

5.5.2　混凝土工程安全重点及安全措施

5.5.2.1　混凝土泵送设备的主要安全措施

（1）混凝土泵车操作工必须是经培训合格的有证人员，严禁无证操作。

（2）混凝土泵车料斗内的混凝土保持一定的高度，防止吸入空气造成堵管或管中气锤和造成管尾甩伤人现象。

（3）混凝土泵车安全阀必须完好，泵送时先试送，注意观察泵的液压表和各部位工作正常后加大行程。在混凝土坍落度较小和开始启动时使用短行程。检修时必须卸压后进行。

（4）当发生堵管现象时，立即将泵机反转把混凝土退回料斗，然后正转小行程泵送，如仍然堵管，则必须经拆管排堵处理后启泵，不得强行加压泵送，以防发生炸管等事故。

（5）混凝土浇筑结束前用压力水压泵时，泵管口前面严禁站人。

5.5.2.2　用电安全

（1）混凝土振捣人员必须戴绝缘手套，穿绝缘鞋。用电设备必须一机一闸，漏电保护开关完好。

（2）夜间作业使用碘钨灯、振动器的外壳应有可靠的接地保护，流动照明灯必须有绝缘支架。

（3）线路故障检修时必须拉闸停电，并挂好"禁止合闸"标牌；故障的检修必须由电工进行，其他人员不得进行相关操作。

（4）振动器电缆不得在钢筋上拖来拖去，防止电缆破损漏电，电缆长度不应超过 30m。

5.5.2.3　环保措施

（1）噪声的控制：现场沿基坑四周用红白相间的 ϕ48 钢管围挡，外侧满挂密目网，浇筑混凝土过程中振捣棒不得振动模板、钢筋等，以降低浇筑基础底板混凝土过程中产生的噪声。

（2）混凝土泵、混凝土罐车噪声排放的控制：加强对混凝土泵、混凝土罐车操作人员的培训及责任心教育，保证混凝土泵、混凝土罐车平稳运行、协调一致，禁止高速运行。

（3）周边道路的清洁：要加强对施工人员的技术交底，随时清理市政道路上车辆携带的泥土，并不定时的对地面进行清理和冲洗，将泥土冲洗到下水井中，以保证市政交通道路的清洁，减少粉尘的污染。

（4）混凝土掺加的外加剂不应含有氯盐、氨等，以免对钢筋和大气产生不利影响。

5.6　钢筋工程安全生产技术

5.6.1　钢筋工程安全生产基本要求

（1）钢筋加工机械的操作人员，应经过一定的机械操作技术培训，掌握机械的性能和操作规程后，才能上岗。

（2）钢筋加工机械的电气设备，应有良好的绝缘并接地，每台机械必须一机一闸，并设漏电保护开关。机械转动的外露部分必须设有安全防护罩，在停止工作时应断开电源。

（3）使用钢筋弯曲机时，操作人员应站在钢筋活动端的反方向，弯曲 400mm 短钢筋时，应有防止钢筋弹出的措施。

（4）粗钢筋切断时，冲切力大，应在切断机口两侧机座上安装两个角钢挡竿，防止钢筋摆动。

（5）在电焊机操作棚周围，不得放置易燃物品，在室内进行焊接时，应保持良好环境。

（6）搬运钢筋时，要注意前后方向有无碰撞危险或被钩挂料物，特别是避免碰挂周围和上下方向的电线；人工抬运钢筋，上肩卸料要注意安全。

（7）起吊或安装钢筋时，要和附近高压线路或电源保持一定距离，在钢筋林立的场所，雷雨时不准操作和站人。

（8）安装悬空结构钢筋时，必须站在脚手架上操作，不得站在模板上或支撑上安装，并系好安全带。

（9）现场施工的照明电线及混凝土振捣器线路不准直接挂在钢筋上，如确实需要，应在钢筋上架设横担木，把电线挂在横担木上，如采用行灯时，电压不得超过36V。

（10）在高空安装钢筋必须扳弯粗钢筋时，应选好位置站稳，系好安全带，防止摔下，现场操作人员均应戴安全帽。

5.6.2　钢筋工程安全生产重点及安全措施

（1）施工人员均需经过三级安全教育，进入现场必须戴好安全帽，穿具有安全性的电工专用鞋。

（2）所有临时用电必须由电工接至作业面，其他人员禁止乱接电线；机电人员应持证上岗，并按规定使用好个人防护用品。

（3）电焊之前进行用火审批，作业前应检查周围作业环境，并设专人看火；灭火器材配备齐全后，方可进行作业。

（4）夜间作业，作业面应有足够的照明；同时，灯光不得照向场外影响交通及居民休息。

（5）钢材、半成品等应按规格、品种分别堆放整齐，码放高度必须符合规定，距基坑边缘不小于3m。制作场地要平整，工作台要稳固，照明灯具必须加网罩。

（6）多人合运钢筋，起、落、转、停动作要一致，人工上下传送钢筋不得在同一垂直线上。钢筋堆放要分散、稳当，防止倾倒和塌落。

（7）在高空、深坑绑扎钢筋和安装骨架，须搭设脚手架和马道。

（8）绑扎立柱、墙体钢筋，不得站在钢筋骨架上和攀登骨架上下。

（9）绑扎基础钢筋时，应按施工设计规定摆放钢筋，钢筋支架或马凳架起上部钢筋，不得任意减少马凳或支架。

（10）绑扎阳台、挑檐、外墙钢筋，应搭设外挂架或安全网；绑扎时挂好安全带；进入施工现场正确戴好安全帽。

（11）柱、墙钢筋绑扎时，临时脚手架的搭设必须符合安全要求，严禁使用探头板、飞板。

（12）对电动机具使用前必须经审核验收合格后方能投入使用；机械在使用过程中要注意机械维修与保养，杜绝机械伤人；2m以上高空作业必须正确使用安全带。

（13）对于施工中的薄弱部位、环节应重点控制，做到现场有人监督、指挥。

（14）严禁私自移动安全防护设施，需要移动时必须经总承包方安全部门批准，移动后应有相应的防护措施，施工完毕后应恢复原有的标准；作业人员施工做到文明施工，施工场地划分环卫包干区，指定专人负责，做到及时清理场地。

（15）为减少对工地周围居民的噪声污染，严禁在晚22：00至第二天早6：00在现场卸钢筋。堆料场钢筋按计划用塔式起重机将钢筋运至施工作业面，尽可能减少噪声污染；夜间照明灯光不得射向附近的居民楼。

（16）随时收集加工后的钢筋头，并运至现场设立的废弃物临时储存场地。

5.7　起重吊装工程安全生产技术

5.7.1　常用索具和吊具

（1）麻绳的安全使用与管理应注意下列问题：

1）机动的起重机械或受力较大的地方不得使用麻绳。

2）在使用前必须对麻绳仔细认真检查，对存在问题要妥善处理；局部腐蚀、触伤严重时，应截去损伤部分，插接后继续使用。

3）使用中的麻绳，尽量避免雨淋或受潮，不能在纤维中夹杂泥沙和受油污等化学介质的侵蚀。麻绳不要和酸、碱、漆等化学介质接触，受化学介质腐蚀后的麻绳不能使用。

4）麻绳不得在尖锐和粗糙物质上拖拉，以防小石子、砂子、硬物进入绳内，也不得在地面上拖拉。

5）捆绑时，在物体的尖锐边角处应垫上保护性软物。

6）和麻绳配用的卷筒和滑车的直径，机动时应大于麻绳直径的 30 倍；使用人力时，应大于座绳直径的 10 倍。

（2）钢丝绳的安全使用与管理必须在选用、操作维护方面做到下列各点：

1）选用钢丝绳要合理，不准超负荷使用。

2）切断钢丝绳前应在切口处用细钢丝进行捆扎，以防切断后绳头松散。切断钢丝绳时要防止钢丝绳碎屑飞起损伤眼睛。

3）在使用钢丝绳前，必须对钢丝绳进行详细检查，达到报废标准的应报废更新，严禁凑合使用；在使用中不许发生锐角曲折、挑圈，防止被夹或压扁。

4）穿钢丝绳的滑轮边缘不许有破裂现象，钢丝绳与物体、设备或接触物的尖角直接接触处，应垫护板或木块，以防损伤钢丝绳。

5）要防止钢丝绳与电线、电缆接触，避免电弧打坏钢丝绳或引起触电事故。

6）钢丝绳在卷筒上缠绕时，要逐圈紧密地排列整齐，不应错叠或离缝。

（3）化学纤维绳的安全使用与管理必须注意下列安全要求：

1）化学纤维绳要远离明火和高温，化学纤维绳具有易燃性能，不得在露天长期暴晒，严禁将烟头等明火扔在化学纤维绳堆中，不准靠近化学纤维绳动用明火，应远离高温和明火点（区）。

2）上滚筒收紧时，圈数不宜太多，也不得在缆桩上溜缆，以防摩擦产生高温而熔化。

3）化学纤维绳伸长率大，尼龙绳最大伸长率可达 40%，使用时有弹性，有利于吸收冲击载荷，应利用这一特性起缓冲使用，避免剧烈振动。

4）化学纤维绳伸长率大，断裂时猛烈回抽易造成伤害事故；操作时，有关人员不得站在受力方向或可能引起的抽打方向处。

（4）链条的安全使用必须做好下列各点：

1）焊接链条在光滑卷筒上工作时，速度 $<1m/s$；在链轮上工作时，速度 $<0.1m/s$。

2）焊接链条不得用在振动冲击量大的场合，不准超负荷使用。

3）使用前应经常检查链条焊接触处，预防断裂与磨损。

4）按链条报废标准进行报废更新。

（5）卡环的安全使用：

1）使用卡环时，不得超负荷使用。

2）为防止卡环横向受力，在连接绳索和吊环时，应将其中一根套在横销上，另一根套在弯环上，不准分别套在卡环的两个直段上面。

3）起吊作业完毕后，应及时卸下卡环，并将横销插入弯环内，上满螺纹，以保证卡环完整无损。

4）不得使用横销无螺纹的卡环，如必需使用时，要有可靠的保障措施，以防止横销滑出。

（6）吊钩、吊环的安全使用要点：

1）在起重吊装作业中使用的吊钩、吊环，其表面要光滑，不能有剥裂、刻痕、锐角、接缝和裂纹等缺陷。

2）吊钩、吊环不得超负荷进行作业。

3）使用吊钩与重物吊环相连接时，必须保证吊钩的位置和受力符合要求。

4）吊钩不得补焊。

（7）绳夹安全使用的要点：

1）每个绳夹应拧紧至卡子内钢丝绳压扁 1/3 为标准。

2）如钢丝绳受力后产生变形时，要对绳夹进行二次拧紧。

3）起吊重要设备时，为便于检查，可在绳头尾部加一保险夹。

5.7.2　常用起重机具

（1）螺旋千斤顶的安全使用要求：

1）固定式螺旋千斤顶：该千斤顶在作业时，未卸载前不能作平面移动。

2）LQ 形固定式螺旋千斤顶：其结构紧凑、轻巧，使用比较方便；当往复扳动手柄时，撑牙推动棘轮间歇回转，小伞齿轮带动大伞齿轮，使锯齿形螺杆旋转，从而使升降套筒（螺旋顶杆）顶升或下落；转动灵活、摩擦小，因而操作敏感、工作效率高。

3）移动式螺旋千斤顶：其是一种在顶升过程中可以移动的一种千斤顶；移动主要是靠千斤顶底部的水平螺杆转动，使顶起的重物随同千斤顶作水平移动。因此在设备安装工作中，用它移动就位很适用。

（2）使用千斤顶的安全技术要求：

1）千斤顶不准超负荷使用。

2）千斤顶工作时，应放在平整坚实的地面上，并在其下面垫枕木、木板。

3）几台千斤顶同时作业时，应保证同步顶升和降落。

4）液压千斤顶在高温和低温条件下不得使用。

5）液压千斤顶不准作永久支撑；如必须长时间支撑时，应在重量物下面增加支撑部件，以保证液压千斤顶不受损坏。

6）齿条千斤顶放松时，不得突然下降，以防止其内部机构受到冲击而损伤，或使摇把跳动伤人。

（3）手拉葫芦的安全使用要求：

1）严禁超负荷起吊。

2）严禁将下吊钩回扣到起重链条上起吊重物。

3）不允许用吊钩尖钩持载荷。

4）起重链条不得扭转打结。

5）操作过程中，严禁任何人在重物下行走或逗留。

（4）桅杆的安全使用要求：

1）新桅杆组装时，中心线偏差不大于总支撑长度的 1/1000。

2）多次使用过的桅杆，在重新组装时，每 5m 长度内中心线偏差和局部塑性变形不应大于 20mm。

3）在桅杆全长内，中心偏差不应大于总支撑长度 1/200。

4）组装桅杆的连接螺栓，必须紧固可靠。

5）各种桅杆的基础都必须平整坚实，不得积水。

（5）电动卷扬机的安全使用要求：

1）操作前先用手盘动传动系统，检查各部零件是否灵活，制动装置是否灵敏可靠。

2）电动卷扬机安放地点应设置防雨篷，防止电气部分受潮失灵，影响正常的吊运作业。

3）起吊设备时，电动卷扬机卷筒上钢丝绳余留圈数应不少于 3 圈。

4）电动卷扬机的卷筒与选用的钢丝绳直径应当匹配。通常卷筒直径应为钢丝绳直径的 16~25 倍。

5）电动卷扬机严禁超载使用。

6）用多台电动卷扬机吊装设备时，其牵引速度和起重能力应相同，并统一指挥、统一动作、同步操作。

7）吊装大型设备时，对电动卷扬机应设专人监护，发现异常情况，应及时进行处理。

（6）地锚制作的安全技术要求：

1）起重吊装使用的地锚，应严格按设计进行制作，并做好隐蔽工程记录，使用时不准超载。

2）地锚坑宜挖成直角梯形状，坡度与垂线的夹角以 15° 为宜。地锚深度根据现场综合情况决定。

3）拖拉绳与水平面的夹角一般以 30° 以下为宜，地锚基坑出线点（即钢丝绳穿过土层后露出地面处）前方坑深 2.5 倍范围及基坑两侧 2m 范围以内，不得有地沟、电缆，地下管道等构筑物以及临时挖沟等。

4）地锚周围不得积水。

5）地锚不允许沿埋件顺向设置。

（7）滑轮及滑轮组的安全使用要求：

1）选用滑轮时，轮槽宽度应比钢丝绳直径宽 1~2.5mm。

2）使用滑轮的直径，通常不小于钢丝绳直径的 16 倍。

3）使用过程中，滑轮受力后，要检查各运动部件的工作情况，有无卡绳、磨绳处，如发现应及时进行调整。

4）吊运中对于受力方向变化大的情况和高空作业场所，禁止用吊钩型滑轮，要使用吊环滑轮，防止脱绳而发生事故。如必须用吊钩滑轮时，应有可靠的封闭装置。

5）滑轮组上、下间的距离，应不小于滑轮直径的 5 倍。

6）使用滑轮起吊时，严禁用手抓钢丝绳，必要时应用撬杠来调整。

5.7.3　常用行走式起重机械

在起重作业中常用的行走式起重机械主要有以下几类：履带式起重机、汽车式起重机、轮胎式起重机。

（1）履带式起重机的安全使用要求：

1）履带式起重机在操作时应平稳，禁止急速的起落钩、回转等动作出现。

2）履带式起重机行走道路要求坚实平整，周围不得有障碍物。

3）禁止斜拉、斜吊和起吊地下埋设或凝结在地面上的重物。

4）双机抬吊重物时，分配给单机重量不得超过单机允许起重量的80%，并要求统一指挥；抬吊时应先试抬，使操作者之间相互配合，动作协调，起重机各运转速度尽量一致。

（2）汽车式起重机的安全使用要求：汽车式起重机因超载或支腿陷落造成翻车事故约占事故的70%以上，因此在使用汽车式起重机时应特别引起重视。

1）必须按照额定的起重量工作，不能超载和违反该车使用说明书所规定的要求条款。

2）汽车式起重机的支腿处必须坚实，在起吊重物前，应对支腿加强观察，查看有无陷落现象，必要时应增铺垫道木，加大承压面积，以保证使用要求。

3）支腿安放支完，应将车身调平并锁住，才能工作；工作时还应注意风力大小，六级以上大风时应停止工作。

（3）轮胎式起重机安全技术要求：可参照汽车式起重机的安全使用要求。

5.7.4　构件与设备吊装

大型构件和设备安装技术是建设工程的重要组成部分。而吊装技术是大型构件和设备安装技术的主要内容。

大型构件和设备吊装技术的分类：大型起重机吊装技术、桅杆滑移法吊装技术、桅杆扳法吊装技术、无锚点吊推法吊装技术、移动式龙门桅杆吊装技术、滑移法吊装技术。

（1）大型起重机吊装安全技术要求：大型起重机吊装技术的基本原理就是利用起重机提升重物的能力，通过起重机旋转、变幅等动作，将工件吊装到指定的空间位置。

1）双起重机吊装时，两台主起重机宜选择相同规格型号的大起重机，其吊臂长度、工作半径、提升滑轮组跑绳长度及吊索长度均应相等。

2）辅助起重机吊装速度应与主起重机相匹配。

3）根据三点确定一个刚体在空间方位的原理，溜尾最好采用单吊点。

4）起重机吊钩偏角不应大于3°。

5）起重机不应同时进行两种动作。

6）多台起重机共同作业时，应统一指挥信号与指挥体系，并应有指挥细则。

7）多起重机吊装应进行监测，必要时应设置平衡装置。

8）辅助起重机松钩时，立式设备的仰角不宜大于75°。

9）工件底部使用尾排移送时，尾排移送速度应与起重机提升速度匹配；立式设备脱离尾排时其仰角应小于临界角。

10）当采用起重机配合回转铰扳转工件时，起重机应位于工件侧面而不应在危险区内；回转铰的水平分力要有妥善的处理措施。

（2）桅杆滑移法吊装安全技术要求：桅杆滑移法吊装是利用桅杆起重机提升滑轮组能

够向上提升这一动作，设置尾排及其他索具配合，将立式静置工件吊装就位。

1）吊装系统索具应处于受力合理的工作状态，否则应有可靠的安全措施。

2）当提升索具、牵引索具、溜尾索具、夺吊索具或其他辅助索具不得不相交时，应在适当位置用垫木将其隔开。

3）试吊过程中，发现有下列现象时，应立即停止吊装或者使工件复位，判明原因妥善处理，经有关人员确认安全后，方可进行试吊：①地锚冒顶、位移；②钢丝绳抖动；③设备或机具有异常声响、变形、裂纹；④桅杆地基下沉；⑤其他异常情况。

4）工件吊装抬头前，如果需要，后溜索具应处于受力状态。

5）工件超越基础时，应与基础或地脚螺栓顶部保持 200mm 以上的安全距离。

6）组装过程中，应监测施杆垂直度和重点部位（主风绳及地锚、后侧风绳及地锚、吊点处工件本体、提外索具、跑绳、导向滑轮、主卷扬机等）的变化情况。

7）采用低桅杆偏心提吊法，并且设备为双吊点、桅杆为双吊耳时，应及时调整两套提升滑轮组的工作长度并注意监测，以防设备滚下尾排。

8）桅杆底部应采取封固措施，以防止桅杆底部因桅杆倾斜或者跑绳的水平作用而发生移动。

9）吊装过程中，工件绝对禁止碰撞桅杆。

（3）桅杆扳法吊装安全技术要求：

1）避免工件在扳转时产生偏移，地锚应用经纬仪定位。

2）单转法吊装时，桅杆宜保持前倾 1°±0.5° 的工作状态；双转法吊装时，桅杆与工件间宜保持 89°±0.5° 的初始工作状态。

3）重要滑轮组宜串入拉力表监测其受力情况。

4）前扳起滑轮组及索具与后扳起滑轮组及索具预拉力（主缆风绳预拉力）应同时进行调整。

5）桅杆竖立时，应采取措施防止桅杆顶部扳起绳扣脱落，吊装前必须解除该固定措施。

6）为保证两根桅杆的扳起索具受力均匀，应采用平衡装置。

7）应在工件与桅杆扳转主轴线上设置经纬仪，监测其顶部偏移和转动情况。顶部横向偏差不得大于其高度的 1/1000，且最大不得超过 600mm。

8）塔架（例如火炬塔、电视塔）柱脚应用杆件封固。

9）双转法吊装时，在设备扳至脱杆角之后，宜先放倒桅杆，以减少溜尾索具的受力。

10）对接时，如扳起绳扣不能及时脱杆，可收紧溜放滑轮组强制其脱杆，以避免扳起绳扣以后突然弹起。

（4）无锚点吊推法吊装安全技术要求：

1）门架是工件吊推的重要机具，应检查门架制造和承载试验的证明文件，合格后方可使用。

2）对工件在吊装中各不利状态下的强度与稳定性应进行核算，必要时采取加固措施。

3）工件底部铰链组焊接要严格按技术要求进行，焊缝要经过 100% 无损探伤。

4）在门架的上、下横梁中心划出标记，用经纬仪随时监控门架左右的侧向移动量，及时反馈给指挥者以便调整。

5）门架两立柱上应挂设角度盘来进行监测。

6）门架底部的滚道上标出刻度，以此监测两底座移动的前后偏差。

7）溜尾滑轮组上下两端的绑扎绳应采取同一根绳索对折使用，严禁使用单股钢丝绳，以防滑轮组钢丝绳打绞。

8）雨天或风力大于4级时不得进行吊推作业。

（5）移动式龙门桅杆吊装安全技术要求：

1）龙门架的制作与验收必须遵守现行国家标准《钢结构工程施工验收规范》GB 50205的要求。

2）在施工现场，应标出龙门架的组对位置、工件就位时龙门架所到达的位置以及行走路线的刻度，以监测龙门架两侧移动的同步性，要求误差小于跨度的1/2000。

3）如果龙门架上设置两组以上起吊滑轮组，要求滑轮组的规格型号相同，并且选择相同的卷扬机；成对滑轮组应该位于与大梁轴线平行的直线上，前后误差不得大于两组滑轮组间距的1/3000。

4）如果需要四套起吊滑轮组吊装大型工件，应该采用平衡梁。

5）如果龙门架采用卷扬机牵引行走，卷扬机的型号应该相同，同一侧的牵引索具选用一根钢丝绳做串绕绳，这样有利于两侧底座受力均匀，保证龙门架行走平衡、同步，其行走速度一般为0.05m/s以下。

6）轨道平行度误差小于1/2000；跨度误差小于1/5000且不大于10mm，两侧标高误差小于10mm。

7）轨道基础要夯实处理，满足承载力的要求，跨越管沟的部位需要采取有效的加固措施。

8）如果工件吊装需要龙门架的高度很大，应该对龙门架采取缆风绳加固措施。

9）就位过程中，工件下落的速度要缓慢，且不得使工件在空中晃动，对位准确方可就位，不得强行就位。

（6）滑移法安全技术要求：

1）对刚度、强度不足的杆件如檩条等，应采取措施，以防滑移变形。

2）对滑移单元的划分，应考虑到连接的方便，并确保其形成稳定的刚度单元，否则应采取必要的加固措施。

3）滑移轨道的安装应按设计方案进行，确保有足够的预埋件、铺设精度，其安装过程应按起重机轨道的安装标准施工。

4）对所有滑行使用的起重机械进行完好检查，如刹车灵敏度、钢丝绳有无破损。

5）滑道接口处的不平及毛刺要修整好，以防滑行时卡位。

6）统一指挥信号。

7）滑行中发现异常情况，必须立即停滑，找出原因方可继续滑移。

8）采用滑块与滑槽进行滑移时，一定要充分进行滑道润滑。滑块的材质硬度宜高于滑槽。

吊装作业必须遵守"十不吊"的原则。即：被吊物重量超过机械性能允许范围；信号不清；吊物下方有人；吊物上站人；埋在地下物；斜拉斜牵物；散物捆绑不牢；立式构件、大模板等不用卡环；零碎物无容器；吊装物重量不明等。

5.8　脚手架安全生产技术

5.8.1　脚手架安全施工的基本要求

随着建筑施工技术的发展，脚手架的种类也愈来愈多。从搭设材质上说，有竹、木和钢管脚手架。钢管脚手架中又分扣件式、碗扣式、承插式等；按搭设的立杆排数，又可分单排架、双排架和满堂架；按搭设的用途，又可分为砌筑架、装修架；按搭设的位置又可分为外脚手架和内脚手架。脚手架分为下列三大类。

（1）外脚手架：搭设在建筑物或构筑物的外围的脚手架称为外脚手架。外脚手架多从地面搭起，所以称为底撑式脚手架，一般来讲建筑物多高，其架子就要搭多高，外脚手架也可以采用悬挑形式，在悬挑构件上搭设，称为悬挑脚手架。

1）单排脚手架：它由落地的单排立杆与大、小横杆绑扎或扣接而成。

2）双排脚手架：它由落地的里、外两排立杆与大、小横杆绑扎或扣接而成。

3）悬挑脚手架：它不直接从地面搭设，而是采用在楼板、墙面或框架柱上设悬挑构件，以悬挑形式搭设。按悬挑杆件的不同种类可分为两种：一种是用 D48×3.5 的钢管，一端固定在楼板上，另一端悬出，在这个悬挑杆上搭设脚手架，它的高度应不超过 6 步架；另一种是用型钢做悬挑杆件，搭设高度应不超过 20 步架。

（2）内脚手架：搭设在建筑物或构筑物内的脚手架称为内脚手架。主要有马凳式内脚手架和支柱式内脚手架两类。

（3）工具式脚手架：

1）吊篮脚手架：它的基本构件是用 D50×3 的钢管焊成矩形框架，并以 3~4 榀框架为一组，在屋面上设置吊点，用钢丝绳吊挂框架，它主要适用于外装修工程。

2）附着式升降脚手架：附着在建筑物的外围，可以自行升降的脚手架称为附着式升降脚手架。

3）悬挂脚手架：将脚手架挂在墙上或柱上事先预埋的挂钩上，在挂架上铺以脚手板而成。

4）门式钢管脚手架。

5.8.2　扣件式钢管脚手架

（1）特点：脚手架是建筑施工中必不可少的临时设施。比如砌筑砖墙、浇筑混凝土、墙面的抹灰、装饰和粉刷，结构构件的安装等，都需要在其近旁搭设脚手架，以便在其上进行施工操作，堆放施工用料和必要时的短距离水平运输。

脚手架虽然是随着工程进度而搭设，工程完毕就拆除，但它对建筑施工速度、工作效率、工程质量以及工人的人身安全有着直接的影响，如果脚手架搭设不及时，势必会拖延工程进度；脚手架搭设不符合施工需要，工人操作就不方便，质量得不到保证，工效也提不高；脚手架搭设不牢固，不稳定，就容易造成施工中的伤亡事故。因此，对脚手架的选型、构造、搭设质量等决不可疏忽大意、轻率处理。

由钢管、扣件组成的扣件式钢管脚手架（以下简称"扣件式脚手架"）具有以下特点：

1）承载力大。当脚手架的几何尺寸在常见范围、构造符合要求时，落地式脚手架立杆承载力在 15~20kN（设计值）之间，满堂架立杆承载力可达 30kN（设计值）。

2）装拆方便，搭设灵活，使用广泛。由于钢管长度易于调整，扣件连接简便，因而可适应各种平面、立面的建筑物、构筑物施工需要；还可用于搭设临时用房等。

3）比较经济。与其他脚手架相比，杆件加工简单，一次性投资费用较低，如果精心设计脚手架几何尺寸，注意提高钢管周转使用率，则材料用量可取得较好经济效果。

4）脚手架中的扣件用量较大、价格较高，如果管理不善，扣件极易损坏、丢失，因此应对扣件式脚手架的构（配）件使用、存放和维护加强科学化管理。

（2）适用范围：扣件式脚手架在我国的应用历史近50余年，积累了丰富的使用经验，是应用最为普遍的一种脚手架，其适用范围如下。

1）工业与民用建筑施工用落地式单、双排脚手架，以及分段悬挑脚手架。

2）上料平台、满堂脚手架。

3）高耸构筑物，如井架、烟囱、水塔等施工用脚手架。

4）栈桥、码头及高架路、桥等工程用脚手架。

5）为了确保脚手架的安全可靠，《建筑施工扣件式钢管脚手架安全技术规范》（JGJ 130—2011）的规定单排脚手架不适用于下列情况：①墙体厚度小于或等于180mm；②建筑物高度超过24m；③空斗砖墙、加气块墙等轻质墙体；④砌筑砂浆强度等级小于或等于M1.0的砖墙。

（3）适宜搭设高度：

1）单管立杆扣件式双排脚手架的搭设高度不宜超过50m。根据对国内脚手架的使用调查，立杆采用单根钢管的落地式脚手架一般均在50m以下，当需要搭设高度超过50m时，一般都比较慎重地采用了加强措施，如采用双管立杆、分段卸荷、分段悬挑等。从经济方面考虑，搭设高度超过50m时，钢管、扣件等的周转使用率降低，脚手架的地基基础处理费用也会增加，导致脚手架成本上升。从国外情况看，美、日、德等国家对落地脚手架的搭设高度也限制在50m左右。

2）分段悬挑脚手架。由于分段悬挑脚手架一般都支撑在由建筑物挑出的悬臂梁或三脚架上，如果每段悬挑脚手架过高时，将过多增加建筑物的负担，或使挑出结构过于复杂，故分段悬挑脚手架每段高度不宜超过25m。

（4）主要组成：组成扣件式脚手架的主要构件及其作用见表5-8。

表 5-8　扣件式脚手架的主要组成构件及作用

序号	名称	作用
1	立杆(立柱、站杆、冲天杆)	平行于建筑物并垂直于地面的杆件，既是组成脚手架结构的主要杆件，又是传递脚手架结构自重、施工荷载与风荷载的主要受力杆件
2	纵向水平杆(大横杆、大横担、牵杠、顺水杆)	平行于建筑物，在纵向连接各立杆的通长水平杆，既是组成脚手架结构的主要杆件，又是传递施工荷载给立杆的主要受力杆件
3	横向水平杆(小横杆、六尺杆、横楞、搁栅)	垂直于建筑物，横向连接脚手架内、外排立杆或一端连接脚手架立杆，另端支于建筑物的水平杆。是组成脚手架结构的主要杆件，并传递施工荷载给立杆的主要受力杆件

（续）

序号	名称	作　　用
4	扣件	是组成脚手架结构的连接件
	直角扣件	连接两根直交钢管的扣件,是依靠扣件与钢管表面间的摩擦力传递施工荷载、风荷载的受力连接件
	对接扣件	钢管对接接长用的扣件,也是传递荷载的受力连接件
	旋转扣件	连接两根任意角度相交的钢管的扣件,用于连接支撑斜杆与立杆或横向水平杆的连接件
5	脚手板	提供施工操作条件,承受、传递施工荷载给纵、横向水平杆的板件;当设于非操作层时起安全防护作用
6	剪刀撑(十字撑、十字盖)	设在脚手架外侧面、与墙面平行的十字交叉斜杆,可增强脚手架的纵向刚度,提高脚手架的承载能力
7	横向斜撑(横向斜拉杆,之字撑)	连接脚手架内、外排立杆的,呈之字形的斜杆,可增强脚手架的横向刚度、提高脚手架的承载能力
8	连墙件(连墙点、连墙杆)	连接脚手架与建筑物的部件,是脚手架中既要承受、传递风荷载,又要防止脚手架在横向失稳或倾覆的重要受力部件
9	纵向扫地杆	连接立杆下端,距底座下皮 200mm 处的纵向水平杆,可约束立杆底端在纵向发生位移
10	横向扫地杆	连接立杆下端,位于纵向扫地杆下方的横向水平杆,可约束立杆底端在横向发生位移
11	底座	设在立杆下端,承受并传递立杆荷载给地基的配件

（5）基本要求：扣件式脚手架是由立杆,纵向、横向水平杆用扣件连接组成的钢构架。常见的落地式附墙脚手架,其横向尺寸（横距）远小于其纵向长度和高度,这一高度、宽度很大、厚度很小的构架如不在横向（垂直于墙面方向）设置连墙件,它是不可能可靠地传递其自重、施工荷载和水平荷载的,对这一连墙的钢构架其结构体系可归属于在竖向、水平向具有多点支承的"空间框架"或"格构式平板"。为使扣件式脚手架在使用期间满足安全可靠和使用要求,脚手架既要有足够承载能力,又要具有良好的刚度（使用期间,脚手架的整体或局部不产生影响正常施工的变形或晃动）,故其组成应满足以下要求：

1）必须设置纵、横向水平杆和立杆,三杆交汇处用直角扣件相互连接,并应尽量紧靠,此三杆紧靠的扣接点称为扣件式脚手架的主节点。

2）扣件螺栓拧紧扭力矩应在 $40 \sim 50 N \cdot m$ 之间,以保证脚手架的节点具有必要的刚性和承受荷载的能力。

3）在脚手架和建筑物之间,必须按设计计算要求设置足够数量、分布均匀的连墙件,此连墙件应能起到约束脚手架在横向（垂直于建筑物墙面方向）产生变形,以防止脚手架横向失稳或倾覆,并可靠地传递风荷载。

4）脚手架立杆基础必须坚实,并具有足够承载能力,以防止不均匀或过大的沉降。

5）应设置纵向剪刀撑和横向斜撑,以使脚手架具有足够的纵向和横向整体刚度。

（6）构（配）件质量与检验：

1）钢管：①扣件式脚手架杆件宜采用价格较便宜的焊接钢管；②钢管钢材牌号宜采用

力学性能适中的 Q235A，质量性能指标应符合现行国家标准《碳素结构钢》GB/T 700 中 Q235A 的规定；③钢管截面几何尺寸见表 5-9，钢管长度应便于人工装、拆和运输。扣件式脚手架的钢管长度见表 5-9，每根钢管的重量不应超过 25kg；④新、旧钢管的尺寸、表面质量和外形应符合表 5-10 要求，钢管上严禁打孔。

表 5-9　扣件式脚手架钢管几何尺寸　　　　　　　　（单位：mm）

钢管类别	截面尺寸		最大长度	
	外径 φ	壁厚 δ	纵向水平杆,立杆	横向水平杆
低压流体输送用焊接钢管（GB/T 3092—2008）	48	3.5	6500	2200
直缝电焊钢管（GB/T 13793—2016）	51	3.0		

表 5-10　钢管质量检验要求

项次		检查项目	验收要求
新管	1	产品质量合格证	必须具备
	2	钢管材质检验报告	
	3	表面质量	表面应平直光滑,不应有裂纹、分层、压痕、划道和硬弯,上述缺陷不应大于相关规范的规定
	4	外径、壁厚	允许偏差不超过相关规范的规定
	5	端面	应平整,偏差不超过相关规范的规定
	6	防锈处理	必须进行防锈处理、镀锌或涂防锈漆
旧管	7	钢管锈蚀程度应每年检查一次	锈蚀深度应符合相关规范规定,锈蚀严重部位应将钢管截断进行检查
	8	其他项目同新管项次 3、4、5	同新管项次 3、4、5

2）扣件：

① 目前我国有可锻铸铁扣件与钢板压制扣件两种，可锻铸铁扣件已有国家产品标准和专业检测单位，质量易于保证，因此应采用可锻铸铁扣件、对钢板压制扣件要慎重采用，应参照国家标准《钢管脚手架扣件》（GB 15831—2006）的规定进行测试，经测试证明其质量性能符合标准要求时方可使用。

② 技术要求：

a. 扣件应采用力学性能不低于 KTH330-08 的可锻铸铁制作。

b. 铸件不得有裂纹、气孔；不宜有缩松、砂眼或其他影响使用的铸造缺陷；并应将影响外观质量的粘砂、浇冒口残余、披缝、毛刺、氧化皮等清除干净。

c. 扣件与钢管的贴合面必须严格整齐，应保证与钢管扣紧时接触良好。

d. 扣件活动部位应能灵活转动，旋转扣件的两旋转面间隙应小于 1mm。

e. 当扣件夹紧钢管时，开口处的最小距离应不小于 5mm。

f. 扣件表面应进行防锈处理。

③ 扣件质量的检验要求：

a. 扣件质量应按表 5-11 的要求进行检验。

b. 扣件螺栓拧紧扭力矩为 70N·m 时，可锻铸铁扣件不得破坏。

c. 如对扣件的质量有疑虑，应按国家现行标准《钢管脚手架扣件》（GB 15831—2006）的规定抽样检测。

表 5-11　扣件质量检验要求

项次		检查项目	要求
新扣件	1	生产许可证,产品质量合格证,专业检测单位测试报告	必须具备。对质量怀疑时,应按 GB 15831—2006 规定抽样检测
	2	表面质量及性能	应符合技术要求之 2)~6)的规定
	3	螺栓	不得滑丝
旧扣件	4	不得有裂缝,变形,其他同上 2、3 项	

3）脚手板：

① 脚手板有冲压钢脚手板、木脚手板、竹串片及竹笆脚手板等，可根据工程所在地区就地取材使用。

② 冲压钢脚手板的钢材应符合国家现行标准《碳素结构钢》（GB/T 700—2006）中 Q235A 级钢的规定。

③ 木脚手板应采用杉木或松木制作，厚度不宜小于 50mm，其材质应符合国家现行标准《木结构设计标准》（GB 50005）中 Ⅱ 级材质的规定；脚手板的两端应采用直径为 4mm 的镀锌钢丝各设两道箍。

④ 竹脚手板宜采用毛竹或楠竹制作。

⑤ 为便于工人操作，不论哪种脚手架每块重量均不宜大于 30kg。

⑥ 脚手板的质量按表 5-12 要求进行检验。

表 5-12　脚手板质量检验要求

项次	项目	要求
1. 钢脚手板	产品质量合格证(新脚手板)	必须具备
	尺寸偏差	应符合要求
	缺陷	不得有裂纹、开焊与硬弯
	防锈	必须涂防锈漆
2. 木脚手板	尺寸缺陷	宽宜大于或等于 200mm,厚度不应小于 50mm。不得开裂、腐朽或有接疤

5.8.3　扣件式钢管脚手架的构造要求

1. 脚手架几何尺寸

扣件式脚手架的几何尺寸包括步距（h）、横距（I_b）、纵距（I_a）、连墙件的竖向间距（H_1）及水平间距（L_1）、脚手架的搭设高度（H）等。

脚手架几何尺寸确定应满足以下要求：

（1）使用要求：脚手架的横距应满足施工工人操作及材料的供应、堆放等要求。

（2）安全要求：脚手架的几何尺寸是影响脚手架承载能力的主要因素，当改变横距、步距、跨距及连墙件的间距时，脚手架的承载能力将发生变化。为此，脚手架几何尺寸应按使用要求、搭设高度进行初选，然后根据后面介绍的设计计算方法进行计算确定。

（3）经济要求：在满足以上使用、安全要求的条件下，应尽量节省钢管、扣件的用量，如当建筑物很高时，可对落地式脚手架的不同搭设尺寸进行多方案比较，也可对落地脚手架和分段悬挑脚手架进行比较等。

（4）表 5-13、表 5-14 给出的常用敞开式双、单排脚手架几何尺寸，可供初选参考。

表 5-13　常用敞开式双排脚手架的几何尺寸　　　　　　　　（单位：m）

连墙杆设置	立杆横距 l_b	步距 h	下列荷载时的立杆纵距 l_a				脚手架允许搭设高度 H
			2+4×0.35 /(kN/m²)	2+2+4×0.35 /(kN/m²)	3+4×0.35 /(kN/m²)	3+2+4×0.35 /(kN/m²)	
二步三跨	1.05	1.20~1.35	2.0	1.8	1.5	1.5	50
		1.8	2.0	1.8	1.5	1.5	50
	1.30	1.20~1.35	1.8	1.5	1.5	1.5	50
		1.8	1.8	1.5	1.5	1.2	50
	1.55	1.20~1.35	1.8	1.5	1.5	1.5	50
		1.8	1.8	1.5	1.5	1.2	37
三步三跨	1.05	1.20~1.35	2.0	1.8	1.5	1.5	50
		1.8	1.8	1.5	1.5	1.5	34
	1.30	1.20~1.35	1.8	1.5	1.5	1.5	50
		1.8	1.8	1.5	1.5	1.2	30

注：1. 表中所示 2+2+4×0.35（kN/m²），包括下列荷载：2+2（kN/m²）是二层装修作业层施工荷载；4×0.35（kN/m²）包括二层作业脚手板，另两层为每隔 12m 按构造要求（非作业）满铺的脚手板的重量。

2. 作业层横向水平杆间距，应按不大于 $l_a/2$ 设置。

表 5-14　常用敞开式单排脚手架的几何尺寸　　　　　　　　（单位：m）

连墙杆设置	立杆横距 l_b	步距 h	下列荷载时的立杆纵距 l_a		脚手架允许搭设高度 H
			2+2×0.35 /(kN/m²)	3+2×0.35 /(kN/m²)	
二步三跨 三步三跨	1.2	1.20~1.35	2.0	1.8	24
		1.8	2.0	1.8	24
	1.4	1.20~1.35	1.8	1.5	24
		1.8	1.8	1.5	24

应该指出，脚手架的几何尺寸是根据满足使用安全和经济要求，经过设计计算最后确定的。因此脚手架的搭设应该严格按照设计尺寸和有关构造、施工等要求进行，不容许搭设时随意加大或减小几何尺寸和减少构件。当现场遇到实际条件未能实施设计要求或脚手架的受力构件（立杆、水平杆、连墙件等）设置按设计要求有困难、荷载超重等情况，应按实际情况重新验算，以确保安全。

2. 纵向水平杆（大横杆）

纵向水平杆构造要满足下列要求：

（1）纵向水平杆宜设置在立杆内侧，其长度不宜小于 3 跨。

（2）纵向水平杆接长宜采用对接扣件连接，也可采用搭接。对接、搭接应符合下列规定：

1）纵向水平杆的对接扣件应交错布置：两根相邻纵向水平杆的接头不宜设置在同步或同跨内；不同步或不同跨两个相邻接头在水平方向错开的距离不应小于 500mm；各接头中心至最近主节点的距离不宜大于纵距的 1/3。

2）搭接长度不应小于 1m，应等间距设置 3 个旋转扣件固定，端部扣件盖板边缘至搭接纵向水平杆杆端的距离不应小于 100mm。

3）当使用冲压钢脚手板、木脚手板、竹串片脚手板时，纵向水平杆应作为横向水平杆的支座，用直角扣件固定在立杆上；当使用竹笆脚手板时，纵向水平杆应采用直角扣件固定在横向水平杆上，并应等间距设置，间距不应大于 400mm。

3. 横向水平杆（小横杆）

横向水平杆的构造要遵守下列规定：

（1）主节点处必须设置一根横向水平杆，用直角扣件扣接且严禁拆除。此条为强制性条文，必须严格执行。

（2）作业层上非主节点处的横向水平杆，宜根据支承脚手板的需要等间距设置，最大间距不应大于纵距的 1/2。

（3）当使用冲压钢脚手板、木脚手板、竹串片脚手板时，双排脚手架的横向水平杆两端均采用直角扣件固定在纵向水平杆上；单排脚手架的横向水平杆的一端，应用直角扣件固定在纵向水平杆上，另一端应插入墙内，插入长度不应小于 180mm。

（4）使用竹笆脚手板时，双排脚手架的横向水平杆两端，应用直角扣件固定在立杆上；单排脚手架的横向水平杆的一端，应用直角扣件固定在立杆上，另一端应插入墙内，插入长度亦不小于 180mm。

4. 脚手板

脚手板的设置应符合下列规定：

（1）作业层脚手板应铺满、铺稳，离开墙面 120~150mm。

（2）冲压钢脚手板、木脚手板、竹串片脚手板等，应设置在三根横向水平杆上。当脚手板长度小于 2m 时，可采用两根横向水平杆支承，但应将脚手板两端与其可靠固定，严防倾斜，此三种脚手板的铺设可采用对接平铺，也可采用搭接铺设。脚手板对接平铺时，接头处必须设两根横向水平杆，脚手板外伸长应取 130~150mm，两块脚手板外伸长度的和不应大于 300mm；脚手板搭接铺设时，接头必须支在横向水平杆上，搭接长度不应大于 200mm，其伸出横向水平杆的长度不应小于 100mm。

（3）竹笆脚手板应按其主竹筋垂直于纵向水平杆方向铺设，且采用对接平铺，四角应用直径 1.2mm 的镀锌钢丝固定在纵向水平杆上。

（4）作业层端部脚手板探头长度应取 150mm，其板长两端均应与支承杆可靠地固定。

5. 立杆构造规定

（1）每根立杆底部应设置底座，底座下设置木垫板。木垫板的厚度应为 5cm。

（2）脚手架必须设置纵，横向扫地杆。纵向扫地杆应采用直角扣件固定在距底座上皮不大于 200mm 处的立杆上。横向扫地杆也应采用直角扣件固定在紧靠纵向扫地杆下方的立杆上。当立杆基础不在同一高度上时，必须将高处的纵向扫地杆向低处延长两跨与立杆固定，高低差不应大于 1m。靠边坡上方的立杆轴线到边坡的距离不应小于 500mm。

（3）脚手架底层步距不应大于 2m。

（4）立杆必须用连墙件与建筑物可靠连接，连墙件布置间距宜按表 5-15 采用。

表 5-15　连墙件布置最大间距

脚手架高度/m		竖向间距(h)/m	水平间距(l_a)/m	每根连墙件覆盖面积/m²
双排	≤50m	3h	3l_a	≤40
	>50m	3h	3l_a	≤27
单排	≤24m	2h	3l_a	≤40

注：h—步距；l_a—纵距。

（5）立杆接长除顶层顶步外，其余各层各步接头必须采用对接扣件连接。

（6）立杆顶端宜高出女儿墙上皮 1m，高出檐口上皮 1.5m。

（7）双管立杆中副立杆的高度不应低于 3 步，钢管长度不应小于 6m。

6. 连墙件

（1）连墙件设置的数量除应满足立杆稳定要求（与立杆稳定计算有关）、连墙件的受力要求（连墙件的计算）外，尚应符合有关规定。

（2）连墙件的布置应符合下列规定：

1）连墙件应均匀布置且宜靠近主节点，偏离主节点的距离不应大于 300mm。

2）应从底层第一步纵向水平杆处开始设置，当该处设置有困难时，应采用其他可靠措施固定。

3）宜优先采用菱形布置，也可采用方形、矩形布置。

4）一字形、开口形脚手架的两端必须设置连墙件，连墙件的垂直间距不应大于建筑物的层高，并不应大于 4m（2 步）。

（3）对高度在 24m 以下的双排脚手架，宜采用刚性连墙件与建筑物可靠连接，也可采用拉筋和顶撑配合使用的附墙连接方式。严禁使用仅有拉筋的柔性连墙件。

（4）对高度 24m 以上的单、双排脚手架，必须采用刚性连墙件与建筑物可靠连接。

（5）连墙件的构造应符合下列规定：

1）连墙件中的连墙杆或拉筋宜呈水平设置，当不能水平设置时，与脚手架连接的一端应下斜连接，不应采用上斜连接。

2）连墙件必须采用可承受拉力和压力的构造。

（6）当脚手架下部暂不能设连墙件时可搭设临时抛撑。抛撑应采用通长杆件与脚手架可靠连接，与地面的倾角应在 45°~60°；连接点中心至主节点的距离不应大于 300mm，抛撑应在连墙件搭设后方可拆除。

（7）架高超过 40m 且有涡流作用时，应采取抗上升翻流作用的连墙措施。

7. 剪刀撑与横向斜撑

（1）双排脚手架应设剪刀撑与横向斜撑，单排脚手架应设剪刀撑。

（2）剪刀撑的设置应符合下列规定：

1）每道剪刀撑跨越立杆的根数宜按表 5-16 的规定确定。每道剪刀撑宽度不应小于 4 跨，且不宜小于 6m，斜杆与地面的倾角宜在 45°~60°之间。

表 5-16　剪刀撑跨越立杆的最多根数

剪刀撑斜杆与地面的倾角 α	45°	50°	60°
剪刀撑跨越立杆的最多根数 n	7	6	5

2）高度在 24m 以下的单、双排脚手架，均必须在外侧立面的两端各设置一道剪刀撑，并应由底至顶连续设置，中间每道剪刀撑的净距不应大于 15m。

3）高度在 24m 以上的双排脚手架应在外侧立面整个长度和高度上连续设置剪刀撑。

4）剪刀撑斜杆的接长宜采用搭接，搭接要求同纵向水平杆。

5）剪刀撑斜杆应用旋转扣件固定在与之相交的横向水平杆的伸出端或立杆上，旋转扣件中心线至主节点的距离不宜大于 150mm。

（3）横向斜撑的设置应符合下列规定：

1）横向斜撑应在同一节间，由底至顶层呈之字形连续布置。

2）一字形、开口形双排脚手架的两端均必须设置横向斜撑。

3）高度在 24m 以下的封闭形脚手架，可不设横向斜撑，高度在 24m 以上的封闭形脚手架除拐角应设置横向斜撑外，中间应每隔 6 跨设置一道。

8. 斜道

（1）人行并兼作材料运输的斜道的形式宜按下列要求确定：

1）高度不大于 6m 的脚手架，宜采用一字形斜道。

2）高度大于 6m 的脚手架，宜采用之字形斜道。

（2）斜道的构造应符合下列规定：

1）斜道宜附着外脚手架或建筑物设置。

2）运料斜道宽度不宜小于 1.5m，坡度宜采用 16°；人行斜道宽度不宜小于 1m，坡度宜采用 33°。

3）拐弯处应设置平台，其宽度不应小于斜道宽度。

4）斜道两侧及平台外围均应设置栏杆及挡脚板。栏杆高度应为 1.2m，挡脚板高度不应小于 180mm。

5）运料斜道两侧、平台外围和端部均应按有关要求，设置连墙件、剪刀撑和横向斜撑，且每两步应加设水平斜杆。

（3）斜道脚手板构造应符合下列规定：

1）脚手板横铺时，应在横向水平杆下增设纵向支托杆，纵向支托杆间距不应大于 500mm。

2）脚手板顺铺时，接头采用搭接，下面的板头应压住上面的板头，板头的凸棱处宜采用三角木填顺。

3）人行斜道和运料斜道的脚手板上应每隔 250~300mm 设置一根防滑木条，木条厚度宜为 20~30mm。

5.8.4　扣件式钢管脚手架的搭设、使用与拆除

脚手架的搭设与拆除应严格执行《建筑施工扣件式钢管脚手架安全技术规范》（JGJ 130）的规定，这里仅重点强调以下几个问题：

（1）搭设前的准备工作：

1）脚手架搭设前应具备必要的技术文件，如脚手架的施工简图（平面布置、几何尺寸要求）、连墙件构造要求、立杆基础、地基处理要求等。应由单位工程负责人按施工组织设计中有关脚手架的要求向搭设工人和施工人员进行技术交底。

2）对钢管、扣件、脚手板等构（配）件应按有关要求进行质量检查验收，对不合格产品一律不得使用。

3）对脚手架的搭设场地要进行清理、平整，并使排水畅通。对高层脚手架或荷载较大而场地土软弱时的脚手架还应按设计要求对场地土进行加固处理，如原土夯实、加设垫层（碎石或素混凝土）等。

（2）搭设过程中的注意事项：

1）脚手架必须配合施工进度搭设，一次搭设高度不应超过相邻连墙件以上两步。

2）严禁外径 48mm 与 51mm 的钢管混合使用。

3）扣件螺栓拧紧扭力矩不应小于 $40N \cdot m$，且不应大于 $65N \cdot m$。

4）立杆，纵、横向水平杆，连墙件等的搭设必须符合构造要求。

（3）脚手架使用过程中的管理：脚手架使用过程中应分阶段、定期对其进行质量检查，特别要注意连墙件是否漏设或被拆除而未补设，脚手架是否超载，立杆是否悬空，基础沉降情况如何等。

（4）确保施工安全：为确保施工安全，必须切实做好对脚手架的安全管理，以避免造成人员伤亡和重大经济损失的安全事故。

第6章 建设工程其他安全生产技术

6.1 高处作业

6.1.1 高处作业的基本要求

1. 概述

（1）高处作业的定义：按照国家标准规定："凡在坠落高度基准面 2m 以上（含 2m）有可能坠落的高处进行的作业均称为高处作业。"其含义有二：一是相对概念，可能坠落的底面高度大于或等于 2m；也就是说不论在单层、多层或高层建筑物作业，即使是在平地，只要作业处的侧面有可能导致人员坠落的坑、井、洞或空间，其高度达到 2m 及其以上，就属于高处作业。二是高低差距标准定为 2m，因为一般情况下，当人在 2m 以上的高度坠落时，就很可能会造成重伤、残疾或死亡。因此，对高处作业的安全技术措施在开工以前就须特别留意以下有关事项：

1）技术措施及所需料具要完整地列入施工计划。

2）进行技术教育和现场技术交底。

3）所有安全标志、工具和设备等在施工前逐一检查。

4）做好对高处作业人员的培训考核。

5）安全施工高处作业防护的费用等。

（2）高处作业的级别：高处作业的级别可分为四级，即高处作业在 2~5m 时，为一级高处作业；在 5~15m 时，为二级高处作业；在 15~30m 时，为三级高处作业；在大于 30m 时，为特级高处作业。高处作业又分为一般高处作业和特殊高处作业，其中特殊高处作业又分为如下 8 类：

1）在阵风风力六级（风速 10.8m/s）以上的情况下进行的高处作业，称为强风高处作业。

2）在高温或低温环境下进行的高处作业，称为异温高处作业。

3）降雪时进行的高处作业，称为雪天高处作业。

4）降雨时进行的高处作业，称为雨天高处作业。

5）室外完全采用人工照明时进行的高处作业，称为夜间高处作业。

6）在接近或接触带电体条件下进行的高处作业，称为带电高处作业。

7）在无立足点或无牢靠立足点的条件下进行的高处作业，称为悬空高处作业。

8）对突然发生的各种灾害事故进行抢救的高处作业，称为抢救高处作业，我们平时说的一般高处作业是指除特殊高处作业以外的高处作业。

（3）高处作业的标记：高处作业的分级以级别、类别和种类作标记。一般高处作业作标记时，须写明级别和种类；特殊高处作业作标记时，须写明级别和类别。

2. 一般要求

（1）凡是进行高处作业施工的，应使用脚手架、平台、梯子、防护围栏、挡脚板、安全带和安全网等。作业前应认真检查所用的安全设施是否牢固可靠。

（2）凡从事高处作业的人员应接受高处作业安全知识的教育；特种高处作业人员应持证上岗，上岗前应依据有关规定进行专门的安全技术交底。采用新工艺、新技术、新材料和新设备的，应按规定对作业人员进行相关安全技术教育。

（3）高处作业人员应经过体检合格后方可上岗。施工单位应为作业人员提供合格的安全帽、安全带等必备的个人安全防护用具，作业人员应按规定正确佩戴和使用。

（4）施工单位应按类别、有针对性地将各类安全警示标志悬挂于施工现场各相应部位，夜间应设红灯示警。

（5）高处作业所用工具、材料严禁投掷，上下立体交叉作业确有需要时，中间须设隔离设施。

（6）高处作业应设置可靠扶梯，作业人员应沿着扶梯上下，不得沿着立杆与栏杆攀登。

（7）在雨雪天应采取防滑措施，当风速在 10.8m/s 以上和雷电、暴雨、大雾等气象下，不得进行露天高处作业。

（8）高处作业应设置联系信号或通信装置，并指定专人负责。

（9）高处作业前，工程项目应组织有关部门对安全防护设施进行验收，经验收合格签字后方可作业。需要临时拆除或变动安全设施的，应经项目分管负责人审批签字，并组织有关部门验收，经验收合格签字后方可实施。

（10）发现安全措施有隐患时，做到"及时"解决，必要时停止作业。

（11）遇到各种恶劣天气时，必须对各类安全措施进行检查、校正、修理并使之完善。

（12）须有高处作业重大危险源识别和控制清单，有具体的措施方案，并请专人监控记录。

6.1.2　高处作业的安全重点及安全措施

1. 临边作业与洞口作业

在建设工程施工中，施工人员长时间在未完成的建筑物的各层、各部位或构件的边缘或洞口处作业，时间久了，如习以为常不加注意，往往容易发生各种事故。边缘地带，有的是一条边线，有的是环绕一个洞口，这种状态称为临边、洞口。临边与洞口的安全施工一般须注意四个问题：

1）临边与洞口处在施工过程中是极易发生坠落事故的场合。

2）必须明确哪些场合属于规定的临边与洞口，哪些地方不得缺少安全防护设施。

3）必须严格遵守防护规定。

4）重大危险源控制措施和方案。

（1）临边作业：在施工现场，当高处作业中工作面的边沿没有防护设施，但围护设施的高度低于 80cm 时，这类作业称为临边作业。例如在沟、坑、槽边、深基础周边、楼层周边梯段侧边、平台或阳台边、屋面周边等处施工，还有挖坑、挖地沟、挖地槽的地面工程，这些都称为临边施工。在进行临边作业时设置的安全防护设施主要为防护栏杆和安全网。

1）防护栏杆：这类防护设施形式和构造较简单，所用材料为施工现场所常用，不需专门采购，可节省费用，更重要的是效果较好。以下三种情况必须设置防护栏杆：

① 基坑周边，尚未安装栏板的阳台、料台与各种平台周边，雨篷与挑檐边，无外脚手

架的屋面和楼层边，以及水箱与水塔周边等处，都必须设置防护栏杆。

②　分层施工的楼梯口和梯段边，必须安装临边防护栏杆；顶层楼梯口应随工程结构的进度安装正式栏杆或者临时栏杆；梯段旁边亦应设置两道扶手，作为临时护栏。

③　垂直运输设备如井架、施工用电梯等与建筑物相连接的通道两侧边，亦需加设防护栏杆。栏杆的下部还必须加设挡脚板、挡脚竹笆或者金属网片。

2）防护栏杆的选材和构造要求：临边防护用的栏杆是由栏杆柱和上下两道横杆组成，上横杆称为扶手，栏杆的材料应按规范标准的要求选择，选材时除需满足力学条件外，其规格尺寸和连接方式还应符合构造上的要求，应紧密而不动摇，能够承受可能的突然冲击或阻挡人员在可能状态下的下跌和防止物料的坠落，须有一定的耐久性。

3）搭设临边防护栏杆时：

①　上杆离地高度为 1.0~1.2m，下杆离地高度为 0.5~0.6m，坡度大于 1∶2.2 的屋面，防护栏杆应高于 1.5m，并加挂安全立网。除经设计计算外，横杆长度大于 2m，必须加设栏杆柱。

②　栏杆柱的固定应符合下列要求：a. 当在基坑四周固定时，可采用钢管并打入地面 50~70cm，钢管离边口的距离不应小于 50cm。当基坑周边采用板桩时，钢管可打在板桩外侧；b. 当在混凝土楼面、屋面或墙面固定时，可用预埋件与钢管或钢筋焊牢，采用竹木栏杆时，可在预埋件上焊接 30cm 长的 L50×5 角钢，其上下各钻一孔，然后用 10mm 螺栓与竹、木杆件拴牢；c. 砖或砌块等砌体上固定时，可预先砌入规格相适应的带有 80×6 弯转扁钢做预埋件的混凝土块，然后用上述方法固定。

③　栏杆柱的固定及与横杆的连接，其整体构造应使防护栏杆在上杆任何处，能经受任何方向的 1KN 外力。当栏杆所处位置发生人群拥挤、车辆冲击或物件碰撞等可能时，应加大横杆截面或加密柱距。

④　防护栏杆必须自上而下用安全立网封闭。

这些要求既是根据实践又是根据计算而得出的，如栏杆上杆的高度，是从人体受到冲击后，冲向横杆时要防止重心高于横杆，导致从杆上翻出去考虑的，栏杆的受力强度应能防止受到高个人员突然冲击时而不受损坏；栏杆柱的固定须使它在受到可能出现的最大冲击时，不致被冲倒或拉出。

4）防护栏杆的计算：临边作业防护栏杆主要用于防止人员坠落，能够经受一定的撞击或冲击，在受力性能上耐受 1kN 的外力，所以除结构构造上应符合规定外，还应经过一定的计算，方能确保安全。此项计算应纳入施工组织设计。

（2）洞口作业：施工现场往往存在各式各样的洞口，在洞口旁的高处作业称为洞口作业。在水平方向的楼面、屋面、平台等上面边长小于 25cm 的称为孔，但也必须覆盖；等于或大于 25cm 称为洞。在垂直于楼面、地面的垂直面上，则高度小于 75cm 的称为孔，高度等于或大于 75cm、宽度大于 45cm 的均称为洞。凡深度在 2m 及 2m 以上的桩孔、人孔，沟槽与管道等孔洞边沿上的高处作业都属于洞口作业范围。如因特殊工序需要而产生使人与物有坠落危险及危及人身安全的各种洞口，都应该按洞口作业加以防护。

1）洞口作业的防护措施主要有设置防护栏杆、栅门、格栅及架设安全网等多种方式。不同情况下的防护设施主要有：

①　各种板与墙的洞口，按其大小和性质分别设置牢固的盖板、防护栏杆、安全网或其

他防坠落的防护设施。

② 电梯井口，根据具体情况设防护栏或固定栅门与工具式栅门，电梯井内每隔两层或最多 10m 设一道安全平网，也可以按当地习惯，在电梯井口设固定的格栅或采取砌筑坚实的矮墙等措施。

③ 钢管桩、钻孔桩等桩孔口，柱形、条形等基础上口，未填土的坑、槽口，以及天窗、地板门和化粪池等处，都要作为洞口而设置稳固的盖件。

④ 在施工现场与场地通道附近的各类洞口与深度在 2m 以上的敞口等处除设置防护设施与安全标志外，夜间还应设红灯示警。

⑤ 物料提升机上料口，应装设有联锁装置的安全门，同时采用断绳保护装置或安全停靠装置；通道口走道板应满铺并固定牢靠，两侧边应设置符合要求的防护栏杆和挡物板，并用密目式安全网封闭两侧。

⑥ 必须有专人监控的责任牌。

2）洞口作业时应根据具体情况采取设置防护栏杆，加盖件、张挂安全网与装栅门等措施时，必须符合下列要求：

① 楼板面的洞口，可用竹、木等作盖板，盖住洞口。盖板须能保持四周搁置均衡，并有固定其位置的措施。

② 边长为 50~150cm 的洞口，必须设置以扣件扣接钢管而成的网格，并在其上满铺竹笆或脚手板。也可采用贯穿于混凝土板内的钢筋构成防护网，钢筋网格间距不得大于 20cm。

③ 边长在 150cm 以上的洞口，四周设防护栏杆，洞口下张设安全网。

④ 墙面等处的竖向洞口，凡落地的洞口应加装开关式、工具式或固定式的防护门，门栅网格的间距不应大于 15cm，也可采用防护栏杆，下设挡脚板（笆）。

⑤ 下边沿至楼板或底面低于 80cm 的窗台等竖向的洞口，如侧边落差大于 2m 时，应加设 1.2m 高的临时护栏。

3）洞口防护的构造形式一般可分为三类：

① 洞口防护栏杆，通常采用钢管。

② 利用混凝土楼板，采用钢筋网片或利用结构钢筋或加密的钢筋网片等。

③ 垂直向的电梯井口与洞口，可设木栏门、铁栅门与各种开启式或固定式的防护门。防护栏杆的力学计算和防护设施的构造形式应符合规范要求。

2. 攀登与悬空作业

（1）攀登作业：在施工现场，凡借助于登高用具或登高设施，在攀登条件下进行的高处作业，称之为攀登作业。攀登作业极易发生危险，因此在施工过程中，各类人员都应在规定的通道内行走，不允许在阳台间与非正规通道作登高或跨越，也不能利用臂架或脚手架杆件与施工设备进行攀登。

1）登高用梯的使用要求：攀登作业必须使用的工具有各种梯子，不同类型的梯子都有国家标准及规定和要求，如角度、斜度、宽度、高度，连接措施、拉攀措施和受力性能等。供人上下的踏板，其负荷能力即使用荷载，现规定为 1kN，是以人及衣物的总重量作为 750N 乘以动荷载安全系数 1.5 而定的，这样就等同于规定了过于胖重的人不宜攀登作业。对梯子的要求主要是：

① 不得有缺档，因其极易导致失足，尤其对过重或较弱人员危险性更大。

② 梯脚底部除须坚固外，还须采取包紧、钉胶皮、锚固或夹牢等措施，以防滑跌倾倒。

③ 接长时，接头只允许有一处，且连接后梯梁强度不变。

④ 常用固定式直爬梯的材料，宽度、高度及构造等许多方面，标准都有具体规定，不得违反。

⑤ 上下梯子时，必须面向梯子，且不得手持器物。

另外，移动式梯子种类甚多，使用也最频繁，往往随手搬用，不加细察。因此，除新梯在使用前须按照现行的国家标准进行质量验收外，还须经常性地进行检查和检修。

2) 钢结构安装用登高设施的防护要求：钢结构吊装和安装时操作工人需要登高上下，除人身的安全防护用品必须按规定佩戴齐全外，对不同的结构构件的施工，有着不同的安全防护措施。一般的有以下几种：

① 钢柱安装登高时，应使用钢柱挂梯或设置在钢柱上的爬梯；钢柱的接长应使用梯子或操作平台。

② 登高安装钢梁时，应视钢梁高度，在两端设置挂梯或搭设脚手架。梁面上需行走时，某一侧的临时护栏，横杆可采用钢索。当改用扶手绳时，绳的自然下垂度不应大于 $L/20$，并应控制在 10cm 以内。

③ 在钢屋架上下弦登高作业时，对于三角形屋架的屋脊处，梯形屋架的两端，设置攀登时上下用的梯架，其材料可选用毛竹或原木，踏步间距不少于 40cm，毛竹梢径不少于 70cm。屋架吊装以前，应事先在上弦处设置防护栏杆，下弦挂设安全网，吊装完毕后，即将安全网铺设固定。

④ 钢屋架安装过程中须设置生命保护绳，操作人员可悬挂安全带。

（2）悬空作业：在周边临空状态下，无立足点或无牢固可靠立足点的条件下进行的高处作业，称为悬空作业，主要指的是建筑安装工程施工现场内，从事建筑物和构筑物结构主体和相关装修施工的悬空操作。这所指的不包括机械设备上如起重机上的操作人员。主要有以下六大类施工作业：构件吊装与管道安装、模板支撑与拆卸、钢筋绑扎和安装钢骨架、混凝土浇筑、预应力现场张拉、门窗作业等。

1) 构件吊装与管道安装：钢结构吊装前尽可能先在地面上组装构件，尽量避免或减少在悬空状态下进行作业，同时还要预先搭好在高处要进行的临时固定、电焊、高强度螺栓联接等工序的安全防护设施，并随构件同时起吊就位。对拆卸时的安全措施，也应该一并考虑并予以落实。

预应力钢筋混凝土屋架等大型构件，在吊装之前，也应搭设好进行悬空作业所需的安全设施。

安装管道时，可以结构或操作平台为立足点。安装时在管道上站立和行走是十分危险的，它并没有承载施工人员重量的能力，稍不留意就会发生危险，所以要严格禁止在管道上行走、站立或停靠。

2) 模板支撑和拆卸：模板未固定前不得进行下一道工序，严禁在连接件和支撑上攀登上下，并严禁在上下同一垂直面上装拆模板；支设悬挑形式的模板时应有稳固的立足点，支设临空构筑物模板时应搭设支架或脚手架；模板上留有预留洞时应在安装后将洞口覆盖，拆模的高处作业应配置登高用具或搭设支架。

3）钢筋绑扎和安装钢筋骨架：进行钢筋绑扎和安装钢筋骨架的高处作业，都要搭设操作用平台和挂安全网，为悬空的混凝土梁作钢筋绑扎时，作业人员等应站在脚手架或操作平台上进行操作。绑扎柱和墙的钢筋时，不能在钢筋骨架上站立或攀登上下。绑扎 3.5m 以上的柱钢筋，还须在柱的周围搭设操作用的台架。

4）混凝土浇筑：混凝土浇筑时的悬空作业，必须严格遵守规范要求：

① 浇筑离地面高度 2m 以上的框架、过梁、雨篷和小平台等，需搭设操作平台，操作人员不能站在模板上或支撑杆件上操作。

② 浇筑拱形结构，要从结构两边的端部对称地相向进行。浇筑储仓，要将下口先封闭，然后搭设脚手架以防人员坠落。

③ 特殊情况下如无可靠的安全设施，必须系好安全带并扣好保险钩或架设安全网。

5）预应力张拉：在进行预应力张拉的悬空作业时，应搭设站立操作人员和设置张拉设备用的牢固可靠的脚手架或操作平台。如果雨天张拉时，还应架设防雨篷、对预应力张拉区域应标示明显的安全标志，禁止非操作人员进入，张拉钢筋的两端必须设置挡板，挡板要求必须符合相关规范的规定。孔道灌浆应按预应力张拉安全的有关规定进行。

6）悬空门窗作业：安装门、窗，油漆及安装玻璃时，操作人员不得站在樘子或阳台栏板上作业。当门、窗临时固定、封填材料尚未达到其应有强度时，不准手拉门、窗进行攀登。另外，安装外墙门、窗，作业人员一定要先行系好安全带，将安全带钩挂在操作人员上方牢固的物体上，并设专门人员加以监护，以防脱钩酿成事故。

对于悬空作业所使用的安全带挂钩、吊索、卡环和绳夹等必须符合相应规范的规定和要求。所有索具、脚手板、吊篮、平台等设备，也都须检查其试验、鉴定合格证书，不可疏忽。

3. 操作平台与交叉作业

（1）操作平台：在施工现场常搭设各种临时性的操作台或操作架，进行各种砌筑、装修和粉刷等作业，一般来说，可在一定工期内用于承载物料，并在其中进行各种操作的构架式平台，称之为操作平台。操作平台制作前都要由专业技术人员按所用的材料，依照现行的相应规范进行设计，计算书或图纸要编入施工组织设计，要在操作平台上显著位置标明它所允许的荷载值。使用时，操作人员和物料总重量不得超过设计的允许荷载，且要配备专人监护。操作平台应具有必要的强度和稳定性，使用过程中不得晃动。操作平台有移动式操作平台和悬挑式钢平台两种。

1）移动式操作平台。移动式操作平台具有独立的机构，可以搬移。常用于构件施工，装修工程和水电安装等作业。移动式操作平台的构造一般采用梁板结构的形式。以直径48mm、壁厚 3.5m 的脚手架钢管用扣件相扣接进行制作，这种搭设方法较为方便，也可采用门架式钢管脚手架或承插式钢管脚手架的部件，按其使用要求进行组装。平台的次梁间距应不大于 400mm。台面应满铺，如用木板，要固定，使其不松动，板厚度应不小于 30mm。操作平台的面积不应超过 $10m^2$，高度不应超过 5m，还应进行稳定验算，并采取措施减少立柱的长细比。操作平台四周必须按临边作业要求设置防护栏杆，配置登高扶梯，不允许攀登杆件上下。对于装设轮子的移动操作平台，轮子与平台的接合处应牢固可靠，立柱底端离地面不得超过 80mm。

2）悬挑式钢平台：

① 悬挑式操作平台，通常的要求极为严格。按钢，木梁板结构做出相应的设计计算。它采用木板、槽钢以螺栓固定，以钢丝绳作吊索，可以就地取材。它是一种能整体搬运、使用时一边搁置于楼层边沿而另一头吊挂在结构上的悬挑式平台，可用于接送物料和转运模板等构件，通常为钢制构架。

a. 悬挑式操作平台的设计应符合相应的结构设计规范。

b. 悬挑式钢平台的两边，应各设两道钢丝绳或斜拉杆，两道中的每一道，都应分别作单独受力计算。

c. 悬挑式钢平台的搁置点和上端拉结点，都必须位于建筑物的结构上，不得设于施工设施上。

d. 人员和物料总重量，不能超过设计的容许载荷，此项容许荷载值必须在平台的显著位置加以明示。

② 悬挑式钢平台，制作虽有所不同，但其构造大多采用梁板的形式。由于是悬挑结构，无立柱支撑，一边搁置于建筑物楼层边沿，平台的受荷较大，故不用钢管而采用型钢作次梁和柱梁，较小的用角钢及槽钢，较大的则用工字钢和槽钢，须铺满 5cm 厚的木板。

3）制作钢平台时，吊点上需设置四个经过验算合格的吊环。吊运平台的钢丝绳与吊环之间要使用卡环连接，不得将吊钩直接挂吊环。吊环用 Q235 钢制作。钢平台两侧，还要按规定设置固定的防护栏杆。钢平台设计时应考虑装拆容易。安装好的悬挑钢平台，钢丝绳应采用专用的挂钩挂牢。如果采用其他方法，卡头的卡子不可少于 3 个。吊装后，须待横梁支撑点搁稳再电焊固定，钢丝绳接好，调整完毕并经过检查验收，方可松卸起重吊钩供上下操作使用。钢平台外口应略高于内口，不可向外下倾。

（2）交叉作业：在施工现场上下不同层次同时进行的高处作业，称为交叉作业。上下立体交叉作业中极易造成坠物伤人。因此，上下不同层次之间，往往上层做结构，下层做装修，结构施工常有重物吊装、堆放或运送。而装修则往往有人员在操作或走动，有时相当频繁。所以前后左右方向必须有一段横向的安全隔离距离，此距离应该大于可能的坠落半径。如果不能达到此安全间隔距离，就应该设置能防止坠落物伤害下方人员的防护层。交叉作业中各有关工种的安全措施，主要有以下几项：

1）支模、粉刷、砌墙等同时进行上下立体交叉施工时，任何时间、场合都不允许在同一垂直方向上操作。上下操作隔断的横向距离应大于上层高度的可能坠落半径。在设置安全隔离层时，它的防穿透能力应不小于安全平网的防护能力。

2）拆除钢模板、脚手架等时，下方不得有其他操作人员。钢模板部件拆除后，临时堆放处离楼层边沿不应小于 1m，堆放高度不得超过 1m。楼层边口、通道口、脚手架边缘等处，严禁堆放任何拆下来的物件。

3）结构施工自二层起，凡人员进出的通道口（包括井、梁、施工用电梯的进出通道口）都应搭设安全隔离棚或称防护棚。高度超过 24m 的交叉作业，应设双层防护。

4）通道口和上料口由于有可能坠落物件，或者其位置恰处于起重机吊臂回转半径之内，则应在其受影响的范围内搭设顶部能防止穿透的保护棚。

4. 安全帽、安全带、安全网

进入施工现场必须戴安全帽；登高作业必须戴安全带；在建建筑物四周必须用绿色的密目式安全网全封闭，这是多年来在建筑施工中对安全生产的规定。建筑工人称安全帽、安全带、安全网为救命"三宝"，这三种防护用品都有产品标准，在使用时，应选用符合建筑施工要求的产品。

6.2 施工机械设备安全生产技术

6.2.1 施工机械设备安全生产的基本要求

常用的施工机械设备

（1）土方机械：土方机械包括推土机、铲运机、装载机、挖掘机、压路机、平地机。

（2）桩工机械：

1）预制桩施工机械有四种：①蒸汽锤打桩机；②柴油锤打桩机；③振动锤打桩机；④静力压桩机。

2）灌注桩施工机械。

（3）混凝土机械：混凝土机械包括混凝土搅拌机、混凝土搅拌运输车、混凝土泵及泵车、混凝土振动器、混凝土布料机。

（4）钢筋机械：钢筋机械包括钢筋强化机械、钢筋加工机械、钢筋焊接机械、钢筋预应力机械。

（5）装修机械：装修机械包括灰浆制备机械、灰浆喷涂机械，涂料喷刷机械、地面修整机械、手持机具等。

（6）木工机械：木工机械按机械的加工性质和使用的刀具种类，大致可分为制材机械、细木工机械和附属机具三类。

（7）垂直运输机械：垂直运输机械包括塔式起重机、施工升降机、物料提升机。

（8）其他机械：其他机械包括蛙式打夯机、水泵。

6.2.2 施工机械设备安全生产的安全重点及安全措施

6.2.2.1 土方机械

1. 推土机的安全使用要点

（1）推土机在Ⅲ-Ⅳ级土或多石土壤地带作业时，应先进行爆破或用松土器翻松。在沼泽地带作业时，应使用有湿地专用履带板的推土机。

（2）不得用推土机推石灰、烟灰等粉尘物料和用作碾碎石块的工作。

（3）牵引其他机械设备时，应有专人负责指挥，钢丝绳的连接应牢固可靠，在坡道上或长距离牵引时，应采用牵引杆连接。

（4）填沟作业驶近边坡时，铲刀不得越出边缘；后退时，应先换挡，方可提升铲刀进行倒车。

（5）在深沟、基坑或陡坡地区作业时，应有专人指挥，其垂直边坡深度一般不超过2m，否则应放出安全边坡。

（6）推土机上下坡应用低速挡行驶，上坡不得换挡，下坡不得脱挡滑行。下陡坡时可将铲刀放下接触地面，并倒车行驶。横向行驶的坡度不得超过10°，如需在陡坡上推土时应先进行挖填，使机身保持平衡，方可作业。

（7）推房屋的围墙或旧房墙面时，其高度一般不超过2.5m，严禁推带有钢筋或与地基基础连接的混凝土桩等建筑物。

（8）在电杆附近推土时，应保持一定的土堆，其大小可根据电杆结构、土质、埋入深度等情况确定。用推土机推倒树干时，应注意树干倒向和高空架物。

（9）两台以上推土机在同一地区作业时，前后距离应大于 8m，左右相距应大于 1.5m。

2. 铲运机的安全使用要点

（1）作业前应检查钢丝绳、轮胎气压、铲土斗及卸土扳回位弹簧、拖杆方向接头、撑架和固定钢丝绳部分以及各部滑轮等。液压式铲运机铲斗与拖拉机连接的叉座与牵引连接块应锁定，液压管路连接应可靠，确认正常后方可起动。

（2）作业中严禁任何人上、下机械，传递物件，以及在铲斗内或机架上坐、立。

（3）多台铲运机联合作业时，各铲运机之间前后距离不得小于 10m（铲土时不得小于 5m），左右距离不得小于 2m。行驶中，应遵守下坡让上坡、空载让重载、支线让干线的原则。

（4）铲运机上、下坡道时，应低速行驶，不得中途换挡，下坡时不得空挡滑行。行驶的横向坡度不得超过 6°，坡宽应大于机身 2m 以上。

（5）在新填筑的土堤上作业时，离堤坡边缘不得小于 1m，需要在斜坡横向作业时，应先将斜坡挖填，使机身保持平衡。

（6）在坡道上不得进行检修作业。在陡坡上严禁转弯、倒车或停车。在坡上熄火时，应将铲斗落地、制动牢靠后再行启动。下陡坡时，应将铲斗触地行驶，帮助制动。

（7）铲土时应直线行驶，助铲时应有助铲装置。助铲推土机应与铲运机密切配合，尽量做到平稳接触等速助铲，助铲时不得硬推。

3. 装载机的安全使用要点

（1）作业前应检查各部管路的密封性与制动器的可靠性，检视各仪表指示是否正常，轮胎气压是否符合规定。

（2）当操纵动臂与转斗达到需要位置后，应将操纵阀杆置于中间位置。

（3）装料时，铲斗应从正面铲料，严禁单边受力。卸料时，铲斗翻转、举臂应低速缓慢动作。

（4）不得将铲斗提升到最高位置运输物料。运输物料时，应保持动臂下铰点离地 400mm，以保证稳定行驶。

（5）无论铲装或挖掘，都要避免铲斗偏载。不得在收斗或半收斗而未举臂时就前进。铲斗装满后应举臂到距地面约 500mm 后，再后退、转向、卸料。

（6）行驶中，铲斗里不准载人。

（7）铲装物料时，前后车架要对正，铲斗以放平为好。如遇较大阻力或障碍物应立即放松油门，不得硬铲。

（8）在运送物料时，要用喇叭信号与车辆配合协调工作。

（9）装车间断时，不要将铲斗长时间悬空等待。

（10）铲斗举起后，铲斗、动臂下严禁有人。若维修时需举起铲斗，则必须用其他物体可靠地支持住动臂，以防万一。

（11）铲斗装有货物行驶时，铲斗应尽量放低，转向时速度应放慢，以防失稳。

4. 挖掘机的安全使用要点

（1）在挖掘作业前注意拔去防止上部平台回转的锁销，在行驶中则要注意插上锁销。

（2）作业前先空载提升、回转铲斗、观察转盘及液压马达有否不正常响声或颤动，制动是否灵敏有效，确认正常后方可工作。

（3）作业周围应无行人和障碍物，挖掘前先鸣笛并试挖数次，确认正常后方可开始作业。

（4）作业时，挖掘机应保持水平位置，将行走机构制动住。

（5）严禁挖掘机在未经爆破的五级以上岩石或冻土地区作业。

（6）作业中遇较大的坚硬石块或障碍物时，须经清除后方可开挖，不得用铲斗破碎石块和冻土，也不得用单边斗齿硬啃。

（7）挖掘悬崖时要采取防护措施，作业面不得留有散岩及松动的大石块，如发现有塌方的危险，应立即处理或将挖掘机撤离至安全地带。

（8）装车时，铲斗应尽量放低，不得撞碰汽车，在汽车未停稳或铲斗必须越过驾驶室而司机未离开前，不得装车。汽车装满后，要鸣喇叭通知驾驶员。

（9）作业时，必须待机身停稳后再挖土，不允许在斜坡上工作。当铲斗未离开作业面时，不得做回转、行走等动作。

（10）作业时，铲斗起落不得过猛，下落时不得冲击车架或履带。

（11）在作业或行走时，挖掘机严禁靠近输电线路，机体与架空输电线路必须保持安全距离。表6-1为架空线路与在用机械在最大弧度和最大风偏时，与其突出部分的安全距离。如不能保持安全距离，应待停电后方可工作。

表6-1　架空线路与在用机械在最大弧度和最大风偏时，与其突出部分的安全距离

线路电压/kV	广播通信	0.22~0.38	6.6~10.5	20~25	60~110	154	220
在最大弧垂时垂直距离/m	2.0	2.5	3	4	5	6	6
在最大风偏时水平距离/m	1.0	1.0	1.5	2	4	5	6

（12）挖掘机停放时要注意关断电源开关，禁止在斜坡上停放。操作人员离开驾驶室时，不论时间长短，必须将铲斗落地。

（13）作业完毕后，挖掘机应离开作业面，停放在平整坚实的场地上，将机身转正，铲斗落地，所用操纵杆放到空挡位置，制动各部制动器，及时进行清洁工作。

5. 压路机的安全使用要点

在建设工程中，压路机主要用来对公路、铁路、市政建设、机场跑道、堤坝等建筑物地基工程的压实作业，以提高土石方基础的强度，降低雨水的渗透性，保持基础稳定，防止沉陷，是基础工程和道路工程中不可缺少的施工机械。

压路机按其压实原理可分为静作用压路机、振动压路机。

（1）静作用压路机：静作用压路机是以其自身质量对被压实材料施加压力，消除材料颗粒间的间隙，排除空气和水分，以提高土壤的密实度、强度、承载能力和防渗透性等的压实机械，可用来压实路基、路面广场和其他各类工程的地基等。

（2）光轮压路机：自行式光轮压路机根据滚轮和轮轴数目，国产主要有两轮两轴式和三轮两轴式两种，这两种压路机除轮数不同外，其结构基本相同。

（3）羊脚压路机：羊脚压路机（通称羊脚碾）是在普通光轮压路机的碾轮上装置若干羊脚或凸块的压实机械，故也称凸块压路机。凸块（羊脚）有圆形、长方形和菱形等多种，它的高度与碾重和压实深度有关，凸块高度与碾轮之比一般为 1：8～1：5。除滚压轮外，羊脚压路机与光轮压路机的构造基本相同。

（4）轮胎压路机：轮胎压路机通过多个特制的充气轮胎来压实铺层材料。由于具有接触面积大，压实效果好等特点，因而广泛应用于压实各类建筑基础、路面、路基和沥青混凝土路面。

（5）振动压路机：振动压路机利用自身质量和振动作用对压实材料施加静压力和振动压力，振动压力给予压实材料连续高频振动冲击波，使压实材料颗粒产生加速运动，颗粒间内摩擦力大大降低，小颗粒填补孔隙，排出空气和水分，增加压实材料的密实度，提高其强度及防渗透性。振动压路机与静作用压路机相比，具有压实深度大、密实度高、质量好，以及压实遍数少、生产效率高等特点。其生产效率相当于静作用压路机的 3～4 倍。振动压路机按行驶方式可分为自行式、拖式和手扶式；按驱动轮数量可分为单轮驱动、双轮驱动和全轮驱动；按传动方式可分为机械传动、液力机械传动和全液压传动；按振动轮外部结构可分为光轮、凸块（羊脚）和橡胶滚轮；按振动轮内部结构可分为振动、振荡和垂直振动。

6. 平地机的安全使用要点

（1）平地机，刮刀和齿耙都必须在机械起步后才能逐渐切入土中。在铲土过程中，对刮刀的升降调整要一点一点地逐渐进行，避免每次拨动操作杆的时间过长，否则会使地段形成波浪形的切削，影响到后续施工。

（2）行驶时，必须将铲刀和松土器提升到最高处，并将铲刀斜放，两端不超出后轮外侧。

（3）禁止平地机拖拉其他机械，特殊情况只能以大拉小。

（4）遇到土质坚硬需用松土器翻松时，应慢速逐渐下齿，以免折断齿顶，不准使用松土器翻松石渣路面及高级路面，以免损坏机件或发生其他意外事故。

（5）工作前必须清除影响施工的障碍物和危险物品。工作后必须停放在平坦安全的地区，不准停放在坑洼流水处或斜坡上。

6.2.2.2　桩工机械

（1）预制桩施工机械有四种：

1）蒸汽锤打桩机：利用高压蒸汽将锤头上举，然后靠锤头自重向下冲击桩头，使桩沉入地下。

2）柴油锤打桩机：利用燃油爆炸，推动活塞，靠爆炸力冲击桩头，使桩沉入地下，适宜打各类预制桩。

3）振动锤打桩机：利用桩锤的机械振动力使桩沉入土中，适用于承载力较小的预制混凝土桩、钢板桩等。

4）静力压桩机：利用机械卷扬机或液压系统产生的压力，使桩在持续静压力的作用下压入土中，适用于一般承载力的各类预制桩。

（2）灌注桩施工机械：

1）转盘式钻孔机：采用机械传动方式，使平行于地面的磨盘转动，通过钻杆带动钻头转动切削土层和岩层，以水作为介质，将岩土取出地面，适用各类中等口径的灌注桩。

2）长螺旋钻孔机：电动机转动通过减速箱，使长螺旋钻杆转动，使土沿着螺旋叶片上升至地表，排出孔外，适用于地下水位低的黏土层地区或桩孔径较小的建筑物基础。

3）旋挖钻机：通过电动机转动，带动短螺旋钻杆及取土箱转动，待取土箱内土旋满时，将取土箱提出地表取土并如此周而复始。

4）潜水钻孔机：电动机和钻头在结构上连接在一起，工作时电动机随钻头能潜至孔底。

（3）桩架：桩架是打桩专用工作装置配套使用的基本设备，俗称主机，其作用主要承载工作装置，桩及其他机具的重量，承担吊桩、吊送桩器与吊料斗等工作，并能行走和回转，桩架和柴油锤配套后，即为柴油打桩机，桩架与振动桩锤配套后即为振动沉拔桩机。

桩架形式多种多样，无论任何类型的桩架，其结构主要由底盘、导向杆、后斜撑、动力装置、传动机构、制动机构、行走回转机构等组成。

桩架主要用钢材制成，按照行走方式的不同分为履带式、滚筒式、携船步履式、轨道式等，桩架的高度可按实际工作需要分节拼装，通长每节 4～6m，桩架高度＝桩长＋工作装置高度＋附件高度＋安全距离＋工作余量。例如：桩长 18m，锤高 5m，桩帽 1m，安全距离 1m，工作余量 0.5m，则桩架有效高度为 18＋5＋1＋1＋0.5＝25.5m。

（4）柴油打桩锤：柴油打桩锤是打预制桩的专用冲击设备，与桩架配套组成柴油打桩机。柴油打桩锤是以柴油为燃料，从构造上看，实际上就是一种庞大的单缸二冲程内燃机。柴油锤的冲击体是活塞或者缸套，具有结构简单、施工效率高、适应性广的特点。但随着人们环保意识的加强以及城市建筑物密度的增加，柴油打桩锤噪声大、废气污染严重、振动大，对周边建筑物有破坏作用的缺点显现出来，因此，该机械在城区桩基础施工中的应用受到一定限制。

1）导杆式柴油锤的构造：导杆式柴油锤由活塞、缸锤、导杆、顶部横梁、起落架、燃油系统和基座等组成。

2）筒式柴油锤的构造：筒式柴油锤依靠活塞上下跳动来锤击桩，由锤体、燃料供给系统、润滑系统、冷却系统和起动系统等构成。

3）柴油锤的安全作业要点

① 桩架必须安放平稳坚实，桩锤起动时应注意桩锤与桩帽在同一直线上，防止偏心打桩。

② 在打桩过程中，应有专人负责拉好曲臂上的控制绳，如遇意外情况时可紧急停锤。

③ 上活塞起跳高度不得超过 2.5m。

④ 打桩过程中，应经常用线锤及水平尺检查打桩架。如垂直度偏差超过 1%，必须及时纠正，以免把桩打斜。

⑤ 打桩过程中，严禁任何人进入以桩轴线为中心的 4m 半径范围内。

（5）振动桩锤：振动桩锤的工作原理是利用电动机的高速旋转，通过皮带带动振动箱体内的偏心块高速旋转，产生正弦波规律变化的激振力，桩在激振力的作用下，以一定的频率和振幅发生振动，使桩周围的土壤处于"液化"状态，从而大大降低了土壤对桩的摩擦阻力，使桩下沉和拔出。该桩锤具有效率高、速度快、便于施工等优点，在桩基工程的施工中得以广泛应用。

1）振动锤的构造：振动锤的主要组成部分是原动机、振动器、夹桩器和减振装置。

2）振动锤施工作业要点

① 在作业前应对桩锤进行检测，检测电动机、电动机电缆的绝缘值是否符合要求，检查电气箱内各元件是否完好，传动带的松紧度，夹持器与振动器连接处的螺栓是否紧固。

② 当桩插入夹桩器内后，将操纵杆扳到夹紧位置，使夹桩器将桩慢慢夹紧，直至听到油压卸载声为止。在整个作业过程中，操纵杆应始终放在夹紧位置，液压系统压力不能下降。

③ 悬挂桩锤的起重机，吊钩必须有保险装置。

④ 拔钢板桩时，应按通常沉入顺序的相反方向拔起。夹持器在夹持钢板桩时，应尽量靠近相邻的一根，较易起拔。

⑤ 当夹桩器将桩夹持后，需待压力表显示压力达到额定值后方可指挥起拔。当拔桩离地面 1~1.5m 时应停止振动，将吊桩用钢丝绳拴好，然后继续起动桩锤进行拔桩。

⑥ 拔桩时，必须注意起重机额定起重量，通常用估算法，即起重机的回转半径应以桩长 1m 对 1t 的比率来确定。

⑦ 桩被完全拔出后，在吊桩钢丝绳未吊紧前，不得将夹桩器松掉。

（6）静力压桩机

1）静力压桩机的构造：静力压桩机是依靠静压力将桩压入地层的施工机械。当静压力大于沉桩阻力时，桩就沉入土中。静力压桩机施工时无振动、无噪声、无废气污染，对地基及周围建筑物影响较小，能避免冲击式打桩机因连续打击桩而引起桩头和桩身的破坏。适用于软土地层及沿海和沿江淤泥地层中施工。在城市中应用对周围的环境影响力小。

YZY-500 型全液压静力压桩机，主要由支腿平台结构、长船行走机构、短船行走机构、夹持机构、导向压桩机构、起重机、液压系统、电器系统和操作室等部分组成。

2）静力压桩机的安全作业要点

① 压桩施工中应插正桩位，如遇地下障碍使桩在压入过程中倾斜时，不能用桩机行走的方式强行纠偏，应将桩拔起，待地下阻碍清除后重新插桩。

② 桩在压入过程中，夹持机构与桩侧打滑时，不能任意提高液压油压力，强行操作，而应找出打滑原因，采取有效措施后方能继续进行压桩。

③ 桩贯入阻力过大，使桩不能压至标高时，不能任意增加配重，否则将会引起液压元件和构件损坏。

④ 桩顶不能压到设计标高时，必须将桩凿去，严禁用桩机行走的方式将桩强行推断。

⑤ 压桩过程中，如遇周围土体隆起并影响桩机行走时，应将桩机前方隆起的土铲去，不应强行通过，以免损坏桩机构件。

⑥ 桩机在顶升过程中，应尽可能避免任一船形轨道压在已入土的单一桩顶上，否则将使船形轨道变形。

⑦ 桩机的电气系统必须有效接地。施工中电缆需专人看护，每天下班时将电源总开关切断。

6.2.2.3　混凝土机械

1. 常用的混凝土搅拌机

混凝土搅拌机按生产过程的连续性可分为周期式和连续式两大类。建筑施工所用的都是周期式混凝土搅拌机。

周期式混凝土搅拌机按搅拌原理可分为自落式和强制式两大类。其主要区别是，搅拌叶片和拌筒之间没有相对运动的为自落式，有相对运动的为强制式。

自落式搅拌机按其形状和卸料方式可分为鼓筒式、锥形反转出料式、锥形倾翻出料式三种。其中鼓筒式由于其性能指标落后已列为淘汰机型。

强制式搅拌机分为立轴强制式和卧轴强制式两种，其中卧轴式又有单卧轴和双卧轴之分。

施工现场常用的搅拌机是锥形反转出料的搅拌机，搅拌站常用的搅拌机是双卧轴强制式搅拌机。

（1）锥形反转出料搅拌机：锥形反转出料搅拌机主要由搅拌机构、上料装置、供水系统和电气部分组成。

（2）锥形倾翻出料搅拌机：锥形倾翻出料搅拌机的搅拌筒通过中心锥形轴支承在倾翻机架上，在筒底沿轴向布置3片搅拌叶片，筒的内壁装有衬板。搅拌桶安装在倾翻机架上，由2台电动机带动旋转，整个倾翻机架和搅拌桶在气缸作用下完成倾翻卸料作业。

（3）立轴涡桨式搅拌机：立轴涡桨式搅拌机主要由动力传动系统、进出料机构、搅拌机构、操纵机构和机架等组成。

（4）单卧轴强制式搅拌机：单卧轴强制式搅拌机由动力系统、搅拌机构、上料装置、操纵机构、倾翻出料装置、供水系统及电气系统等组成。

（5）双卧轴强制式搅拌机：双卧轴强制式搅拌机由传动系统、搅拌机构、上料装置、卸料装置和供水系统等组成。

（6）混凝土搅拌机的安全使用要点：

1）新机使用前应按使用说明书的要求，对系统和部件进行检验及必要的试运转。

2）移动式搅拌机的停放位置必须选择平整坚实的场地，周围应有良好的排水措施。

3）搅拌机就位后，放下支腿将机架顶起，使轮胎离地。在作业时期较长的地区使用时，应用垫木将机器架起，卸下轮胎和牵引杆，并将机器调平。

4）料斗放到最低位置时，在料斗与地面之间应加一层缓冲垫木。

5）接线前检查电源电压，电压升降幅度不得超过搅拌机电气设备规定的5%。

6）作业前应先进行空载试验，观察搅拌筒或叶片旋转方向是否与箭头所示方向一致。如方向相反，则应改变电动机接线。反转出料的搅拌机，应按搅拌筒正反转运转数分钟，查看有无冲击抖动现象，如有异常噪声应停机检查。

7）搅拌筒或叶片运转正常后，进行料斗提升试验，观察离合器、制动器是否灵活可靠。

8）检查和校正供水系统的指示水量与实际水量是否一致，如误差超过2%则应检查管路是否漏水，必要时调整节流阀。

9）每次加入的混合料不得超过搅拌机规定值的10%。为减少粘罐，加料的次序应为粗骨料、水泥、砂子，或砂子、水泥、粗骨料。

10）料斗提升时，严禁任何人在料斗下停留或通过，如必须在料斗下检修时，应将料斗提升后用铁链锁住。

11）作业中不得进行检修、调整和加油，并勿使砂、石等物料落入机器的传动系统内。

12）搅拌过程不宜停机，如因故必须停机，再次启动前应卸除荷载，不得带载启动。

13）以内燃机为动力的搅拌机，在停机前先脱开离合器，停机后应合上离合器。

14）固定式搅拌机安装时，主机与辅机都应用水平尺校正水平。有气动装置的，风源气压应稳定在 0.6MPa 左右。作业时不得打开检修孔与人孔，检修先把断路器关闭，并派人监护。

2. 混凝土搅拌运输车

混凝土搅拌运输车是运输混凝土的专用车辆，在载重汽车底盘上安装一套能慢速旋转的混凝土搅拌装置。由于它在运输过程中，装载混凝土的搅拌筒可作慢速旋转，有效地使混凝土不断受到搅动，防止产生分层离析现象，因而能保证混凝土的输送质量。混凝土搅拌运输车除载重汽车底盘外，主要由传动系统、搅拌装置、供水系统、操作系统等组成。混凝土搅拌运输车的搅拌筒驱动装置有机械式和液压式两种，当前已普遍采用液压式。由于发动机的动力引出形式的不同，可分为飞轮取力、前端取力、前端卸料以及搅拌装置专用发动机单独驱动等形式。

3. 混凝土泵及泵车

混凝土泵是将混凝土沿管道连续输送到浇筑工作面的一种混凝土输送机械。混凝土泵车是将混凝土泵装置安装在汽车底盘上，并用液压折叠式臂架（又称布料杆）管道来输送混凝土的车辆。臂架具有变幅、曲折和回转三个动作，在其活动范围内可任意改变混凝土浇筑位置，在有效幅度内进行水平和垂直方向的混凝土输送，从而降低劳动强度，提高生产率，并能保证混凝土质量。

（1）混凝土泵及泵车的分类：混凝土泵按其移动方式可分为拖式、固定式、臂架式和车载式等，常用的为拖式。按其驱动方法可分为活塞式、挤压式和风动式。其中活塞式又可分为机械式和液压式。挤压式混凝土泵适用于泵送轻质混凝土，由于其压力小，故泵送距离短。机械式混凝土泵结构笨重、寿命短、能耗大。目前使用较多的是液压活塞式混凝土泵。

混凝土泵车按其底盘结构可分为整体式、半挂式和全挂式，使用较多的是整体式。

（2）混凝土泵及泵车的安全使用要点：

1）泵机必须放置在坚固平整的地面上，如必须在倾斜地面停放时，可用轮胎制动器卡住车轮，倾斜度不得超过 30°。

2）泵送作业中，料斗中的混凝土平面应保持在搅拌轴轴线以上，供料跟不上时要停止泵送。

3）料斗网格上不得堆满混凝土，要控制供料流量，及时清除超粒径的骨料及异物。

4）搅拌轴卡住不转时，要暂停泵送，及时排除故障。

5）供料中断时间一般不宜超过 1h。停泵后应每隔 10min 应做 2~3 个冲程反泵及正泵运动，再次投入泵送前应先搅拌。

6）在管路末端装上安全盖，其孔口应朝下。若管路末端已是垂直向下或装有向下 90° 弯管，可不装安全盖。

7）当管中混凝土即将排尽时，应徐徐打开放气阀，以免清洗球飞出时对管路产生冲击。

8）洗泵时，应打开分配阀阀窗，开动料斗搅拌装置，作空载推送动作。同时在料斗和阀箱中冲水，直至料斗、阀箱、混凝土缸全部洗净，然后清洗泵的外部。若泵机几天内不用，则应拆开工作缸橡胶活塞，把水放净。如果水质浑浊，还得清洗水系统。

4. 混凝土振动器

混凝土振动器是一种借助动力通过一定装置作为振源产生频繁的振动，并使这种振动传给混凝土，以振动捣实混凝土的设备。

混凝土振动器的种类繁多，按传递振动的方式可分为内部式（插入式）、外部式（附着式）、平台式等；按振源的振动子形式可分为行星式、偏心式、往复式等；按使用振源的动力可分为电动式、内燃式、风动式、液压式等；按振动频率可分为低频（2000~5000 次/min）、中频（5000~8000 次/min）、高频（8000~20000 次/min）等。

内部式（插入式）有：软轴行星式、软轴偏心式、直联式三种；外部式（附着式）常用的有：附着式、平板式两种。

（1）混凝土振动器的结构简述：

1）软轴插入式振动器：软轴插入振动器由电动机、传动装置、振动棒等三部分组成。

2）直联插入式振动器：直联插入式振动器由与电动机组成一体的振动棒和配套的变频机组两部分组成。

3）附着式振动器：附着式振动器由特制铸铝合金外壳的三相二极电动机以及其转子轴两个伸出端上各装一个圆盘形偏心块组成。当电动机带动偏心块旋转时，由于偏心力矩作用，使振动器产生激振力。

平板式振动器由附着式振动器底部一块平板改装而成。

4）振动台：振动台由上部框架、下部框架、支承弹簧、电动机、齿轮箱、振动子等组成。

（2）插入式振动器的使用要点：

1）插入式振动器在使用前应检查各部件是否完好、各连接处是否紧固、电动机绝缘是否良好、电源电压和频率是否符合铭牌规定，检查合格后方可接通电源进行试运转。

2）作业时，应使振动棒自然沉入混凝土，不可用力猛往下推。一般应垂直插入到下层尚未初凝层中 50~100mm，以促使上下层相互结合。

3）振动棒各插点间距应均匀，一般间距不应超过振动棒抽出有效作用半径的 1.5 倍。

4）应配开关箱安装漏电保护装置，熔断器选配应符合要求。

5）振动器操作人员应掌握一般安全用电知识，作业时应穿好胶鞋戴好绝缘手套。

6）工作停止移动振动器时，应立即停止电动机转动；搬动振动器时，应切断电源，不得用软管和电缆线拖拉、扯动电动机。

7）电缆上不得有裸露之处，电缆线必须放置在干燥明亮处；不允许在电缆线上堆放其他物品，以及车辆在其上面直接通过；更不能用电缆线吊挂振动器等物。

（3）附着式振动器安全使用要点：

1）在一个模板上同时使用多台附着式振动器时，各振动器的频率应保持一致，相对面的振动器应错开安装。

2）使用时，引出电缆线不得拉得过紧，以防断裂。作业时，必须随时注意电气设备的安全，熔断器和接地（接零）装置必须合格。

（4）振动台的安全使用要点：

1）振动台是一种强力振动成型设备，应安装在牢固的基础上，地脚螺栓应有足够强度并拧紧。同时在基础中间必须留有地下坑道，以便调整和维修。

2）使用前要进行检查和试运转，检查机件是否完好。

3）齿轮因承受高速重负荷，故需要有良好的润滑和冷却。齿轮箱内油面应保持在规定的水平面上，工作时温升不得超过 70℃。

5. 混凝土布料机

混凝土布料机是将混凝土进行分布和摊铺，以减轻工人劳动强度、提高工作效率的一种设备。主要由臂架、输送管、回转架、底座等组成。

（1）混凝土布料机分类：立式布料机的机构比较简单，主要有称置式布料机、固定式布料机、移动式布料机，以及附装于塔式起重机上的布料杆。

（2）混凝土布料机安全使用：

1）布料机配重量必须按使用说明要求配置。

2）布料机必须安装在坚固平整的场地上，四只腿水平误差不得大于 3mm，且四只腿必须最大跨距锁定、多方向拉结（支撑）固定牢固后方可投入使用。

3）布料机必须安装配重后方可展开或旋转悬臂泵管。

4）布料机应在 5 级风以下使用。

5）布料机在整体移动时，必须先将悬臂泵管回转至主梁下部并用绳索固定。

6）布料机的布料杆在悬臂动作范围内无障碍物影响，无高压线。

6.2.2.4　钢筋机械

钢筋机械是用于完成各种混凝土结构物或钢筋混凝土预制件所用的钢筋和钢筋骨架等作业的机械。按作业方式可分为钢筋强化机械、钢筋加工机械、钢筋焊接机械、钢筋预应力机械。

1. 钢筋强化机械

（1）钢筋强化机械的类型：钢筋强化机械包括钢筋冷拉机、钢筋冷拔机、钢筋轧扭机等机型。

1）钢筋冷拉机：其是对热轧钢筋在正常温度下进行强力拉伸的机械。冷拉是把钢筋拉伸到超过钢材本身的屈服点然后放松，以使钢筋获得新的弹性阶段，提高钢筋强度 20%～25%，通过冷拉不但可使钢筋被拉直、延伸，而且还可以起到除锈和检验钢材的作用。

2）钢筋冷拔机：其是在强拉力的作用下将钢筋在常温下通过一个比其直径小 0.5～1.0mm 的孔模（即钨合金拔丝模），使钢筋在拉应力和压应力作用下被强行从孔模中拔过去，使钢筋直径缩小，而强度提高 40%～90%，塑性则相应降低，成为低碳冷拔钢丝。

3）钢筋轧扭机：其是由多台钢筋机械组成的冷轧扭生产线，能连续地将直径 6.5～10mm 的普通盘圆钢筋调直、压扁、扭转、定长、切断、落料等完成钢筋轧扭全过程。

（2）钢筋强化机械的结构简述：

1）钢筋冷拉机：钢筋冷拉机有多种形式，常用的有卷扬机式、阻力轮式和液压式等。

① 卷扬机式：其是利用卷扬机的牵引力来冷拉钢筋。当卷扬机旋转时，夹持钢筋的一只动滑轮组被拉向卷扬机，使钢筋被拉伸；而另一只滑轮组则被拉向滑轮，为下次冷拉时交替使用。钢筋所受的拉力经传力杆、活动横梁传送给测力器，从而测出拉力的大小。对于拉伸长度，可通过标尺直接测量或用行程开关来控制。

② 阻力轮式：其是以电动机为动力，经减速器使绞轮获得 40m/min 的速度旋转，通过

阻力轮将绕在绞轮上的钢筋拖动前进，并把冷拉后的钢筋送入调直机进行调直和切断。钢筋的拉伸率通过调节阻力轮来控制。

③ 液压式：其是由两台电动机分别带动高、低压力液压泵，使高、低压油液经油管、控制阀进入液压张拉缸，从而完成拉伸和回程动作。

2）钢筋冷拔机：钢筋冷拔机又称拔丝机，有立式、卧式和串联式等形式。

① 立式：由电动机通过涡轮减速器，带动主轴旋转，使安装在轴上的拔丝卷筒跟着旋转，卷绕强行通过拔丝模的钢筋成为冷拔钢丝。

② 卧式：其是由 14kW 以上的电动机，通过双出头变速器带动卷筒旋转，使钢筋强行通过拔丝模后卷绕在卷筒上。

③ 串联式：其是由几台单卷筒拔丝机组合在一起，使钢丝卷绕在几个卷筒上，后一个卷筒将前一个卷筒拔过的钢丝再往细拔一次，可一次完成单卷筒需多次完成的冷拔过程。

④ 钢筋冷轧扭机：钢筋由放盘架上引出，经过调直箱调直，并清除氧化皮，再经导引架进入轧机，冷轧到一定厚度，其断面近似矩形，在轧辊推动下，钢筋被迫通过已经旋转了一定角度的一对扭转辊，从而形成连续旋转的螺旋状钢筋，再经由过渡架进入切断机，将钢筋切断后落到持料架上。

（3）钢筋强化机械的安全使用：

1）钢筋冷拉机的使用要点：

① 进行钢筋冷拉工作前，应先检查冷拉设备能力和钢筋的力学性能是否相适应，不允许超载冷拉。

② 开机前，应对设备各连接部位和安全装置以及冷拉夹具、钢丝绳等进行全面检查，确认符合要求时，方可作业。

③ 冷拉钢筋运行方向的端头应设防护装置，防止在钢筋拉断或夹具失灵时钢筋弹出伤人。

④ 冷拉钢筋时，操作人员要站在冷拉线的侧向，并设联络信号，使操作人员在统一指挥下进行作业。在作业过程中，严禁横向跨越钢丝绳或冷拉线。

⑤ 钢筋冷拉前，应对测力器和各项冷拉数据进行校核，冷拉值（伸长值）计算后应经技术人员复核，以确保冷拉钢筋质量，并随时做好记录。

⑥ 钢筋冷拉时，如遇接头被拉断时，可重新焊接后再拉，但这种情况不应超过两次。

⑦ 用伸长率控制的装置，必须装设明显的限位装置。

⑧ 电气设备、液压元件必须完好，导线绝缘必须良好，接头处要连接牢固，电动机和启动器的外壳必须接地。

2）钢筋冷拔机的使用要点：

① 操作前，要检查机器各传动部位是否正常，电气系统有无故障，卡具及保护装置是否良好。

② 开机前，应检查拔丝模的规格是否符合规定，在拔丝模盒中放人适量的润滑剂，并在工作中根据情况随时添加。在钢筋头通过拔丝模以前也应抹少量润滑剂。

③ 拔丝机运转时，严禁任何人在沿线材拉拔方向站立或停留。拔丝卷筒用链条挂料时，操作人员必须离开链条甩动的区域，出现断丝应立即停机，待拔丝机停稳后方可接料和采取其他措施。不允许在机器运转中用手取拔丝卷筒周围的物品。

④ 拔丝过程中，如发现盘圆钢筋打结成乱盘时，应立即停机，以免损坏设备。如果不是连续拔丝，要防止钢筋拉拔到最后端头时弹出伤人。

3）钢筋轧扭机的使用要点：

① 开机前要检查机器各部有无异常现象，并充分润滑各运动件。

② 在控制台上的操作人员必须注意力集中，发现钢筋乱盘或打结时，要立即停机，待处理完毕后方可开机。

③ 在轧扭过程中如有失稳堆钢现象发生，要立即停机，以免损坏轧辊。

④ 运转过程中，任何人不得靠近旋转部件。机器周围不准乱堆异物，以防意外。

2. 钢筋加工机械

（1）钢筋加工机械的分类：常用的钢筋加工机械有钢筋切断机、钢筋调直机、钢筋弯曲机、钢筋镦头机等。

1）钢筋切断机：其是把钢筋原材和已矫直的钢筋切断成所需长度的专用机械。

2）钢筋调直机：用于将成盘的细钢筋和经冷拔的低碳钢丝调直，它具有一机多用的功能，能在一次操作中完成钢筋的调直、输送、切断，并兼有清除表面氧化皮和污迹的作用。

3）钢筋弯曲机：又称冷弯机。它是对经过调直、切断后的钢筋，加工成构件或构件中所需要配置的形状，如端部弯钩、梁内弓筋、弯起钢筋等。

4）钢筋镦头机：为便于预应力混凝土钢筋的拉伸，需要将其两端镦粗，镦头机就是实现钢筋镦头的专用设备。

（2）钢筋加工机械结构简述：

1）钢筋切断机：钢筋切断机有机械传动和液压传动两种。

① 机械传动式：由电动机通过三角胶带轮和齿轮等减速后，带动偏心轴来推动连杆作往复运动；连杆端装有冲切刀片，它在与固定刀片相错的往复水平运动中切断钢筋。

② 液压传动式：电动机带动偏心轴旋转，使与偏心轴面接触的柱塞作往复运动，柱塞泵产生高压油进入油体缸内，推动活塞驱使活动刀片前进，与固定在支座上的固定刀片相错切断钢筋。

2）钢筋调直机：电动机经过三角胶带驱动调直筒旋转，实现钢筋调直工作。另外通过同在一电机上的另一胶带轮传动来带动另一对锥齿轮传动偏心轴，再经过两级齿轮减速，传到等速反向旋转的上压辊轴与下压辊轴，带动上下压辊相对旋转，从而实现调直和曳引运动。

3）钢筋弯曲机：钢筋弯曲机是由电动机经过 V 带轮，驱动蜗杆或齿轮减速器带动工作盘旋转。工作盘上有 9 个轴孔，中心孔用来插中心轴或轴套，周围的 8 个孔用来插成型轴或轴套。当工作盘旋转时，中心轴的位置不变化，而成型轴围绕着中心轴作圆弧转动，通过调整成型轴位置，即可将被加工的钢筋弯曲成所需形状。

4）钢筋镦头机：钢筋镦头机，又称冷镦机，按其动力传递的不同方式可分为机械传动和液压传动两种类型。机械传动为电动和手动，只适用于冷镦直径 5mm 以下的低碳钢丝。液压冷镦机需有液压泵配套使用，10 型冷镦机最大镦头力为 100kN，适用于冷镦直径为 5mm 的高强度碳素钢丝；45 型冷镦机最大镦头力为 450kN，适用于冷镦直径为 12mm 普通低合金钢筋。

（3）钢筋加工机械的安全使用：

1）钢筋切断机安全使用要点：

① 接送料的工作台面应和切刀下部保持水平，工作台的长度可根据加工材料长度决定。

② 起动前，必须检查切刀应无裂纹、刀架螺栓紧固、防护罩牢靠，然后用手转动带轮，检查齿轮啮合间隙，调整切刀间隙。

③ 机械未达到正常转速时不可切料。切料时，必须使用切刀的中、下部位，紧握钢筋对准刃口迅速投入。应在固定刀片一侧握紧并压住钢筋，以防钢筋末端弹出伤人。严禁用两手分在刀片两边握住钢筋俯身送料。

④ 不得剪切直径及强度超过机械铭牌规定的钢筋和烧红的钢筋。一次切断多根钢筋时，其总截面面积应在规定范围内。

⑤ 剪切低合金钢时，应更换高硬度切刀，剪切直径应符合铭牌规定。

⑥ 切断短料时，手和切刀之间的距离应保持在 150mm 以上，如手握端小于 400mm 时，应采用套管或夹具将钢筋短头压住或夹牢。

⑦ 机械运转中，严禁用手直接清除切刀附近的断头和杂物。钢筋摆动周围和切刀周围不得停留非操作人员。

⑧ 发现机械运转有异常或切刀歪斜等情况，应立即停机检修。

2）钢筋调直机安全使用要点：

① 料架、料槽应安装平直，对准导向筒、调直筒和下切刀孔的中心线。

② 按调直钢筋的直径，选用适当调直块及传动速度，经调试合格，方可送料。

③ 在调直块未固定、防护罩未盖好前不得送料，作业中严禁打开各部防护罩及调整间隙。

④ 当钢筋送入后，手与曳轮必须保持一定的距离，不得接近。

⑤ 送料前，应将不直的料头切除，导向筒前应装一根 1m 长的钢管，钢筋必须先穿过钢管再送入调直筒前端的导孔内。

3）钢筋弯曲机的安全使用操作要点：

① 挡铁轴的直径和强度不得小于被弯钢筋的直径和强度。不直的钢筋不得在弯曲机上弯曲。

② 作业中，严禁更换轴芯、销子和变换角度以及调速等作业，也不得进行清扫和加油。

③ 严禁弯曲超过机械铭牌规定直径的钢筋。在弯曲未经冷拉或带有锈皮的钢筋时，必须戴防护镜。

④ 严禁在弯曲钢筋的作业半径内和机身不设固定销的一侧站人。弯曲好的半成品应堆放整齐，弯钩不得朝上。

4）钢筋镦头机安全使用要点：

① 电动镦头机

a. 压紧螺杆要随时注意调整，防止上下夹块滑动移位。

b. 工作前要注意电动机转动方向，行轮应顺指针方向转动。

c. 夹块的压紧槽要根据加工料的直径而定，压紧杆的调整要适当。

d. 调整时凸块与块的工作距离不得大于 1.5mm，空位调整按镦帽直径大小而定。

② 液压镦头机，镦头器应配用额定油压在 40MPa 以上的高压液压泵。

③ 镦头部件（锚环）和切断部件（刀架）与外壳的螺纹连接必须拧紧；应注意在锚环或刀架未装上时不允许承受高压，否则将损坏弹簧座与外壳连接螺纹。

④ 使用切断器时，应将镦头器用锚环夹片放下，换上刀架。刀架上的定刀片应随切断钢筋的粗细而更换。

3. 钢筋焊接机械

（1）钢筋焊接机械的分类：焊接机械类型繁多，用于钢筋焊接的主要有对焊机、点焊机和手工弧焊机。

1）对焊机：对焊机有 UN、UN1、UN5、UN8 等系列，钢筋对焊常用的是 UN1 系列。这种对焊机专用于电阻焊接、闪光焊接低碳钢、有色金属等，按其额定功率不同，有 UN1-25、UN1-75、UN1-100 型杠杆加压式对焊机和 UN1-150 型气压自动加压式对焊机等。

2）点焊机：按照点焊机时间调节器的形式和加压机构的不同，可分为杠杆弹簧式（脚踏式）、电动凸轮式和气、液压传动式三种类型。按照上下电极臂的长度，可分为长臂式和短臂式两种形式。

3）弧焊机：弧焊机可分为交流弧焊机（又称焊接变压器）和直流弧焊机两大类，直流弧焊机又有旋转式直流弧焊机（又称焊接发电机）和弧焊整流器两种类型。前者是由电动机带动弧焊发电机整流发电；后者是一种将交流电变为直流电的手弧焊电源。

（2）钢筋焊接机械的结构简述：

1）对焊机：对焊机的电极分别装在固定平板和滑动平板上，滑动平板可沿机身上的导轨移动，电流通过变压器次级线圈（铜引片）传到电极上，当推动压力机构使两根钢筋端头接触到一起后，加力挤压，达到牢固的对接。对焊工艺可分为电阻对焊和闪光对焊两种：

① 电阻对焊：是将钢筋的接头加热到塑性状态后切断电源，再加压达到塑性连接的方法。这种焊接工艺容易在接头部位产生氧化或夹渣，并要求钢筋端面加工平整光洁，同时焊接时耗电量大，需要大功率焊机，故较少采用。

② 闪光对焊：是指在焊接过程中，从钢筋接头处喷出的熔化金属粒呈现火花（即闪光）的方法。在熔化金属喷出的同时也将氧化物及夹渣带出，使对焊接头质量更好，因而被广泛地应用。

2）点焊机：点焊机主要由焊接变压器、分级转换开关、电极、压力臂和压力弹簧、杠杆操纵系统等组成。点焊时，将表面清理好并将平直的钢筋叠合在一起放在两个电极之间，踏下脚踏板，使两根钢筋的交点接触紧密，同时，断路器也相接触，接通电流，使钢筋交接点在极短时间内产生大量的电阻热，钢筋很快被加热到熔点并处于熔化状态。放开脚踏板，断路器随杠杆下降而切断电源，在压力臂加压下，熔化了的交接点冷却后凝结成焊接点。

3）交流弧焊机：交流弧焊机，又称焊接变压器，其基本原理与一般电力变压器相同，是一种结构最简单、使用范围很广的焊机。它由电抗器和变压器两部分组成，上部为电抗器，其作用是获得下降外特性；下部为变压器，它将 220V 或 380V 网路电源电压降到 60～80V 左右。其电流调节可通过改变初次线圈的串联（接法 I）和并联（接法 II）两种接法来实现。还能用调节手轮转动螺杆，使两次级线圈沿铁芯上下移动，改变初级与次级线圈间的距离。距离越大，两者之间的漏磁也越大，由于漏抗增加，使焊接电流减小。反之，则焊接电流增加。

4）直流弧焊机：直流弧焊机，又称焊接发电机，其是由共用同一转轴的三相感应电动机和一台焊接发电机组成。机身上部控制箱内装有调节焊接电流的变阻器，下部装有滚轮，便于移动。这类焊机在电枢回路内串有电抗器，引弧容易、飞溅少、电弧稳定，可以焊接各种碳钢、合金钢、不锈钢和有色金属。

(3) 钢筋焊接机械的安全使用：

1) 对焊机的安全使用要点：

① 严禁对焊超过规定直径的钢筋，主筋对焊必须先焊后拉，以便检查焊接质量。

② 调整断路限位开关，使其在焊接到达预定挤压量时能自动切断电源。

2) 点焊机安全使用要点：

① 点焊机通电后，应检查电气设备、操作机构、冷却系统、气路系统及机体外壳有无漏电等现象。

② 点焊机工作时，气路系统、水冷却系统应畅通，气体必须保持干燥，排水温度不应超过 40℃，排水量可根据季节调整。

③ 上电极的工作行程调节完后，调节气缸下面的两个螺母必须拧紧，电极压力可通过旋转减压阀手柄来调节。

3) 交流弧焊机的安全使用要点：

① 使用前，应检查初、次级线不得接错，输入电压必须符合电焊机的铭牌规定。接通电源后，严禁接触初线线路的带电部分。

② 多台电焊机集中使用时，应分接在三相电源网络上，使三相负载平衡。多台电焊机的接地装置应分别由接地极处引接，不得串联。

③ 移动电焊机时应切断电源，不得用拖拉电缆的方法移动电焊机。如焊接中突然停电，应立即切断电源。

4) 直流弧焊机的安全使用要点：

① 启动时，检查转子的旋转方向应符合电焊机标志的箭头方向。

② 数台电焊机在同一场地作业时，应逐台起动，避免起动电流过大，引起电源开关跳闸。

③ 运行中，如需调节焊接电流和极性开关时，不得在负荷时进行。调节时，不得过快过猛。

4. 钢筋预应力机械

钢筋预应力机械是在预应力混凝土结构中，用于对钢筋施加张拉力的专用设备，分为机械式、液压式和电热式三种，常用的是液压式拉伸机。

(1) 液压式拉伸机的种类及组成：液压式拉伸机是由液压千斤顶、高压液压泵及连接这两者之间的高压油管组成。

1) 液压千斤顶，按其构造特点分为拉杆式、穿心式、锥锚式和台座式四种；按其作用形式可分为单作用（拉伸）、双作用（张拉、顶锚）和三作用（张拉、顶锚、退楔）三种。各型千斤顶的主要作用是：

① 拉杆式千斤顶：主要用于张拉带螺杆锚具或夹具的钢筋、钢丝束，也可用于模外先张、后张自锚等工艺中。

② 穿心式千斤顶：用于张拉并顶锚带夹片锚具的钢丝束和钢绞线束。

③ 锥锚式千斤顶：用于张拉带有钢质锥形锚具的钢丝束和钢丝束。

④ 台座式千斤顶：用于先张法台座生产工艺。

2) 高压液压泵：有手动和电动两种。电动液压泵又可分为轴向式和径向式两种，轴向式较径向式具有结构简单、节省工料等优点而成为主要形式。

（2）液压式拉伸机的结构简述：

1）拉杆式千斤顶：张拉预应力筋时，先使连接器与预应力筋的螺钉端杆相连接。A 油嘴进油，B 油嘴回油，此时液压缸和撑脚顶住拉杆端部。继续进油时，活塞拉杆左移张拉预应力筋。当预应力筋张拉到设计张拉力后，拧紧螺钉端杆锚具的螺母，张拉工作完成。张拉力的大小由高压液压泵上的压力表控制。

2）穿心式千斤顶：张拉预应力筋时，A 油嘴进油，B 油嘴回油，连接套和撑套联成一体右移顶住锚环；张拉液压缸及堵头和穿心套联成一体带动工具锚向左移张拉。预压锚固时，在保持张拉力稳定的条件下，B 油嘴进油，顶压活塞、保护套和顶压头联成一体左移将锚塞强力推入锚环内。张拉锚固完毕，A 油嘴回油，B 油嘴进油，则张拉液压缸在液压油作用下回程；当 A、B 油嘴同时回油时，顶压活塞在弹簧力作用下回油。

3）锥锚式千斤顶：张拉时，先把预应力筋用楔块固定在锥形卡环上，开泵使高压油进入主缸，使主缸向左移动的同时，带动固定在主缸上的锥形卡环也向左移动，预应力筋即被张拉。张拉完成后，关闭主缸进油阀，打开副缸进油阀，使液压油进入副缸，由于主缸没有回油，仍保持一定油压，则副缸活塞及压头向右移动顶压锚塞，将预应力筋锚固在锚环上。然后使主、副缸同时回油，通过弹簧的作用而回到张拉前的位置。最后放松楔块，千斤顶退出。

4）台座式千斤顶：台座式千斤顶即普通油压千斤顶，在制作先张法预应力混凝土构件时与台座、横梁等配合，可张拉粗钢筋、成组钢丝或钢绞丝；在制作后张法构件时，台座式千斤顶与张拉架配合，可张拉粗钢筋。

5）高压液压泵：高压液压泵又称电动液压泵，它是由柱塞泵、油箱、控制阀、节流阀、压力表、支撑件、电动机等组成。

电动机驱动自吸式轴向柱塞泵，使柱塞在柱塞套中往复运动，产生吸排油的作用，在出油嘴得到连续均匀的压力油。通过控制阀和节流阀来调节进入工作缸（千斤顶）的流量，打开回油阀，工作缸中的液压油便可流回油箱。

（3）液压式拉伸机的安全使用：

1）液压千斤顶安全使用要点：

① 千斤顶不允许在任何情况下超载和超过行程范围使用。

② 千斤顶张拉计压时，应观察千斤顶位置是否偏斜，必要时应回油调整。进油升压必须徐缓、均匀平稳，回油降压时应缓慢松开回油阀，并使各液压缸回程到底。

③ 双作用千斤顶在张拉过程中，应使顶压液压缸全部回油，在顶压过程中张拉液压缸应予持荷，以保证恒定的张拉力，待顶压锚固完成时张拉缸再回油。

2）高压液压泵安全使用要点：

① 高压液压泵不宜在超负荷下工作，安全阀应按额定油压调整，严禁任意调整。

② 高压液压泵运转前，应将各油路调节阀松开，然后开动液压泵，待空载运转正常后，再紧闭回油阀，逐渐旋拧进油阀杆，增大载荷，并注意压力表指针是否正常。

③ 高压液压泵停止工作时，应先将回油阀缓缓松开，待压力表指针退回零位后，方可卸开千斤顶的油管接头螺母。严禁在载荷时拆换油管式压力表。

6.2.2.5 装修机械

装修机械是对建筑物结构的面层进行装饰施工的机械，是提高工程质量、作业效率、减轻劳动强度的机械化施工机具。其种类繁多，按用途划分有灰浆制备机械、涂灰浆喷涂机械、涂料喷刷机械、地面修整机械、手持机具等。

1. 灰浆制备机械

灰浆制备机械是装修工程的抹灰施工中用于加工抹灰用的原材料和制备灰浆用的机械。它包括：筛砂机、淋灰机、灰浆搅拌机、纸筋灰拌合机等。除一些属非定型产品外，以使用量较大的灰浆搅拌机为主。

灰浆搅拌机是用来搅拌灰浆、砂浆的拌合机械。按搅拌方式划分有立轴强制搅拌、单卧轴强制搅拌两种；按卸料方式划分有活门卸料、倾翻卸料两种；按移动方式划分有固定式、移动式两种。

（1）灰浆搅拌机结构简述：

1）单卧轴强制式灰浆搅拌机：这类搅拌机由动力系统、搅拌装置、卸料装置、电气系统等组成。

2）立轴强制式灰浆搅拌机：这类搅拌机由电动机、减速器、搅拌装置、搅拌筒、卸料机构等组成。

（2）灰浆搅拌机的安全使用要点：

1）运转中不得用手或木棒等伸进搅拌筒内或在搅拌筒口清理灰浆。

2）作业中如发生故障不能继续运转时，应立即切断电源并将搅拌筒内灰浆倒出，进行检修或排除故障。

3）固定式搅拌机的上料斗能在轨道上平稳移动，并可停在任何位置。料斗提升时，严禁斗下有人。

2. 灰浆喷涂机械

灰浆喷涂机械是指对建筑物的内外墙及顶棚进行喷涂抹灰的机械。它包括灰浆输送泵以及输送管道、喷枪、喷枪机械手等辅助设备。

灰浆输送泵按结构划分有柱塞泵、挤压泵、隔膜泵等。

（1）灰浆输送泵的结构简述：

1）柱塞式灰浆泵：柱塞式灰浆泵由电动机、传动机构、泵、压力表、料斗、输送管道等组成。

2）挤压式灰浆泵：挤压式灰浆泵由电动机、减速装置、挤压鼓筒、滚轮架、挤压胶管、料斗、压力表等组成。

3）隔膜式灰浆泵：隔膜式灰浆泵是在泵缸中用橡胶隔膜把活塞和灰浆分开，活塞泵室内充满中间液体，当活塞向前推时，泵室内的液体使隔膜向内收缩，将收入阀关闭，使灰浆从排出阀排出；活塞向后拉时，泵室形成负压，将排出阀关闭，吸入阀开启，吸进灰浆，隔膜恢复原状。随着活塞的往复运动，灰浆不断地被泵送出来。

（2）灰浆输送泵的安全使用：

1）柱塞式灰浆泵的安全使用要点：

① 泵送前检查球阀应完好，泵内应无干硬灰浆等物；各部零件应紧固可靠，安全阀应调整到规定的安全压力。

② 泵送过程要随时观察压力表的泵送压力，如泵送压力超过预调的 1.5MPa 时应反向泵送，使管道内部分灰浆返回料斗，再缓慢泵送。如无效，应停机卸压检查，不可强行泵送。

③ 泵送过程不宜停机。如必须停机时，每隔 4~5min 要泵送一次，泵送时间为 0.5min 左右，以防灰浆凝固。如灰浆供应不及时，应尽量让料斗装满灰浆，然后把三通阀手柄扳到回料位置，使灰浆在泵与料斗内循环，保持灰浆的流动性。

2）挤压式灰浆泵安全使用要点：

① 料斗加满后，停止振动。待灰浆从料斗泵送完时，再重复加新灰浆振动筛料。

② 整个泵送过程要随时观察压力表，应反转泵送 2~3 转，使灰浆返回料斗，经料斗搅拌后再缓慢泵送。如经过 2~3 次正反泵送还不能顺利泵送，应停机检查，排除堵塞物。

③ 工作间歇时应先停止送灰，后停止送气，以防气嘴被灰浆堵塞。

3. 涂料喷刷机械

涂料喷刷机械是对建筑物内外墙表面进行喷涂装饰施工的机械，其种类很多，常用的为喷浆泵、高压无气喷涂机等。

（1）涂料喷刷机械的结构简述：

1）喷浆泵：喷浆泵由电动机、联轴器、泵体、安全阀、过滤储料装置、喷枪、机架等组成。

2）高压无气喷涂机：高压无气喷涂机由吸入系统、回料系统、涂料泵、液压泵、喷涂系统、电动机、小车等组成。

（2）涂料喷刷机械的安全使用要点：

1）喷浆泵的安全使用要点：

① 喷涂前，对石灰浆必须用 60 目筛网过滤两遍，防止喷嘴孔堵塞和叶片磨损。

② 喷嘴孔径应在 2~2.8mm 之间，大于 2.8mm 时应及时更换。

③ 严禁泵体内无液体干转，以免磨坏尼龙叶片。在检查电动机旋转方向时，一定要先打开料桶开关，让石灰浆先流入泵体内后，再让电动机带泵旋转。

2）高压无气喷涂机的安全使用要点：

① 喷涂燃点在 21℃ 以下的易燃涂料时，必须接好地线。地线一头接电动机零线位置，另一头接铁涂料桶或被喷的金属物体。泵机不得和被喷涂物放在同一房间里，周围严禁有明火。

② 不得用手指试高压射流。喷涂间歇时，要随手关闭喷枪安全装置，防止无意打开伤人。

③ 高压软管的弯曲半径不得小于 25cm，不得在尖锐的物体上用脚踩踏高压软管。

4. 地面修整机械

地面修整机械是对混凝土和水磨石地面进行磨平、磨光的地面修整机械，常用的为水磨石机和地面抹光机。

（1）地面修整机械的结构简述：

1）水磨石机：水磨石机由电动机、减速器、转盘、行走滚轮等组成。

2）地面抹光机：地面抹光机由电动机、减速器、抹光装置、安全罩、操纵杆等组成。

（2）地面修整机械的安全使用：

1）水磨石机的安全使用要点：

① 接通电源、水源，检查磨盘旋转方向应与箭头所示方向相同。

② 手压扶把，使磨盘离开地面后起动电动机，待运转正常后缓慢地放下磨盘进行作业。

③ 作业时必须有冷却水并经常通水，用水量可调至工作面不发干为宜。

2）地面抹光机的安全使用要点：

① 操作时应有专人收放电缆线，防止被抹刀板划破或拖坏已抹好的地面。

② 第一遍抹光时，应从内角往外纵横重复抹压，直至压平、压实、出浆为止；第二遍抹光时，应由外墙一侧开始向门口倒退抹压，直至光滑平整无抹痕为止；抹压过程如地面较干燥，可均匀喷洒少量水或水泥浆再抹，并用人工配合修整边角。

5. 手持机具

手持机具是运用小容量电动机，通过传动机构驱动工作装置的一种手提式或便携式小型机具。其用途广泛，使用方便，能提高装修质量和速度，是装修机械的重要组成部分。

手持机具种类繁多，按其用途可归纳为饰面机具，打孔机具，切割机具，磨、锯、剪机具，铆接紧固机具五类。按其动力源有电动、风动之分，但在装修作业中因使用方便而较多采用电动机具。各类电动机具的电动机和传动机构基本相同，主要区别是工作装置的不同，因而它们的使用与维护有较多的共同点。

（1）饰面机具：饰面机具有电动弹涂机、气动剁斧机及各种喷枪等。

1）弹涂机能将各种色浆弹在墙面上，适用于建筑物内外墙壁及顶棚的彩色装饰。

2）剁斧机能代替人工剁斧，使混凝土饰面形成适度纹理的杂色碎石外饰面。

（2）打孔机具：

1）打孔机具的种类和用途：常用打孔机具有双速冲击电钻、电锤及各种电钻等。

① 冲击电钻具有两种转速，以及旋转、旋转冲击两种不同用途的机构，适用于大型砌块、砖墙等脆性板材钻孔用。根据不同钻孔直径，可选用高、低两种转速。

② 电锤是将电动机的旋转运动转变为冲击运动或旋转带冲击的钻孔工具。它比冲击电钻有更大的冲击力，适合在砖、石、混凝土等脆性材料上打孔、开槽、粗糙表面、安装膨胀螺栓、固定管线等作业。常用的是曲柄连杆气垫式电锤。

2）打孔机具的结构简述：

① 双速冲击电钻：其由电动机、减速器、调节环、钻夹头以及开关和电源线等组成。

② 电锤：其由单相串激式电动机、减速器、偏心轴、连杆、活塞机构、钻杆、刀具、支架、离合器、手柄、开关等组成。

3）打孔机具的使用要点：

① 冲击电钻：电钻旋转正常后方可作业。钻孔时不应用力过猛，遇到转速急剧下降情况，应立即减小用力，以防电动机过载。使用中如电钻突然卡住不转时，应立即断电检查。

在钻金属、木材、塑料等时，调节环应位于"钻头"位置；当钻砌块、砖墙等脆性材料时，调节环应位于"锤"位置，并采用镶有硬质合金的麻花钻进行冲钻孔。

② 电锤：操作者立足要稳，打孔时先将钻头抵住工作表面，然后开动，适当用力，尽量避免机具在孔内左右摆动；如遇到钢筋时，应立即停钻并设法避开，以免扭坏机具；电锤为40%断续工作制，切勿长期连续使用；严禁用木杠加压。

（3）切割机具：

1）切割机具的种类和用途：常用的切割机具有瓷片切割机、石材切割机、混凝土切割机等。

① 瓷片切割机用于瓷片、瓷板嵌件及小型水磨石、大理石、玻璃等预制嵌件的装修切割；换上砂轮，还可进行小型型材的切割，广泛用于建筑装修、水电装修工程。

② 石料切割机用于各种石材、瓷制品及混凝土等块、板状件的切割与画线。

③ 混凝土切割机用于混凝土预制件、大理石、耐火砖的切割，换上砂轮片还可切割铸铁管。

2）切割机具的结构简述：

① 瓷片切割机：其由交直流两用双重绝缘单相串激式电动机、工作头、切制刀片、导尺、电源开关、电缆线等组成。

② 石材切制机：其由交直流两用双重绝缘单相串激电动机、减速器、机头壳、给水器、金刚石刀片、电源开关、电缆线等组成。

3）切割机具的使用要点：

① 瓷片切割机：

a. 使用前，应先空转片刻，检查有无异常振动、气味和响声，确认正常后方可作业。

b. 使用过程要防止杂物、泥尘混入电动机，并随时注意机壳温度和炭刷火花等情况。

c. 切割过程用力要均匀适当，推进刀片时不可施力过猛；如发生刀片卡死时，应立即停机，重新对正后再切割。

② 石材切割机：

a. 调节切割深度，如切割深度超过 20mm，必须分两次切割，以防止电动机超载。

b. 切割过程中如发生刀片停转或有异响，应立即停机检查，排除故障后方可继续使用。

c. 不得在刀片停止旋转之前将机具放在地上或移动机具。

（4）磨、锯、剪机具：

1）磨、锯、剪机具的种类和用途：磨、锯、剪机具种类较多，常用的有角向磨光机、曲线锯、电剪及电冲剪等。

① 角向磨光机用于金属件的砂磨、清理、去毛刺、焊接前打坡口及型材切割等作业，更换工作头后，还可进行砂光、抛光、除锈等作业。

② 曲线锯可按曲线锯割板材，更换不同的锯条，可锯割金属、塑料、木材等不同板料。

③ 电剪用于剪切各种形状的薄钢板、铝板等。电冲剪和电剪相似，只是工作头形式不同，除能冲剪一般金属板材外，还能冲剪波纹钢板、塑料板、层压板等。

2）磨、锯、剪机具的结构简述：

① 角向磨光机：其由交直流两用双重绝缘单相串激式电动机、锥齿轮、砂轮、防护罩等组成。

② 曲线锯：其是由交直流两用双重绝缘单相串激式电动机、齿轮机构、曲柄、导杆、锯条等组成。

③ 电剪：其是由自行通风防护式交直流两用电动机、减速器、曲轴连杆机构、工作头等组成。

3）磨、锯、剪机具的安全使用要点：

① 角向磨光机：

a. 角向磨光机使用的砂轮必须是增强纤维树脂砂轮，其安全线速度不得小于 80m/s。使用的电缆线与插头应有绝缘性能，不能任意用其他导线插头更换或接长导线。

b. 作业中注意防止砂轮受到撞击，使用切割砂轮时，不得横向摆动，以免砂轮碎裂。

c. 在坡口或切割作业时，不能用力过猛，遇到转速急剧下降应立即减小用力，防止过载；如发生突然卡住时，应立即切断电源。

② 曲线锯：

a. 直线锯割时，要装好宽度定位装置，调节好与锯条之间的距离；曲线锯割时，要沿着划好的曲线缓慢推动曲线锯切割。

b. 锯条要根据锯割的材料进行选用，锯木材时，要用粗牙锯条；锯金属材料时，要用细牙锯条。

③ 电剪：

a. 使用前先空转检查电剪的传动部分，必须灵活无障碍，方可剪切。

b. 作业前先要根据钢板厚度调节刀头间隙量，间隙量可按表6-2选用。

表 6-2　钢板厚度调节刀头间隙量

钢板厚度/mm	0.8	1	1.5	2
刀头间隙量/mm	0.15	0.2	0.3	0.6～0.7

（5）铆接紧固机具：

1）铆接紧固机具的种类和用途：铆接紧固机具主要有拉铆枪、射钉枪等。

① 拉铆枪用于各种结构件的铆接作业，铆件美观牢固，能达到一定的气密性或水密性要求，对封闭构造或盲孔均可进行铆接。拉铆枪有电动和气动两种，电动因使用方便而广泛采用。

② 射钉枪是进行直接紧固技术的先进工具，它能将射钉直接射入钢板、混凝土、砖石等基础材料里，而无须做任何准备工作（如钻孔、预埋等），使构件获得牢固固结。按其结构可分高速、低速两种，建筑施工中适用低速射钉枪。

2）铆接紧固机具的结构简述：

① 电动拉铆枪：其由自行通风防护式交直流两用单相串激电动机、传动装置、头部工作机构三部分组成。

② 射钉枪：其本身没有动力装置，依靠弹膛里的火药燃烧释放出的能量推动发射管里的活塞，再由活塞推动射钉以100m/s的速度射出。射钉射入固接件的深度，可通过射钉枪的活塞行程距离加以控制。

3）铆接紧固机具的使用要点：

① 拉铆枪：

a. 被铆接物体上的铆钉孔应与铆钉滑配合，不得太松，否则会影响铆接强度和质量。

b. 进行铆接时，如遇铆钉轴未拉断，可重复扣动扳机，直到铆钉轴拉断为止。切忌强行扭撬，以免损伤机件。

② 射钉枪：

a. 装钉子：把选用的钉子装入钉管，并用与枪打管内径相配的通条，将钉子推到底部。

b. 退弹壳：把射钉枪的前半部转动到位，向前拉；断开枪身，弹壳便自动退出。

c. 装射钉弹：把射钉弹装入弹膛，关上射钉枪，拉回前半部，顺时针方向旋转到位。

d. 击发：将射钉枪垂直地紧压于工作面上，扣动扳机击发，如有射钉弹不发火，重新把射钉枪垂直紧压于工作面上，扣动扳机再击发；如经两次扣动扳机射钉弹均不击发时，应保持原射击位置数秒钟，然后再将射钉弹退出。

在使用结束时或更换零件以及断开射钉枪之前，射钉枪不准装射钉弹，且严禁用手掌推压钉管。

6.2.2.6　木工机械

木工机械按机械的加工性质和使用的刀具种类，大致可分为制材机械、细木工机械和附属机具三类。

制材机械包括带锯机、圆锯机、框锯机等。

细木工机械包括刨床、铣床、开榫机、钻孔机、榫槽机、车床、磨光机等。

附属机具包括锯条开齿机、锯条焊接机、锯条辊压机、压料机、锉锯机、刃磨机等。建筑施工现场中常用的为刨床。

1. 制材机械分类与特点

（1）带锯机：带锯机是把带锯条环绕在锯轮上并使其转动用以切削木材的机械，其锯条的切削运动是单方向连续的，切削速度较快；其能锯割较大径级的圆木或特大方材，且锯割质量好；还可以采用单锯锯割、合理的看材下锯，因此制材等级率高，出材率高。同时锯条较薄锯路损失较少，故大多数制材车间均采用带锯机制材。

（2）圆锯机：圆锯机构造简单、安装容易、使用方便、效率较高、应用比较广泛，但是它的锯路高度小，锯路宽度大、出材率低、锯切质量较差，主要由机架、工作台、锯轴、切削刀片、导尺、传动机构和安全装置等组成。

2. 木工刨床分类与特点

木工刨床用于方材或板材的平面加工，有时也用于成形表面的加工。工件经过刨床加工后，不仅可以得到精确的尺寸和所需要的截面形状，而且可得到较光滑的表面。根据不同的工艺用途，木工刨床可分为平刨、压刨、双面刨、三面刨、四面刨和刮光机等多种形式。

3. 木工机械的使用

建筑施工现场常用的木工机械为圆盘锯和电平刨，两种机械安全使用技术要点如下：

（1）圆盘锯的作业条件和使用要点：

1）设备本身应设按钮开关控制，配电箱距设备距离不大于 3m，以便在发生故障时迅速切断电源。

2）锯片必须平整坚固，锯齿尖锐有适当锯路，锯片不能有连续断齿，不得使用有裂纹的锯片。

3）安全防护装置要齐全有效。分料器的厚度与位置合适，锯长料时不产生夹锯；锯盘护罩的位置应固定在锯盘上方，不得在使用中随意转动；台面应设防护挡板，防止破料时遇节疤和铁钉弹回伤人；传动部位必须设置防护罩。

4）锯盘转动后，应待转速正常时再锯木料。所锯木料的厚度以不碰到固定锯盘的压板边缘为限。

5）木料接近到尾端时，要由下手拉料，不要用上手直接推送，推送时使用短木板顶料，防止推空锯手。

6）木料较长时两人配合操作。操作中，下手必须待木料超过锯片 20cm 以外时方可接料，接料后不要猛拉，应与送料配合；需要回料时，木料要完全离开锯片后再送回，操作时不能过早过快，防止木料碰锯片。

7）截断木料和锯短料时，应用推棍，不准用手直接进料，进料速度不能过快，下手接料必须用刨钩，木料长度不足 50cm 的短料，禁止上锯。

8）需要换锯盘和检查维修时必须拉闸断电，待完全停止转动后再进行工作。

9）下料应堆放整齐，台面上以及工作范围内的木屑应及时清除，不要用手直接擦抹台面。

（2）电平刨（手压刨）的作业条件和使用要点：

1）应明确规定，除专业木工外，其他工种人员不得操作。

2）应检查刨刀的安装是否符合要求，包括刀片紧固程度、刨刀的角度、刀口出台面高度等。刀片的厚度、重量应均匀一致，刀架、夹板必须平整贴紧，紧固刀片的螺钉应嵌入槽内不少于 10mm。

3）设备应装按钮开关，不得装扳把开关，以防误开机；配电箱距设备不大于 3m，便于发生故障时迅速切断电源。

4）使用前应空转运行，转速正常无故障时才可进行操作。刨料时，应双手持料；按料时应使用工具，不要用手直接按料，防止木料移动手按空发生事故。

5）刨木料小面时，手按在木料的上半部，经过刨口时用力要轻，防止木料歪倒时手按刨口伤手。

6）短于 20cm 的木料不得使用机械；长度超过 2m 的木料应由两人配合操作。

7）刨料前要仔细检查木料，有铁钉、灰浆等物要先清除，遇木节、逆茬时，要适当减慢推进速度。

8）需调整刨口和检查检修时，必须拉闸切断电源，待完全停止转动后方可进行。

9）台面上刨花，不要用手直接擦抹，周围刨花应及时清除。

10）电平刨的使用，必须装设灵敏可靠的安全防护装置，目前各地使用的防护装置不一，但不管何种形式，必须灵敏可靠，经试验认定确实可以起到防护作用。

11）防护装置安装后，必须专人负责管理，不能以各种理由拆掉；发行故障时机械不可继续使用，必须待防护装置维修试验合格后方可再用。

6.2.2.7　垂直运输机械

6.2.2.7.1　塔式起重机

塔式起重机是臂架安置在垂直的塔身顶部的可回转臂架型起重机，简称塔机。

塔式起重机是现代工业和民用建筑中的重要起重设备，在建筑安装工程中，尤其在高层、超高层的工业和民用建筑的施工中得到了非常广泛的应用。塔式起重机在施工中主要用于建筑结构和工业设备的安装，吊运建筑材料和建筑构件。其主要作用是重物的垂直运输和施工现场内的短距离水平运输。

1. 塔式起重机的分类

塔式起重机根据其不同的形式，可分类如下：

（1）按结构形式分类：

1）固定式塔式起重机：通过连接件将塔身基架固定在地基基础或结构物上，进行起重作业的塔式起重机。

2）移动式塔式起重机：具有运行装置，可以行走的塔式起重机。根据运行装置的不同又可分为轨道式、轮胎式、汽车式、履带式。

3）自升式塔式起重机：依靠自身的专门装置，增、减塔身标准节或自行整体爬升的塔式起重机。根据升高方式的不同又分为附着式和内爬式的两种。

① 附着式塔式起重机：按一定间隔距离，通过支撑装置将塔身锚固在建筑物上的自升塔式起重机。

② 内爬式塔式起重机：设置在建筑物内部，通过支撑在结构物上的专门装置，使整机能随着建筑物的高度增加而升高的塔式起重机。

（2）按回转形式分类：

1）上回转塔式起重机：回转支承设置在塔身上部的塔式起重机，又可分为塔帽回转式、塔顶回转式、上回转平台式、转柱式等形式。

2）下回转塔式起重机：回转支承设置于塔身底部、塔身相对于底架转动的塔式起重机。

（3）按架设方法分类：

1）非自行架设塔式起重机：依靠其他起重设备进行组装架设成整机的塔式起重机。

2）自行架设塔式起重机：依靠自身的动力装置和机构能实现运输状态与工作状态相互转换的塔式起重机。

（4）按变幅方式分类：

1）小车变幅塔式起重机：起重小车沿起重臂运行进行变幅的塔式起重机。

2）动臂变幅塔式起重机：臂架作俯仰运动进行变幅的塔式起重机。

3）折臂式塔式起重机：根据起重作业的需要，臂架可以弯折的塔式起重机，它同时具备动臂变幅和小车变幅的性能。

2. 塔式起重机的主要机构

塔式起重机是一种塔身直立、起重臂回转的起重机械，塔式起重机主要由金属结构、工作机构和控制系统组成。

（1）金属结构：塔式起重机金属结构基础部件包括底架、塔身、塔帽、起重臂、平衡臂、转台等部分。

1）底架：塔式起重机底架结构的构造形式由塔式起重机的结构形式（上回转和下回转）与行走方式（轨道式或轮胎式）及相对于建筑物的安装方式（附着及自升）而定。下回转轻型快速安装塔式起重机多采用平面框架式底架，而中型或重型下回转塔式起重机则多用水母式底架。上回转塔式起重机，轨道中央要求用作临时堆场或作为人行通道时，可采用门架式底架；自升式塔式起重机的底架多采用平面框架加斜撑式底架；轮胎式塔式起重机则采用箱形梁式结构。

2）塔身：塔身结构形式可分为固定高度式和可变高度式两大类。轻型吊钩高度不大的下回转塔式起重机一般均采用固定高度塔身结构，而其他塔式起重机的塔身高度多是可变的。可变高度塔身结构又分为折叠式塔身、伸缩式塔身、下接高式塔身、中接高式塔身和上接高式塔身五种不同形式。

3）塔帽：塔帽结构形式多样，有竖直式、前倾式及后倾式之分。同塔身一样，主弦杆采用无缝钢管、圆钢、角钢或组焊方钢管制成，腹杆用无缝钢管或角钢制作。

4）起重臂：起重臂为小车变幅臂架，一般采用正三角形断面。俯仰变幅臂架多采用矩形断面格桁结构，由角钢或钢管组成，节与节之间采用销轴连接或法兰连接或盖板螺栓连接，臂架结构钢材选用 16Mn 或 Q235 钢。

5）平衡臂：上回转塔式起重机的平衡臂多采用平面框架结构，主梁采用槽钢或工字钢，连系梁及腹杆采用无缝钢管或角钢制成，重型自升塔式起重机的平衡臂常采用三角断面格桁结构。

6）转台。

（2）工作机构：塔式起重机一般设置有起升机构、变幅机构、回转机构和行走机构，这四个机构是塔式起重机最基本的工作机构。

1）起升机构：塔式起重机的起升机构绝大多数采用电动机驱动，常见的驱动方式如下：

① 滑环电动机驱动。

② 双电动机驱动（高速电动机和低速电动机，或负荷作业电动机及空钩下降电动机）。

2）变幅机构

① 动臂变幅式塔式起重机的变幅机构用以完成动臂的俯仰变化。

② 水平臂小车变幅式塔式起重机，其小车牵引机构的构造原理同起升机构，采用的传动方式是：变极电动机→少齿差减速器、圆柱齿轮减速器或圆锥齿轮减速器→钢丝绳卷筒。

3）回转机构：塔式起重机回转机构目前常用的驱动方式是：滑环电动机→液力偶合器→少齿差行星减速器→开式小齿轮→大齿圈（回转支承装置的齿圈）。

轻型和中型塔式起重机只装一台回转机构，重型的一般装用二台回转机构，而超重型塔式起重机则根据起重能力和转动质量的大小，装设三台或四台回转机构。

4）大车行走机构：轻、中型塔式起重机采用 4 轮式行走机构，重型采用 8 轮或 12 轮行走机构，超重型塔式起重机采用 12~16 轮式行走机构。

3. 安全装置

为了保证塔式起重机的安全作业，防止发生各项意外事故，根据现行国家标准《塔式起重机设计规范》GB/T 13752、《塔式起重机》GB/T 5031 和《塔式起重机安全规程》GB 5144 的规定，塔式起重机必须配备各类安全保护装置，安全装置如下：

（1）起重力矩限制器：起重力矩限制器主要作用是防止塔式起重机起重力矩超载的安全装置，避免塔式起重机由于严重超载而引起塔式起重机的倾覆等恶性事故，力矩限制器仅对塔式起重机臂架的纵垂直平面内的超载力矩起防护作用，不能防护风载、轨道的倾斜或陷落等引起的倾翻事故，对于起重力矩限制器除了要求一定的精度外，还要有较高的可靠性。

根据起重力矩限制器的构造和塔式起重机形式不同，其可安装在塔帽、起重臂根部和端部等部位。起重力矩限制器主要分为机械式和电子式两大类，机械力矩限制器按弹簧的不同可又分为螺旋弹簧和板弹簧两类。

当起重力矩大于相应工况额定值并小于额定值的 110% 时，应切断上升和幅度增大方向电源，但机构可做下降和减小幅度方向的运动。对小车变幅的塔式起重机，起重力矩限制器应分别由起重量和幅度进行控制。

起重力矩限制器是塔式起重机最重要的安全装置，其应始终处于正常工作状态，在现场条件不完全具备的情况下，至少应在最大工作幅度进行起重力矩限制器试验，可以使用现场重物经台秤标定后，作为试验载荷使用，使起重力矩限制器的工作符合要求。

（2）起重量限制器：起重量限制器的作用是保护起吊物品的重量不超过塔式起重机所允许的最大起重量，是用以防止塔式起重机的吊物重量超过最大额定荷载，避免发生结构、机构及钢丝绳损坏事故，起重量限制器根据构造不同可装在起重臂头部、根部等部位。它主要分为电子式和机械式两种。

1）电子式起重量限制器。电子式起重量限制器俗称"电子秤"或称拉力传感器，当吊载荷的重力传感器的应变元件发生弹性变形时而与应变元件联成一体的电阻应变元件随其变形产生阻值变化，这一变化与载荷重量大小成正比，这就是电子秤工作的基本原理，一般情况将电子式起重量限制器串接在起升钢丝绳中置的臂架的前端。

2）机械式起重限制器。机械式起重限制器安装在回转框架的前方，主要由支架、摆杆、导向滑轮、拉杆、弹簧、撞块、行程开关等组成。当绕过导向滑轮的起升钢丝绳的单根拉力超过其额定数值时，摆杆带动拉杆克服弹簧的张力向右运动，使紧固在拉杆上的碰块触发行程开关，从而接触电铃电源，发出警报信号，并切断起升机构的起升电源，使吊钩只能下降不能提升，以保证塔式起重机安全作业。

当起重量大于相应挡位的额定值并小于额定值的110%时，应切断上升方向的电源，但机构可做下降方向运动。具有多挡变速的起升机构，限制器应对各挡位具有防止超载的作用。

（3）起升高度限位器：起升高度限位器是用来限制吊钩接触到起重臂头部或与载重小车之前、或是下降到最低点（地面或地面以下若干米）以前，使起升机构自动断电并停止工作以防止因起重钩起升过度而碰坏起重臂的装置。可使起重钩在接触到起重臂头部之前，起升机构自动断电并停止工作。常用的有安装在起重臂端头附近和安装在起升卷筒附近两种形式。

安装在起重臂端头附近的是以钢丝绳为中心，从起重臂端头悬挂重锤，当起重钩达到限定位置时托起重锤，在拉簧作用下，限位开关的杠杆转过一个角度，使起升机构的控制回路断开，切断电源，停止起重钩上升。安装在起升卷筒附近的是卷筒的回转通过链轮和链条或齿轮带动丝杆转动，并通过丝杆的转动使控制块移动到一定位置时，限位开关断电。

对动臂变幅的塔式起重机，当吊钩装置顶部升至起重臂下端的最小距离为800mm处时，应能立即停止起升运动。对小车变幅的塔式起重机，吊钩装置顶部至小车架下端的最小距离根据塔式起重机形式及起升钢丝绳的倍率而定。上回转式塔式起重机2倍率时为1000mm，4倍率时为700mm，下回转式塔式起重机2倍率时为800mm，4倍率时为400mm，此时应能立即停止起升运动。

（4）幅度限位器：用来限制起重臂在俯仰时不超过极限位置的装置，当起重臂俯仰到一定限度之前发出警报，当达到限定位置时，则自动切断电源。

动臂式塔式起重机的幅度限制器是用以防止臂架在变幅时，变幅到仰角极限位置时（一般与水平夹角为63°～70°时）切断变幅机构的电源，使其停止工作，同时还设有机械止挡，以防臂架因起幅中的惯性而后翻。小车运行变幅式塔式起重机的幅度限制器用来防止运行小车超过最大或最小幅度的两个极限位置。一般小车变幅限位器是安装在臂架小车运行轨道的前后两端，用行程开关达到控制。

对动臂变幅的塔式起重机，应设置最小幅度限位器和防止臂架反弹后倾装置。对小车变幅的塔式起重机，应设置小车行程限位开关和终端缓冲装置。限位开关动作后应保证小车停车时其端部距缓冲装置最小距离为 200mm。

（5）行程限位器

1）小车行程限位器：设于小车变幅式起重臂的头部和根部，包括终点开关和缓冲器（常用的有橡胶和弹簧两种），用来切断小车牵引机构的电路，防止小车越位而造成安全事故。

2）大车行程限位器：包括设于轨道两端尽头的制动缓冲装置和制动钢轨以及装在起重机行走台车上的终点开关，用来防止起重机脱轨。

（6）回转限位器：无集电器的起重机，应安装回转限位器且工作可靠。塔式起重机回转部分在非工作状态下应能自由旋转；对有自锁作用的回转机构，应安装安全极限力矩联轴器。

（7）夹轨钳：装设于行走底架（或台车）的金属结构上，用来夹紧钢轨，防止起重机在大风情况下被风力吹动而行走造成塔式起重机出轨倾翻事故的装置。

（8）风速仪：自动记录风速，当超过六级风速以上时自动报警，使操作司机及时采取必要的防范措施，如停止作业、放下吊物等。

臂架根部铰点高度大于 50m 的塔式起重机，应安装风速仪。当风速大于工作极限风速时，应能发出停止作业的警报。风速仪应安装在起重机顶部至吊具最高的位置间的不挡风处。

（9）障碍指示灯：塔顶高度大于 30m 且高于周围建筑物的塔式起重机，必须在起重机的最高部位（臂架、塔帽或人字架顶端）安装红色障碍指示灯，并保证供电不受停机影响。

（10）钢丝绳防脱槽装置：主要用以防止钢丝绳在传动过程中，脱离滑轮槽而造成钢丝绳卡死和损伤。

（11）吊钩保险：吊钩保险是安装在吊钩排绳处的一种防止起吊钢丝绳由于角度过大或挂钩不妥时造成起吊钢丝绳脱钩，吊物坠落事故的装置。吊钩保险一股采用机械卡环式，用弹簧来控制挡板，阻止钢丝绳的滑脱。

4. 塔式起重机的安装拆卸方案

塔式起重机的安装拆除方案或称拆装工艺，包括拆装作业的程序、方法和要求。合理、正确的拆装方案，不仅是指导拆装作业的技术文件，也是拆装质量、安全以及提高经济效益的重要保证。由于各类型塔式起重机的结构不同，因而其拆装方案也各不相同。

（1）安装、拆除专项施工方案内容：塔式起重机的拆装方案一般应包括以下内容。

1）整机及部件的安装或拆卸的程序与方法。

2）安装过程中应检测的项目以及应达到的技术要求。

3）关键部位的调整工艺应达到的技术条件。

4）需使用的设备、工具、量具、索具等的名称、规格、数量及使用注意事项。

5）作业工位的布置、人员配备（分工种，等级）以及承担的工序分工。

6）安全技术措施和注意事项。

7）需要特别说明的事项。

（2）编制方案的依据：编制拆装方案主要依据是。

1）国家有关塔式起重机的技术标准和规范、规程。

2）随机的使用和拆装说明书，整机、部件的装配图，电气原理及接线图等。

3）已有的拆装方案及过去拆装作业中积累的技术资料。

4）其他单位的拆装方案或有关资料。

（3）编制要求：为使编制的拆装方案更加先进、合理，应正确处理拆装进度、质量和安全的关系。具体要求如下。

1）拆装方案的编制，一方面应结合本单位的设备条件和技术水平，另一方面还应考虑工艺的先进性和可靠性。因而必须在总结本单位拆装经验和学习外单位的先进经验基础上，对拆装工艺不断地改进和提高。

2）在编制拆装程序及进度时，应以保证拆装质量为前提。如果片面追求进度，简化必要的作业程序，将留下使用中的事故隐患，即便能在安装后的检验验收中发现，也将造成重大的返工损失。

3）塔式起重机拆装作业的关键问题是安全，拆装方案中应体现对安全的充分保障。编制拆装方案时，要充分考虑改善劳动和安全条件，尤其是高处作业中拆装工人的人身安全以及拆装机械不受损害。

4）针对数量较多的机型，可以编制典型拆装方案，使它具有普遍指导意义。对于数量较少的其他机型，可以典型拆装方案为基准，制定专用拆装方案。

5）编制拆装方案要正确处理质量、安全和速度、经济等的关系，在保证质量和安全的前提下，合理安排人员组合和各工种的相互协调，尽可能减少工序间不平衡而出现忙闲不均。尽可能减少部件在工序间的运输路程和次数，减轻劳动强度，集中使用辅助起重、运输机械，减少作业台班。

（4）拆装方案的编制步骤：

1）认真学习有关塔式起重机的技术标准和规程、规范，仔细研究塔式起重机生产厂使用说明书中有关的技术资料和图纸，掌握塔式起重机的原始数据、技术参数、拆装方法、程序和技术要求。

2）制定拆装方案路线，一般按照拆装的先后程序，应用网络技术制定拆装方案路线，一般自升塔式起重机的安装程序是：铺设轨道基础或固定基础→安装行走台车及底架→安装塔身基座和两个标准节→安装斜撑杆→放置压重→安装顶升套架和液压顶升装置→组拼安装转台、回转支承装置→承座及过渡节→安装塔帽和驾驶室→安装平衡臂→安装起重臂和变幅小车、穿绕起升钢丝绳→顶升接高标准节到需要高度。塔式起重机的拆卸程序是安装的逆过程。

（5）拆装方案的审定：拆装方案制定后，应先组织有关技术人员和拆装专业队的熟练工人研究讨论，经再次修改后由企业技术负责人审定。根据拆装方案，将拆装作业划分为若干个工位来完成，按照每个工位所承担的作业任务编好工艺卡片。在每次拆装作业前，按分工下达工艺卡片，使每个拆装工人明确岗位职责以及作业的程序和方法。拆装作业完成后，应在总结经验教训的基础上，修改拆装方案并使之更加完善，达到优质、安全、快速拆装塔式起重机的目的。

5. 塔式起重机的安装拆卸

（1）拆装作业前的准备工作：拆装作业前应进行一次全面检查，以防止任何隐患存在，确保安全作业。

1）检查路基和轨道铺设或混凝土固定基础是否符合技术要求。使用单位应根据塔式起重机原制造商提供的载荷参数设计制造混凝土基础。混凝土强度等级应不低于 C35，基础表面平整度偏差小于 1/1000。

2）对所拆装塔式起重机的各机构与部位、结构焊缝、重要部位螺栓、销轴、卷扬机构和钢丝绳、吊钩、吊具以及电气设备、线路等进行检查，发现问题及时处理。若发现下列问题应修复或更换后方可进行拆装：①目视可见的结构件裂纹及焊缝裂纹；②连接件的轴、孔严重磨损；③结构件母材严重锈蚀；④结构件整体或局部塑性变形，销孔塑性变形。

3）对自升式塔式起重机顶升液压系统的液压缸和油管、顶升套架结构、导向轮、挂靴爬爪等进行检查，发现问题及时处理。

4）对拆装人员所使用的工具、安全带、安全帽等进行全面检查，不合格者立即更换。

5）检查拆装作业中的辅助机械，如起重机、运输汽车等必须性能良好，技术要求能保证拆装作业需要。

6）检查电源配电箱及供电线路，保证电力正常供应。

7）检查作业现场有关情况，如作业场地、运输道路等是否已具备拆装作业条件。

8）技术人员和作业人员符合规定要求。

9）安全措施已符合要求。

（2）拆装作业中的安全技术：

1）塔式起重机的拆装作业必须在白天进行，如需要加快进度，可在具备良好照明条件的夜间做一些拼装工作。不得在大风、浓雾和雨雪天进行。安装、拆卸、加节或降节作业时，塔式起重机的最大安装高度处的风速不应大于 13m/s。

2）在拆装作业的全过程，必须保持现场的整洁和秩序。周围不得堆存杂物，以免妨碍作业并影响安全。对放置起重机金属结构的下面必须垫放木方，防止损坏结构或造成结构变形。

3）安装架设用的钢丝绳及其连接和固定，必须符合标准和满足安装上的要求。

4）在进行逐件组装或部件安装之前，必须对部件各部分的完好情况、连接情况和钢丝绳穿绕情况、电气线路等进行全面检查。

5）在拆装起重臂和平衡臂时，要始终保持起重机的平衡，严禁只拆装一个臂就中断作业。

6）在拆装作业过程中，如突然发生停电、机械故障、天气骤变等情况不能继续作业，或作业时间已到需要停休时，必须使起重机已安装、拆卸的部位达到稳定状态并已锁固牢靠，所有结构件已连接牢固，塔顶的重心线处于塔底支承四边中心处，再经过检查确认妥善后，方可停止作业。

7）安装时应按安全要求使用规定的螺栓、销、轴等连接件，螺栓紧固时应符合规定的预紧力，螺栓、销、轴都要有可靠的防松或保护装置。

8）在安装起重机时，必须将大车行走限位装置和限位器碰块安装牢固可靠。并将各部位的栏杆、平台、护链、扶杆、护圈等安全防护装置装齐。

9）安装作业的程序，辅助设备、索具、工具以及地锚构筑等，均应遵照该机使用说明书中的规定或参照标准安装工艺执行。

（3）顶升作业的安全技术：

1）顶升前必须检查液压顶升系统各部件连接情况，并调整好顶升套架导向滚轮与塔身的间隙，然后放松电缆，其长度略大于顶升高度，并紧固好电缆卷筒。

2）顶升作业，必须在专人指挥下操作，非作业人员不得登上顶升套架的操作台，操作室内只准 1 人操作，严格听从信号指挥。

3）风力在 4 级以上时，不得进行顶升作业，如在作业中风力突然加大时，必须立即停止作业，并使上下塔身连接牢固。

4）顶升时，必须使起重臂和平衡臂处于平衡状态，并将回转部分制动住；严禁回转起重臂及其他作业，顶升中如发现故障，必须立即停止顶升进行检查，待故障排除后方可继续顶升，如短时间内不能排除故障，应将顶升套架降到原位，并及时将各连接螺栓紧固。

5）在拆除回转台与塔身标准节之间的连接螺栓（销子）时，如出现最后一处螺栓拆装困难，应将其对角方向的螺栓重新插入，再采取其他措施。不得以旋转起重臂动作来松动螺栓（销子）。

6）顶升时，必须确认顶升撑脚稳妥就位后，方可继续下一动作。

7）顶升工作中，随时注意液压系统压力变化，如有异常，应及时检查调整。还要有专人用经纬仪测量塔身垂直度变化情况，并做好记录。

8）顶升到规定高度后，必须先将塔身附在建筑物上，方可继续顶升。

9）拆卸过程顶升时，其注意事项同上。但锚固装置决不允许提前拆卸，只有降到附着节时方可拆除。

10）安装和拆卸工作的顶升完毕后，各连接螺栓应按规定的预紧力紧固，顶升套架导向滚轮与塔身吻合良好，液压系统的左右操纵杆应在中间位置，并切断液压顶升机构的电源。

（4）附着锚固作业的安全技术：

1）建筑物预埋附着支座处的受力强度，必须经过验算，能满足塔式起重机在工作或非工作状态下的载荷。

2）应根据建筑施工总高度、建筑结构特点以及施工进度要求等情况，确定附着方案。

3）在装设附着框架和附着杆时，要通过调整附着杆的距离，保证塔身的垂直度。

4）附着框架应尽可能设置在塔身标准节的节点连接处，箍紧塔身，塔架对角处应设斜撑加固。

5）随着塔身的顶升接高而增设的附着装置应及时附着于建筑物，附着装置以上的塔身自由高度一般不得超过 40m。

6）布设附着支座处必须加配钢筋并适当提高混凝土的强度等级。

7）拆卸塔式起重机时，应随着降落塔身的进程拆除相应的附着装置，严禁在落塔之前先拆除附着装置。

8）遇有 6 级及以上大风时，禁止拆除附着装置。

9）附着装置的安装、拆卸、检查及调整均应有专人负责，并遵守高空作业安全操作规程的有关规定。

（5）内爬升作业的安全技术：

1）内爬升作业应在白天进行。风力超过 5 级时，应停止作业。

2) 爬升时，应加强上部楼层与下部楼层之间的联系，遇有故障及异常情况，应立即停机检查，故障未经排除，不得继续爬升。

3) 爬升过程中，禁止进行起重机的起升、回转、变幅等各项动作。

4) 起重机爬升到指定楼层后，应立即拔出塔身底座的支承梁和支腿，并通过爬升机架固定在楼板上，同时要顶紧导向装置或用楔块塞紧，使起重机能承受垂直与水平载荷。

5) 内爬升塔式起重机的固定间隔一般不得小于 3 个楼层。

6) 凡置有固定爬升框架的楼层，在楼板下面应增设支柱做临时加固。搁置起重机底座支承梁的楼层下方两层楼板，也应设置支柱做临时加固。

7) 每次爬升完毕后，楼板上遗留下来的开孔，必须立即用钢筋混凝土封闭。

8) 起重机完成内爬作业后，必须检查各固定部位是否牢靠，爬升框架是否固定好，底座支承梁是否紧固，楼板临时支撑是否妥善等，确认无遗留问题存在，方可进行吊装作业。

6. 塔式起重机的验收

塔式起重机在安装完毕后，使用单位应当组织验收。参加验收单位包括塔式起重机的使用单位和安装单位。

7. 塔式起重机的安全使用

(1) 塔式起重机司机应具备的条件：

1) 年满 18 周岁，初中以上文化程度。

2) 不得患有色盲、听觉障碍，矫正视力不低于 5.0 (原标准 1.0)。

3) 不得患有心脏病、高血压、贫血、癫痫、眩晕、断指等疾病或存在妨碍起重作业的生理缺陷。

4) 经有关部门培训合格，持证上岗。

(2) 安全使用：塔式起重机的使用，应遵照国家和主管部门颁发的安全技术标准、规范和规程，同时也要遵守使用说明书中的有关规定。

1) 日常检查和使用前的检查。

① 基础：对于轨道式塔式起重机，应对轨道基础、轨道情况进行检查，对轨道基础技术状况做出评定，并消除其存在问题。对于固定式塔式起重机，应检查其混凝土基础是否有不均匀的沉降。

② 塔式起重机的任何部位与输电线路的距离应符合表 6-3 的规定。

表 6-3　塔式起重机和输电线路之间的安全距离　　　　　　　(单位：m)

安全距离	电　压/kV				
	<1	1~15	20~40	60~110	220
沿垂直方向	1.5	3.0	4.0	5.0	6.0
沿水平方向	1.0	1.5	2.0	4.0	6.0

③ 检查塔式起重机金属结构和外观结构是否正常。

④ 各安全装置和指示仪表是否齐全有效。

⑤ 主要部位的连接螺栓是否有松动。

⑥ 钢丝绳磨损情况及各滑轮穿绕是否符合规定。

⑦ 塔式起重机的接地，电气设备外壳与机体的连接是否符合规范的要求。

⑧ 配电箱和电源开关设置应符合要求。

⑨ 动臂式和尚未附着的自升式塔式起重机，塔身不得悬挂标语牌。

2）使用过程中注意事项：

① 作业前应进行空运转，检查各工作机构、制动器、安全装置等是否正常。

② 塔式起重机司机要与现场指挥人员配合好，同时司机对任何人发出的紧急停止信号，均应服从。

③ 不得使用行程限位开关作为停止运行的控制开关，提升重物，不得自由下落。

④ 严禁拔桩、斜拉、斜吊和超负荷运转，严禁用吊钩直接挂吊物及用塔式起重机运送人员。

⑤ 作业中任何安全装置报警，都应查明原因，不得随意拆除安全装置。

⑥ 当风速超过 6 级时应停止使用。

⑦ 施工现场装有 2 台以上塔式起重机时，2 台塔机距离应保证低位的起重机臂架端部与另一台塔身之间至少有 2m；高位起重机最低部件与低位起重机最高部件之间垂直距离不得小于 2m。

⑧ 作业完毕，将所有工作机构开关转至零位，切断总电源。

⑨ 在进行保养和检修时，应切断塔式起重机的电源，并在开关箱上挂警示标志。

6.2.2.7.2　施工升降机

1. 施工升降机

施工升降机（又称外用电梯、施工电梯、附壁式升降机）是一种使用工作笼（吊笼）沿导轨架作垂直（或倾斜）运动用来运送人员和物料的机械。

施工升降机可根据需要的高度到施工现场进行组装，一般架设高度可达 100m，用于超高层建筑施工时可达 200m。施工升降机可借助本身安装在顶部的电动吊杆组装，也可利用施工现场的塔式起重机等起重设备组装。另外由于梯笼和平衡重的对称布置，故倾覆力矩很小，立柱又通过附壁与建筑结构牢固连接（不需缆风绳），所以受力合理可靠。施工升降机为保证使用安全，本身设置了必要的安全装置，这些装置应该经常保持良好的状态，防止意外事故。由于施工升降机结构坚固且拆装方便，不用另设机房，因此被广泛应用于工业、民用高层建筑的施工、桥梁、矿井、水塔的高层物料和人员的垂直运输。

2. 施工升降机的分类

（1）施工升降机按驱动方式分为齿轮齿条驱动（SC 型）、卷扬机钢丝绳驱动（SS 型）和混合驱动（SH 型）三种。SC 型升降机的吊笼内装有驱动装置，驱动装置的输出齿轮与导轨架上的齿条相啮合，当控制驱动电动机正反转时，吊装将沿着车轨上下移动，S 式升降机的吊笼沿轨架上下移动是借助于卷扬机收放钢丝来实现的。

（2）按导轨架的结构可分为单柱和双柱两种：一般情况下，SC 型施工升降机多采用单柱式导轨架，而且采取上接节方式。SC 型施工升降机按其吊笼数又分为单笼和双笼两种。单导轨架双吊笼的 SC 型施工升降机，在导轨架的两侧各装一个吊笼，每个吊笼各有自己的驱动装置，并可独立地上下移动，从而提高了运送客货的能力。

3. 施工升降机的构造

施工升降机主要由金属结构、驱动机构、安全保护装置和电气控制系统等部分组成。

（1）金属结构：金属结构由吊笼（梯笼）、底笼、导轨架、对（配）重、天轮架及小起重机构、附墙架等组成。

1）吊笼（梯笼）：吊笼（梯笼）是施工升降机运载人和物料的构件，笼内有传动机构、防坠安全器及电气箱等，外侧附有驾驶室，设置了门保险开关与门连锁，只有当吊笼前后两道门均关好后，梯笼才能运行。吊笼内空净高度不得小于 2m。对于 SS 型人货两用升降机，提升吊笼的钢丝绳不得少于 2 根，且应是彼此独立的。钢丝绳的安全系数不得小于 12，直径不得小于 9mm。

2）底笼：底笼的底架是施工升降机与基础连接部分，多用槽钢焊接成平面框架，并用地脚螺栓与基础相固结。底笼的底架上装有导轨架的基础节，吊笼不工作时停在其上。底笼四周有钢板网护栏，入口处有门，门的自动开启装置与梯笼门配合动作。在底笼的骨架上装有 4 个缓冲弹簧，以防吊笼坠落时起缓冲作用。

3）导轨架：导轨架是吊笼上下运动的导轨、升降机的主体，能承受规定的各种载荷。导轨架是由若干个具有互换性的标准节，经螺栓连接而成的多支点的空间桁架，用来传递和承受荷载。标准节的截面形状有正方形、矩形和三角形，标准节的长度与齿条的模数有关，一般每节为 1.5m。导轨架的主弦杆和腹杆多用钢管制造，横缀条则选用不等边角钢。

4）对（配）重：对重用以平衡吊笼的自重，可改善结构受力情况，从而提高电动机功率利用率和吊笼载重。

5）天轮架及小起重机构：天轮架由导向滑轮和天轮架钢结构组成，用来支承和导向配重的钢丝绳。

6）天轮：立柱顶的左前方和右后方安装两组定滑轮，分别支承两对吊笼和对重，当单笼时只使用一组天轮。

7）附墙架：立柱的稳定是靠与建筑结构进行附墙连接来实现的；附墙架用来使导轨架能可靠地支承在所施工的建筑物上；附墙架多由型钢或钢管焊成平面桁架。

（2）驱动机构：施工升降机的驱动机构一般有两种形式：一种为齿轮齿条式，一种为卷扬机钢丝绳式。

（3）安全保护装置：

1）防坠安全器：防坠安全器是施工升降机主要的安全装置，它可以限制吊笼的运行速度并防止坠落，安全器应能保证升降机吊笼出现不正常超速运行时及时动作，将吊笼制停。防坠安全器为限速制停装置，应采用渐进式安全器。钢丝绳施工升降机额定提升速度 <0.63m/s 时，可使用瞬时式安全器。但人货两用型仍应使用速度触发型防坠安全器。

防坠安全器的工作原理：当吊笼沿导轨架上下移动时，齿轮沿齿条滚动。当吊笼以额定速度工作时，齿轮带动传动轴及其上的离心块空转。一旦驱动装置的传动件损坏，吊笼将失去控制并沿导轨架快速下滑（当有配重，而且配重大于吊笼一侧载荷时，吊笼在配重的作用下，快速上升）。随着吊笼的速度提高，防坠安全器齿轮的转速也随之增加，当转速增加到防坠安全器的动作转速时，离心块在离心力和重力的作用下与制动轮的内表面上的凸齿相啮合，并推动制动轮转动。制动轮尾部的螺杆使螺母沿着螺杆做轴向移动进一步压缩碟形弹簧组，逐渐增加制动轮与制动毂之间的制动力矩，直到将吊笼制动在导轨架上为止。在防坠安全器左端的下表面上，装有行程开关。当导板向右移动一定距离后，与行程开关触头接触，并切断驱动电动机的电源。

防坠安全器动作后，吊笼应不能运行。只有当故障排除、防坠安全器复位后吊笼才能正常运行。

2）缓冲弹簧：在施工升降机的底架上有缓冲弹簧，以便当吊笼发生坠落事故时，减轻吊笼的冲击。

3）上、下限位开关：为防止吊笼上下时超过需停位置或因司机误操作和电气故障等原因继续上升或下降引发事故而设置。上下限位开关必须为自动复位型，上限位开关的安装位置应保证吊笼触发限位开关后，留有的上部安全距离不得小于1.8m，与上极限开关的越程距离为0.15m。

4）上、下极限开关：上下极限开关是在上下限位开关一旦不起作用，吊笼继续上行或下降到设计规定的最高极限或最低极限位置时能及时切断电源，以保证吊笼安全。极限开关为非自动复位型，其动作后必须手动复位才能使吊笼重新起动。

5）安全钩：安全钩是为防止吊笼到达预先设定位置，上限位器和上极限限位器因各种原因不能及时动作、吊笼继续向上运行，将导致吊笼冲击导轨架顶部而发生倾翻坠落事故而设置的。安全钩是安装在吊笼上部的重要也是最后一道安全装置，安全钩安装在传动系统齿轮与安全器齿轮之间，当传动系统齿轮脱离齿条后，安全钩防止吊笼脱离导轨架。它能使吊笼上行到导轨架顶部时，安全钩钩住导轨架，保证吊笼不发生倾翻坠落事故。

6）吊笼门、底笼门连锁装置：施工升降机的吊笼门、底笼门均装有电气连锁开关，它们能有效防止因吊笼门或底笼门未关闭就起动运行而造成人员坠落和物料滚落，只有当吊笼门和底笼门完全关闭时才能起动行运。

7）急停开关：当吊笼在运行过程中发生各种原因的紧急情况时，司机应能及时按下急停开关，使吊笼立即停止，防止事故的发生。急停开关必须是非自行复位的电气安全装置。

8）楼层通道门：施工升降机与各楼层均搭设了运料和人员进出的通道，在通道口与升降机结合部必须设置楼层通道门。此门在吊笼上下运行时处于常闭状态，只有在吊笼停靠时才能由吊笼内的人打开。应做到楼层内的人员无法打开此门。以确保通道口处在封闭的条件下不出现危险的边缘。

（4）电气控制系统：施工升降机的每个吊笼都有一套电气控制系统。施工升降机的电气控制系统由电源箱、电控箱、操作台和安全保护系统等组成。

4. 安装与拆卸

（1）安装与拆卸前的准备工作：施工升降机在安装和拆除前，必须编制专项施工方案，必须由有相应资质的队伍来施工。在安装施工升降机前需做以下几项准备工作：

1）必须有熟悉施工升降机产品的钳工、电工等作业人员，作业人员应当具备熟练的操作技术和排除一般故障的能力，清楚了解升降机的安装工作。

2）认真阅读全部随机技术文件，通过阅读技术文件清楚了解升降机的型号和主要参数尺寸，搞清安装平面布置图、电气安装接线图，并在此基础上进行下列工作：

① 核对基础的宽度、平整度、楼层高度、基础深度，并做好记录。

② 核对预埋件的位置和尺寸，确定附墙架等的位置。

③ 核对和确定限位开关装置、防坠安全器、电缆架、限位开关碰铁的位置。

④ 核对电源线位置和容量，确定电源箱位置和极限开关的位置，并做好施工升降机安全接地方案。

3）按照施工方案，编制施工进度。

4）清查或购置安装工具和必要的设备和材料。

（2）安装拆卸安全技术：安装与拆卸时应注意如下的安全事项。

1）操作人员必须按高处作业要求，在安装时戴好安全帽、系好安全带，并将安全带系好在立柱节上。

2）安装过程中必须由专人负责统一指挥。

3）升降机在运行过程中，人员的头、手绝不能露出安全栏外；如果有人在导轨架上或附墙架上工作时，绝对不允许开动升降机。

4）每个吊笼顶平台作业人数不得超过 2 人，顶部承载总重量不得超过 650kg。

5）利用吊杆进行安装时，不允许超载，并且只允许用来安装或拆卸升降机零部件，不得作他用。

6）遇有雨、雪、雾及风速超过 13m/s 的恶劣天气不得进行安装和拆卸作业。

5. 施工升降机的安全使用和维修保养

施工升降机同其他机械设备一样，如果使用得当、维修及时、合理保养，不仅会延长使用寿命，而且能够降低故障率、提高运行效率。

（1）施工升降机的安全使用：

1）收集和整理技术资料，建立健全施工升降机档案。

2）建立施工升降机使用管理制度。

3）操作人员必须了解施工升降机的性能，熟悉使用说明书。

4）使用前做好检查工作，确保各种安全保护装置和电气设备正常。

5）工作过程中，司机要随时注意观察吊笼的运行通道有无异常情况，发现险情应立即停车排除。

（2）施工升降机的日常检查包括检修蜗轮减速机与检查配重钢丝绳。检查每根钢丝绳的张力，使之受力均匀，相互差值不超过 5%。钢丝绳严重磨损，达到钢丝绳报废标准时要及时更换新钢丝绳。

（3）检查齿轮齿条：应定期检查齿轮、齿条的磨损程度，当齿轮、齿条损坏或超过允许磨损值范围时应予更换。

（4）检修限速制动器：制动器垫片磨损到一定程度，需进行更换。

（5）检修其他部件、部位的润滑。

6.2.2.7.3 物料提升机

1. 物料提升机概述

物料提升机是建筑施工现场常用的一种输送物料的垂直运输设备。它以卷扬机为动力，以底架、立柱及天梁为架体，以钢丝绳为传动，以吊笼（吊篮）为工作装置。在架体上装设滑轮、导轨、导靴、吊笼、安全装置等和卷扬机配套构成完整的垂直运输体系。物料提升机构造简单、用料品种和数量少、制作容易、安装拆卸和使用方便、价格低，是一种投资少、见效快的装备机具，因而受到施工企业的欢迎，近年得到了快速发展。

2. 物料提升机的分类

根据《龙门架及井架物料提升机安全技术规范》（JGJ 88）规定，物料提升机是指额定起重量在 2000kg 以下，以地面卷扬机为牵引动力，由底架、立柱及天梁组成架体，吊笼沿导轨升降运动，垂直输送物料的起重设备。

（1）按结构形式的不同，物料提升机可分为龙门架式物料提升机和井架式物料提升机。

1）龙门架式物料提升机：以地面卷扬机为动力，由两根立柱与天梁构成门架式架体，吊笼在两立柱间沿轨道作垂直运动的提升机。

2）井架式物料提升机：以地面卷扬机为动力，由型钢组成井字形架体，吊笼在井孔内或架体外侧沿轨道作垂直运动的提升机。

（2）按架设高度的不同，物料提升机可分为高架物料提升机和低架物料提升机。

1）架设高度在 30m（含 30m）以下的物料提升机为低架物料提升机。

2）架设高度在 30m（不含 30m）至 150m 的物料提升机为高架物料提升机。

3. 物料提升机的结构

物料提升机由架体、提升与传动机构、吊笼（吊篮）、稳定机构、安全保护装置和电气控制系统组成。本节介绍物料提升机的架体、提升与传动机构和吊笼（吊篮）。

物料提升机结构的设计和计算应符合现行国家和行业标准《钢结构设计规范》GB 50017、《塔式起重机设计规范》GB/T 13752 和《龙门架及井架物料提升机安全技术规范》JGJ 88 等标准的有关要求。物料提升机结构的设计和计算应提供正式、完整的计算书，结构计算应含整体抗倾翻稳定性、基础、立柱、天梁、钢丝绳、制动器、电动机、安装抱杆、附墙架等的计算。

（1）架体：架体的主要构件有底架、立柱、导轨和天梁。

1）底架：架体的底部设有底架，用于立柱与基础的连接。

2）立柱：由型钢或钢管焊接组成，用于支承天梁的结构件，可为单立柱、双立柱或多立柱。立柱可由标准节组成，也可以由杆件组成，其断面可组成三角形、方形。当吊笼在立柱之间，立柱与天梁组成龙门形状时，称为龙门架式；当吊笼在立柱的一侧或两侧时，立柱与天梁组成井字形状时，称为井架式。

3）导轨：导轨是为吊笼提供导向的部件，可用工字钢或钢管，导轨可固定在立柱上，也可直接用立柱主肢作为吊笼垂直运行的导轨。

4）天梁：安装在架体顶部的横梁，是主要的受力构件，承受吊笼（吊篮）自重及所吊物料重量，天梁应使用型钢，其截面高度应经计算确定，但不得小于 2 根 14# 槽钢。

（2）提升与传动机构：

1）卷扬机：卷扬机是物料提升机主要的提升机构，不得选用摩擦式卷扬机。所用卷扬机应符合现行国家标准《建筑卷扬机》GB/T 1955 的规定，并且应能够满足额定起重量、提升高度、提升速度等参数的要求。在选用卷扬机时宜选用可逆式卷扬机。

卷扬机卷筒应符合下列要求：卷筒边缘外周至最外层钢丝绳的距离应不小于钢丝绳直径的 2 倍，且应有防止钢丝绳滑脱的保险装置；卷筒与钢丝绳直径的比值应不小于 30。

2）滑轮与钢丝绳：装在天梁上的滑轮称天轮，装在架体底部的滑轮称地轮，钢丝绳通过天轮、地轮及吊篮上的滑轮穿绕后，一端固定在天梁的销轴上，另一端与卷扬机卷筒锚固。滑轮按钢丝绳的直径选用。

3）导靴：导靴是安装在吊笼上沿导轨运行的装置，可防止吊笼运行中偏移或摆动，保证吊笼垂直上下运行。

4）吊笼（吊篮）：吊笼（吊篮）是装载物料沿提升机导轨作上下运行的部件。吊笼（吊篮）的两侧应设置高度不小于 100cm 的安全挡板或挡网。

4. 物料提升机的稳定

物料提升机的稳定性能主要取决于物料提升机的基础、附墙架、缆风绳及地锚。

（1）基础：物料提升机要依据提升机的类型及土质情况确定基础的做法。基础应符合以下规定：

1）高架提升机的基础应进行设计，基础应能可靠地承受作用在其上的全部荷载，基础的埋深与做法应符合设计和提升机出厂使用说明书的规定。

2）低架提升机的基础当无专门设计要求时应符合下列要求：

① 土层压实后的承载力应不小于 80kPa。

② 浇筑 C20 混凝土，厚度不少于 300mm。

③ 基础表面应平整，水平度偏差不大于 10mm。

3）基础应有排水措施。距基础边缘 5m 范围内开挖沟槽或有较大振动的施工时，必须有保证架体稳定的措施。

（2）附墙架：为保证提升机架体的稳定性而连接在物料提升机架体立柱与建筑结构之间的钢结构。附墙架的设置应符合以下要求：

1）附墙架：非附墙架钢材与建筑结构的连接应进行设计计算，附墙架与立柱及建筑物连接时，应采用刚性连接，并形成稳定结构。

2）附墙架的材质应达到现行国家标准《碳素结构钢》GB/T 700 的要求，不得使用木杆、竹杆等做附墙架与金属架体连接。

3）附墙架的设置应符合设计要求，其间隔不宜大于 9m，且在建筑物的顶层宜设置 1 组，附墙后立柱顶部的自由高度不宜大于 6m。

（3）缆风绳：缆风绳是为保证架体稳定而在其四个方向设置的拉结绳索，所用材料为钢丝绳。缆风绳的设置应当满足以下条件：

1）缆风绳应经计算确定，直径不得小于 9.3mm；按规范要求，当钢丝绳用作缆风绳时，其安全系数为 3.5（计算主要考虑风荷载）。

2）高架物料提升机在任何情况下均不得采用缆风绳。

3）提升机高度在 20m（含 20m）以下时，缆风绳不少于 1 组（4～8 根）；提升机高度在 20～30m 时不少于 2 组。

4）缆风绳应在架体四角有横向缀件的同一水平面上对称设置。

5）缆风绳的一端应连接在架体上，对连接处的架体焊缝及附件必须进行设计计算。

6）缆风绳的另一端应固定在地锚上，不得随意拉结在树上、墙上、门窗框上或脚手架上等。

7）缆风绳与地面的夹角不应大于 60°，应以 45°～60° 为宜。

8）当缆风绳需改变位置时，必须先做好预定位置的地锚并加临时缆风绳，确保提升机架体的稳定方可移动原缆风绳的位置；待与地锚拴牢后，再拆除临时缆风绳。

（4）地锚：地锚的受力情况与埋设的位置都直接影响着缆风绳的作用，常常发生因地锚角度不够或受力达不到要求发生变形，进而造成架体歪斜甚至倒塌的事故。在选择缆风绳的锚固点时，要视其土质情况，决定地锚的形式和做法。

5. 物料提升机的安全保护装置

（1）物料提升机的安全保护装置包括：安全停靠装置、断绳保护装置、载重量限制装置、上极限限位器、下极限限位器、吊笼安全门、缓冲器和通信信号装置等（见《龙门架及井架物料提升机安全技术规范》JGJ 88）。

1）安全停靠装置：当吊笼停靠在某一层时，能使吊笼稳妥的支靠在架体上的装置。防止因钢丝绳突然断裂或卷扬机抱闸失灵时吊篮坠落。其装置有制动和手动两种，当吊笼运行到位后，由弹簧控制或人工搬动，使支承杆伸到架体的承托架上，其荷载全部由承托架负担，钢丝绳不受力。当吊笼装载 125% 额定载重量，运行至各楼层位置装卸载荷时，停靠装置应能将吊笼可靠定位。

2）断绳保护装置：吊笼装载额定载重量，悬挂或运行中发生断绳时，断绳保护装置必须可靠地把吊笼刹制在导轨上，最大制动滑落距离应不大于 1m，并且不应对结构件造成永久性损坏。

3）载重量限制装置：当提升机吊笼内载荷达到额定载重量的 90% 时，应发出报警信号；当吊笼内载荷达到额定载重量的 100%~110% 时，应切断提升机工作电源。

4）上极限限位器：上极限限位器应安装在吊笼允许提升的最高工作位置，吊笼的越程（指从吊笼的最高位置与天梁最低处的距离）应不小于 3m。当吊笼上升达到限定高度时，限位器即行动作切断电源。

5）下极限限位器：下极限限位器应能在吊笼碰到缓冲装置之前动作，当吊笼下降至下限位时，限位器应自动切断电源，使吊笼停止下降。

6）吊笼安全门：吊笼的上料口处应装设安全门。安全门宜采用连锁开启装置。安全门连锁开启装置，可为电气连锁：如果安全门未关，可造成断电，提升机不能工作；也可为机械连锁，吊笼上行时安全门自动关闭。

7）缓冲器：缓冲器应装设在架体的底坑里，当吊笼以额定荷载和规定的速度作用到缓冲器上时，应能承受相应的冲击力，缓冲器的形式可采用弹簧或弹性实体。

8）通信信号装置：信号装置是由司机控制的一种音响装置，其音量应能使各楼层使用提升机装卸物料人员清晰听到。当司机不能清楚地看到操作者和信号指挥人员时，必须加装通信装置。通信装置必须是一个闭路的双向电气通信系统，司机和作业人员能够相互联系。

（2）安全保护装置的设置：

1）低架物料提升机应当设置安全停靠装置、断绳保护装置、上极限限位器、下极限限位器、吊笼安全门和信号装置。

2）高架物料提升机除了应当设置低架物料提升机应当设置的安全保护装置外，还应当设置载重量限制装置、缓冲器和通信信号装置（见《龙门架及井架物料提升机安全技术规范》JGJ 88）等。

6. 物料提升机的安装与拆卸

（1）安装前的准备：

1）根据施工要求和场地条件，并综合考虑发挥物料提升机的工作能力，合理确定安装位置。

2）做好安装的组织工作，包括安装作业人员的配备，高处作业人员必须具备高处作业的业务素质和身体条件。

3）按照说明书的基础图制作基础。

4）基础养护期应不少于 7d，基础周边 5m 内不得挖排水沟。

（2）安装前的检查：

1）检查基础的尺寸是否正确，地脚螺栓的长度、结构、规格是否正确，混凝土的养护是否达到规定龄期，水平度是否达到要求（用水平仪进行验证）。

2）检查提升卷扬机是否完好，地锚拉力是否达到要求，制动器是否可靠，电压是否在380V的±5%之内，电动机转向是否符合要求。

3）检查钢丝绳是否完好，与卷扬机的固定是否可靠，特别要检查全部架体达到规定高度时，在全部钢丝绳输出后，钢丝绳长度是否能在卷筒上保持至少3圈。

4）各标准节是否完好，导轨、导轨螺栓是否齐全、完好，各种螺栓是否齐全、有效，特别是用于紧固标准节的高强度螺栓数量是否充足，各种滑轮是否齐备，有无破损。

5）吊笼是否完整，焊缝是否有裂纹，底盘是否牢固，顶棚是否安全。

6）断绳保护装置、重量限制器等安全防护装置事先应进行检查，确保安全、灵敏、可靠无误。

（3）井架式物料提升机的安装一般按以下顺序：将底架按要求就位→将第一节标准节安装于标准节底架上→提升抱杆→安装卷扬机→利用卷扬机和抱杆安装标准节→安装导轨架→安装吊笼→穿绕起升钢丝绳→安装安全装置。物料提升机的拆卸按安装架设的反程序进行。

7. 安全使用和维修保养

（1）物料提升机的安全使用：

1）建立物料提升机的使用管理制度，物料提升机应有专职机构和专职人员管理。

2）组装后应进行验收，并进行空载、动载和超载试验。

① 空载试验：即不加荷载，只将吊篮按施工中各种动作反复进行，并试验限位器灵敏程度。

② 动载试验：即按说明书中规定的最大荷载进行动作运行。

③ 超载试验：一般只在第一次使用前，或经大修后按额后载荷的125%逐渐加荷进行。

3）物料提升机司机应经专门培训，人员要相对稳定，每班开机前，应对卷扬机、钢丝绳、地锚、缆风绳进行检验，并进行空车运行。

4）严禁载人，物料提升机主要是运送物料的，在安全装置可靠的情况下，装卸料人员才能进入到吊篮作业，严禁各类人员乘吊篮升降。

5）禁止攀登架体和从架体下面穿越。

6）司机在通信联络信号不明时不得开机，作业中不论任何人发出紧急停车信号，司机应立即执行。

7）缆风绳不得随意拆除，凡需临时拆除的，应先行加固，待恢复缆风绳后，方可使用升降机。如缆风绳改变位置，要重新埋设地锚，待新缆风绳拴好后，原来的缆风绳方可拆除。

8）严禁超载运行。

9）司机离开时，应降下吊篮并切断电源。

（2）物料提升机的维修保养：

1）建立物料提升机的维修保养制度。

2）使用过程中要定期检修。

3）除定期检查外，提升机必须做好日常检查工作。日常检查应由司机在每班前进行，主要内容有：①附墙杆与建筑物连接有无松动，或缆风绳与地锚的连接有无松动；②空载提升吊篮做一次上下运行，查看运行是否正常，同时验证各限位器是否灵敏可靠及安全门是否灵敏完好；③在额定荷载下，将吊篮提升至离地面 1~2m 高处停机，检查制动器的可靠性和架体的稳定性；④卷扬机各传动部件的连接和紧固情况是否良好。

4）保养设备必须在停机后进行，禁止在设备运行中擦洗、注油。如需重新在卷筒上缠绳时，必须两人操作，一人开机一人扶绳，相互配合。

5）司机在操作中要经常注意传动机构的磨损，发现磨绳、滑轮磨偏等问题，要及时向有关人员报告并及时解决。

6）架体及轨道发生变形必须及时维修。

6.2.2.8　其他机械

1. 蛙式打夯机

蛙式打夯机是一种小型夯实机械，因其结构简单、工作可靠、操作方便、经久耐用等特点，在公路建筑、水利等施工中广泛使用。蛙式打夯机虽有不同形式，但构造基本相同，主要由夯架与夯头装置、前轴装置、传动轴装置、托盘、操纵手柄及和电气设备等构成。

蛙式打夯机安全使用要点：

（1）蛙式打夯机适用于夯实灰土、素土地基以及场地平整工作，不能用于夯实坚硬或软硬不均相差较大的地面，更不得夯打混有碎石、碎砖的杂土。

（2）作业前，应对工作面进行清理排除障碍，搬运蛙式打夯机到沟槽中作业时，应使用起重设备，上下槽时选用跳板。

（3）无论在工作之前和工作中，凡需搬运蛙式打夯机必须切断电源，不准带电搬运，以防造成蛙式打夯机误动作。

（4）蛙式打夯机属于手持移动式电动工具，必须按照电气规定，在电源首端装设漏电动作电流不大于 30mA、动作时间不大于 0.1s 的漏电保护器，并对蛙式打夯机外壳做好保护接地。

（5）操作人员必须穿戴好绝缘用品。

（6）蛙式打夯机操作必须有两个人，一人扶夯，一人提电缆，提电缆人也必须穿戴好绝缘用品，两人要密切配合，防止拉电缆过紧和夯打在电缆上造成事故。

（7）蛙式打夯机的电器开关与入线处的连接，要随时进行检查，避免入线处因振动、磨损等原因导致松动或绝缘失效。

（8）在夯室内土时，夯头要躲开墙基础，防止因夯头处软硬相差过大，砸断电线。

（9）两台以上蛙式打夯机同时作业时，左右间距不小于 5m，前后不小于 10m。相互间的胶皮电缆不要缠绕交叉，并远离夯头。

2. 水泵

水泵的种类很多，主要有离心式水泵、潜水泵、深井泵、泥浆泵等。建筑施工中主要使用的是离心式水泵。离心式水泵中又以单级单吸式离心水泵为最多。

（1）组成："单级"是指叶轮为一个，"单吸"是指进水口为一面。泵主要由泵座、泵壳、叶轮、轴承盒、进水口、出水口、泵轴、叶轮组成。

（2）离心式水泵的安全操作要点：

1）离心式水泵的安装应牢固、平稳，有防雨、防冻措施。多台水泵并列安装时，间距不小于80cm，管径较大的进出水管，须用支架支撑，转动部分要有防护装置。

2）电动机轴应与水泵轴同心，螺栓要紧固、管路密封、接口严密，吸水管阀无堵塞、无漏水。

3）起动时，将出水阀关闭，起动后逐渐打开。

4）运行中，若出现漏水、漏气、填料部位发热、泵温升高、电流突然增大等不正常现象，应停机检修。

5）离心式水泵运行中，不得从泵上跨越。

6）升降吸水管时，要站到有防护栏杆的平台上操作。

7）应先关闭出水阀，后停泵。

（3）潜水泵安全操作要点：

1）潜水泵宜先装在坚固的篮筐里再放入水中，亦可在水中将泵的四周设立坚固的防护围网，潜水泵应直立于水中，水深不得小于0.5m，不得在含泥沙的水中使用。

2）潜水泵放入水中或提出水面时，应切断电源，严禁拉拽电缆或出水管。

3）潜水泵应装设保护接零或漏电保护装置，工作时泵周围30m以内水面，不得有人、畜进入。

4）起动前应认真检查，水管扎结要牢固，放气、放水、注油等螺塞均旋紧，叶轮和进水节应无杂物，电缆绝缘良好。

5）接通电源后，应先试运转，并应检查并确认旋转方向正确，在水外运转时间不得超过5mim。

6）应经常观察水位变化，叶轮中心至水面距离应在0.5～3.0m，泵体不得陷入污泥或露出水面。电缆不得与井壁、池壁相擦。

7）新潜水泵或新换密封圈，在使用50h后，应旋开放水封口塞，检查水、油的泄漏量。当泄漏量超过5mL时，应进行0.2MPa的气压试验，查出原因，予以排除；以后应每月检查一次；当泄漏量不超过25mL时，可继续使用，检查后应换上规定的润滑油。

8）经过修理的油浸式潜水泵，应先经0.2MPa气压试验，检查各部位无泄漏现象，然后将润滑油加入上、下壳体内。

9）当气温降到0℃以下时，在停止运转后，应从水中提出潜水泵擦干后存放室内。

10）每周应测定一次电动机定子绕组的绝缘电阻，其值应无下降。

（4）深井泵安全使用要点：

1）深井泵应使用在含砂量低于0.01%的清水源，泵房内设预润水箱，容量应满足一次起动所需的预润水量。

2）新装或经过大修的深井泵，应调整泵壳与叶轮的间隙，叶轮在运转中不得与壳体摩擦。

3）深井泵在运转前应将清水通入轴与轴承的壳体内进行预润。

4）起动前必须认真检查，并要求底座基础螺栓已紧固；轴向间隙符合要求，调节螺栓的保险螺母已装好；填料压盖已旋紧并经过润滑；电动机轴承已润滑；用手旋转电动机转子和止退机构均灵活有效。

5）深井泵不得在无水情况下空转，深井泵的一、二级叶轮应浸入水位1m以下。运转中应经常观察井中水位的变化情况。

6）运转中当发现基础周围有较大振动时，应检查水泵的轴承或电动机填料处磨损情况；当磨损过多而漏水时，应更换新件。

7）已吸、排过含有泥沙的深井泵，在停泵前，应用清水冲洗干净。

8）停泵前，应先关闭出水阀，切断电源，锁好开关箱，冬季停用时，应放净泵内积水。

（5）泥浆泵安全使用要点：

1）泥浆泵应安装在稳固的基础架上或地基上，不得松动。

2）启动前，检查项目应符合下列要求：各连接部位牢固；电动机旋转方向正确；离合器灵活可靠；管路连接牢固，密封可靠，底阀灵活有效。

3）启动前，吸水管、底阀及泵体内应注满引水，压力表缓冲器上端应注满油。

4）启动前应使活塞往复两次，无阻梗时方可空载起动；起动后应待运转正常，再逐步增加载荷。

5）运转中，应经常测试泥浆含砂量，泥浆含砂量不得超过 10%。

6）有多挡速度的泥浆泵，在每班运转中应将几档速度分别运转，运转时间均不得少于 30min。

7）运转中不得变速，当需要变速时应停泵进行换挡。

8）运转中，当出现异响或水量、压力不正常或有明显高温时，应停泵检查。

9）在正常情况下，应在空载时停泵。停泵时间较长时，应全部打开放水孔，并松开缸盖，提起底阀水杆，放尽泵体及管道中的全部泥沙。

10）长期停用时，应清洗各部泥沙、油垢，将曲轴箱内润滑油放尽，并应采取防锈、防腐措施。

6.3　施工用电安全生产技术

6.3.1　施工用电安全的基本要求

6.3.1.1　施工现场临时用电的原则

施工现场专用临时用电的三项基本原则是：其一，必须采用 TN-S 接地、接零保护系统；其二，必须采用三级配电系统；其三，必须采用二级漏电保护系统。

1. 采用 TN-S 接地、接零保护系统

所谓 TN-S 接地、接零保护系统（简称 TN-S 系统），是指在施工现场临时用电工程的电源是中性点直接接地的 220/380V、三相四线制的低压电力系统中增加一条专用保护零线（PE 线），称为 TN-S 接零保护系统或称三相五线系统，该系统主要技术特点是：

（1）电力变压器低压侧或自备发电机组的中性点直接接地，接地电阻值一般不大于 4Ω。

（2）电力变压器低压侧或自备发电机组共引出 5 条线，其中除引出三条相线（火线）L_1，L_2，L_3（A，B，C）外，尚须于变压器二次侧或自备发电机组的中性点（N）接地处同时引出两条零线，一条叫作工作零线（N 线），另一条叫作保护零线（PE 线）。其中工作零线（N 线）与相线（L_1，L_2，L_3）一起作为三相四线制电源线路使用；保护零线（PE 线）

只作电气设备接地保护使用，即只用于连接电气设备正常情况下不带电的外露可导电部分（金属外壳、基座等）。两种零线（N 和 PE）不得混用。同时，为保证接地、接零保护系统可靠，在整个施工现场的 PE 线上还应作不少于 3 处的重复接地，且每处接地电阻值不得大于 10Ω。

2. 采用三级配电系统

所谓三级配电是指施工现场从电源进线开始至用电设备中间经过三级配电装置配送电力，即由总配电箱（配电室内的配电柜）、分配电箱、开关箱到用电设备处分三个层次逐级配送电力。而开关箱作为末级配电装置，与用电设备之间必须实行"一机一闸制"，即每一台用电设备必须有专用的配电开关箱，而每一个开关箱只能用于给一台用电设备配电。总配电箱、分配电箱内可设若干分路，且动力与照明宜分路设置，但开关箱内只能设一路。

3. 采用二级漏电保护系统

所谓二级漏电保护是指在整个施工现场临时用电工程中，总配电箱中必须装设漏电保护器，开关箱中也必须装设漏电保护器，这种由总配电箱和所有开关箱中的漏电保护器所构成的漏电保护系统称为二级漏电保护系统。

在施工现场临时用电工程中，除应记住有三项基本原则以外，还应理解有两道防线。一道防线是采用的 TN-S 接地接零保护系统；另一道防线设立了两线漏电保护系统。在施工现场用电工程中采用 TN-S 接地、接零保护系统时，由于设置了一条专用保护零线（PE），所以在任何正常情况下，不论三相负荷是否平衡，PE 线上都不会有电流通过，不会变为带电体，因此与其相连接的电气设备外露可导电部分（金属外壳，基座等）始终与大地保持等电位，这是 TN-S 接地、接零保护系统的一个突出优点。但是，对于防止因电气设备非正常漏电而发生的间接接触触电来说，仅仅采用 TN-S 接地，接零保护系统并不可靠，这是因为电气设备发生漏电时，PE 线上就会有电流通过，此时与其相连接的电气设备外露可导电部分（金属外壳、基座等）即变为带电部分。如果同时采用二级漏电保护系统，则当任何电气设备发生非正常漏电时，PE 线上的漏电流即同时通过漏电保护器，当漏电流值达到漏电保护器额定漏电动作电流值时，漏电保护器就会在其额定漏电动作时间内分闸断电，使电气设备外露可导电部分（金属外壳、基座等）恢复不带电状态，从而防止可能发生的间接接触触电事故。上述分析表明，只有同时采用 TN-S 接地、接零保护系统和二级漏电保护系统，才能有效地形成完备可靠的防间接接触触电保护系统，所以 TN-S 接地、接零保护系统和二级漏电保护系统是施工现场防间接接触触电不可或缺的二道防线。

6.3.1.2 施工现场临时用电的管理

施工现场临时用电应实行规范化管理。规范化管理的主要内容包括：建立和实行用电组织设计制度、电工及用电人员管理制度、安全技术档案管理制度。

1. 施工现场用电组织设计

按照《施工现场临时用电安全技术规范》（JGJ 46）（以下简称《规范》）的规定：施工现场用电设备在 5 台及以上或设备总容量在 50kW 及以上者，应编制用电组织设计，并且应由电气工程技术人员组织编写。

编制用电组织设计的目的是用以指导建造一个安全可靠、经济合理、方便适用、适应施工现场特点和用电特性的用电工程，并且用以指导所建用电工程的正确使用。施工现场用电组织设计的基本内容是：

（1）现场勘测。

（2）应依据现场勘测资料提供的技术条件和施工用电需要综合确定电源进线、变电所、配电装置、用电设备位置及线路走向。

（3）负荷计算：负荷是电力负荷的简称，是指电气设备（例如电力变压器、发电机，配电装置、配电线路、用电设备等）中的电流和功率。负荷计算的结果是配电系统设计中选择电器、导线、电缆规格，以及供电变压器和发电机容量的重要依据。

（4）选择变压器：变压器的选择主要是指为施工现场用电提供电力的 10/0.4kV 级电力变压器形式和容量的选择，选择的主要依据是现场总计算负荷。

（5）设计配电系统：配电系统主要由配电线路、配电装置和接地装置三部分组成。其中配电装置是整个配电系统的枢纽，经过与配电线路、接地装置的连接，形成一个分层次的配电系统。施工现场用电工程配电系统设计的主要内容是：设计或选择配电装置、配电线路、接地装置等。

（6）设计防雷装置：施工现场的防雷主要是防直击雷，对于施工现场专设的临时变压器还要考虑防感应雷的问题。施工现场防雷装置设计的主要内容是选择和确定防雷装置设置的位置、防雷装置的形式、防雷接地的方式和防雷接地电阻值等。按照《规范》JGJ 46 的规定，所有防雷冲击接地电阻值均不得大于 30Ω。

（7）确定防护措施：施工现场在电气领域里的防护主要是指施工现场对外电线路和电气设备对易燃易爆物、腐蚀介质、机械损伤、电磁感应、静电等危险环境因素的防护。

（8）制定安全用电措施和电气防火措施：是指为了正确使用现场用电工程，并保证其安全运行，防止各种触电事故和电气火灾事故而制定的技术性和管理性规定。

对于用电设备在 5 台以下和设备总容量在 50kW 以下的小型施工现场，按照《规范》的规定，可以不系统编制用电组织设计，但仍应制定安全用电措施和电气防火措施，并且要履行与用电组织设计相同的"编、审、批"程序。

2. 电工及用电人员

（1）电工：电工必须是经过按国家现行标准考核合格后的专业电工，并应通过定期技术培训，持证上岗，电工的专业等级水平应同工程的难易程度和技术复杂性相匹配。

（2）用电人员：用电人员是指施工现场操作用电设备的人员，诸如各种电动建筑机械和手持式电动工具的操作者和使用者。各类用电人员必须通过安全教育培训和技术交底，掌握安全用电基本知识，熟悉所用设备性能和操作技术，掌握劳动保护方法且考核合格。

6.3.1.3　安全技术档案

按照《规范》的规定，施工现场用电安全技术档案应包括八个方面的内容，它们是施工现场用电安全管理工作的集中体现。

（1）施工现场用电组织设计的全部资料。

（2）修改施工现场用电组织设计资料。

（3）用电技术交底资料。

（4）施工现场用电工程检查验收表。

（5）电气设备试、检验凭单和调试记录。

（6）接地电阻、绝缘电阻、漏电保护器、漏电动作参数测定记录表。

（7）定期检（复）查表。

（8）电工安装、巡检、维修、拆除工作记录。

6.3.1.4 施工现场临时供配电系统

1. 系统的基本结构

前面述及，三级配电是指施工现场从电源进线开始至用电设备之间，应经过三级配电装置配送电力，即由总配电箱（一级箱）或配电室的配电柜开始，依次经由分配电箱（二级箱）、开关箱（三级箱）到用电设备。

2. 系统的设置规则

三级配电系统的设置应遵守四项规则：即分级分路规则，动、照分设规则，压缩配电间距规则，环境安全规则。

（1）分级分路：

1）从一级总配电箱（配电柜）向二级分配电箱配电可以分路。即一个总配电箱（配电柜）可以分若干分路向若干分配电箱（放射式）配电；每一分路也可以（树干式）分支接若干分配电箱。

2）从二级分配电箱向三级开关箱配电同样也可以分路。即一个分配电箱可以分若干分路向若干开关箱（放射式）配电，而其每一分路也可以接若干开关箱或连接若干同类、相邻开关箱。

3）从三级开关箱向用电设备配电实行所谓"一机一闸"制，不存在分路问题。即每一开关箱只能配电连接一台与其相关的用电设备（含插座），包括配电给集中办公区、生活区、道路及加工车间一组不超过 30A 负荷的照明器。按照分级分路规则的要求，在三级配电系统中，任何用电设备均不得越级配电，即其电源线不得直接连接于分配电箱或总配电箱；任何配电装置不得挂接其他临时用电设备。否则三级配电系统的结构形式和分级分路规则将被破坏。

（2）动照分设：

1）动力配电箱与照明配电箱宜分别设置；若动力与照明合置于同一配电箱内共箱配电，则动力与照明应分路配电。

2）动力开关箱与照明开关箱必须分箱设置，不存在共箱分路设置问题。

（3）压缩配电间距：压缩配电间距规则是指除总配电箱、配电室（配电柜）外，分配电箱与开关箱之间，开关箱与用电设备之间的空间间距应尽量缩短。按照《规范》的规定，压缩配电间距规则可用以下三个要点说明。

1）分配电箱应设在用电设备或负荷相对集中的场所。

2）分配电箱与开关箱的距离不得超过 30m。

3）开关箱与其供电的固定式用电设备的水平距离不宜超过 3m。

（4）环境安全：环境安全规则是指配电系统对其设置和运行环境安全因素的要求。主要是指对易燃易爆物、腐蚀介质、机械损伤、电磁辐射、静电等因素的防护要求，防止由其引发设备损坏、触电和电气火灾事故。

3. 配电室的设置

（1）配电室的位置：配电室的位置应符合的原则有：靠近电源；靠近负荷中心；进、出线方便；周边道路畅通；周围环境灰尘少、潮气少、振动少、无腐蚀介质、无易燃易爆物、无积水；避开污染源的下风侧和易积水场所的正下方。

（2）配电室的布置：配电室的布置主要是指配电室内配电柜的空间排列，规则如下：

1）配电柜正面的操作通道宽度，单列布置或双列背对背布置时不应小于 1.5m，双列面对面布置时不应小于 2m。

2）配电柜后面的维护通道宽度，单列布置或双列面对面布置时不应小于 0.8m，双列背对背布置时不应小于 1.5m，个别地点有建筑结构突出的空地时，则此点通道宽度可减少 0.2m。

3）配电柜侧面的维护通道宽度不应小于 1m。

4）配电室内设值班室或检修室时，该室边缘距配电柜的水平距离应大于 1m，并采取屏障隔离。

5）配电室内的裸母线与地面通道的垂直距离不应小于 2.5m，小于 2.5m 时应采用遮栏隔离，遮栏下面的通道高度不应小于 1.9m。

6）配电室围栏上端与其正上方带电部分的净距不应小于 75mm。

7）配电装置上端（含配电柜顶部与配电母线排）距顶棚不应小于 0.5m。

8）配电室经常保持整洁，无杂物。

（3）配电室的照明：配电室的照明应包括两个彼此独立的照明系统：一是正常照明，二是事故照明。

（4）自备电源的设置：按照《规范》的规定，施工现场设置的自备电源，即是指自备的 230/400V 发电机组。施工现场设置自备电源主要是基于以下两种情况：

1）正常用电时，由外电线路电源供电，自备电源仅作为外电线路电源停止供电时的后备接续供电电源。

2）正常用电时，无外电线路电源可供取用，自备电源即作为正常用电的电源。

6.3.1.5　施工现场临时供配电线路

在供配电系统中，除了有配电装置作为配电枢纽以外，还必须有连接配电装置和用电设备，传输、分配电能的电力线路，这就是配电线路。

施工现场的配电线路，按其敷设方式和场所不同，主要有架空线路、电缆线路、室内配线三种。设有配电室时，还应包括配电母线。

1. 配电线的选择

配电线的选择，实际上就是架空线路导线、电缆线路电缆、室内线路导线、电缆以及配电母线的选择。

（1）架空线的选择：架空线的选择主要是选择架空线路导线的种类和截面面积，其选择依据主要是线路敷设的要求和线路负荷计算的电流值。

架空线中各导线截面面积与线路工作制的关系为：三相四线制工作时，N 线和 PE 线截面面积不小于相线（L 线）截面面积的 50%；单相线路的零线截面面积与相线截面面积相同。

架空线的材质为：绝缘铜线或铝线，优先采用绝缘铜线。

架空线的绝缘色标准为：当考虑相序排列时，L_1（A 相）—黄色；L_2（B 相）—绿色；L_3（C 相）—红色。另外，N 线—淡蓝色；PE 线—绿/黄双色。

（2）电缆的选择：电缆的选择主要是选择电缆的类型、截面面积和芯线配置，其选择依据主要是线路敷设的要求和线路负荷计算的电流值。

根据基本供配电系统的要求，电缆中必须包含线路工作制所需要的全部工作芯线和 PE 线。特别需要指出，需要三相四线制配电的电缆线路必须采用五芯电缆，而采用四芯电缆外加一条绝缘线等配置方法都是不规范的。

五芯电缆中，除包含三条相线外，还必须包含用作 N 线的淡蓝色芯线和用作 PE 线的绿/黄双色芯线。其中，N 线和 PE 线的绝缘色规定，同样适用于四芯、三芯等电缆。而五芯电缆中相线的绝缘色则一般由黑、棕、白三色中的二种搭配。

（3）室内配线的选择：室内配线必须采用绝缘导线或电缆。其选择要求基本与架空线路或电缆线路相同。除以上三种配线方式以外，在配电室里还有一个配电母线问题。由于施工现场配电母线常常采用裸扁铜板或裸扁铝板制作成所谓裸母线，因此在其安装时，必须用绝缘子支撑固定在配电柜上，以保持对地绝缘和电磁（力）稳定性。母线规格主要由总负荷计算电流确定。考虑到母线敷设有相序规定，母线表面应涂刷有色油漆，三相母线的相序和色标依次为 L_1（A 相）—黄色，L_2（B 相）—绿色，L_3（C 相）—红色。

2. 架空线路的敷设

（1）架空线路的组成包括四部分：电杆、横担、绝缘子和绝缘导线。

（2）架空线相序排列顺序：

1）动力、照明线在同一横担上架设时，导线相序排列顺序是：面向负荷从左侧起依次为 L_1，N，L_2，L_3，PE。

2）动力、照明线在二层横担上分别架设时，导线相序排列顺序是：上层横担面向负荷从左侧起依次为 L_1，L_2，L_3；下层横担面向负荷从左侧起依次为 L（L_1 或 L_2 或 L_3）、N、PE。

（3）架空线路电杆、横担、绝缘子、绝缘导线的选择和敷设方法应符合《规范》的规定。严禁集束缠绕，严禁架设在树木、脚手架及其他设施上或从其中穿越。

（4）架空线路与邻近线路或固定物的防护距离应符合《规范》的规定。

3. 电缆线路的敷设

电缆敷设应采用埋地或架空两种方式，严禁沿地面明设，以防机械损伤和介质腐蚀。

架空电缆应沿电杆、支架、墙壁敷设，并用绝缘子固定，绝缘线绑扎。严禁沿树木、脚手架及其他设施敷设或从其中穿越。

电缆埋地宜采用直埋方式，埋设深度不应小于 0.7m，埋设方法应符合《规范》的规定。直埋电缆在穿越建筑物、构筑物、道路、易受机械损伤，介质腐蚀场所及引出地面从 2m 高到地下 0.2m 处必须加设防护套管，防护套管内径不应小于电缆外径的 1.5 倍。埋地电缆的接头应设在地面以上的接线盒内，电缆接线盒应能防水、防尘、防机械损伤，并远离易燃、易爆、易腐蚀场所。

4. 室内配线的敷设

安装在现场办公室、生活用房，加工厂房等暂设建筑内的配电线路，通称为室内配电线路，简称室内配线。

室内配线分为明敷设和暗敷设两种。

（1）明敷设可采用瓷绝缘子、瓷（塑料）夹配线，嵌绝缘槽配线和钢索配线三种方式，不得悬空乱拉。明敷主干线的距地高度不得小于 2.5m。

（2）暗敷设可采用绝缘导线穿管埋墙或埋地方式和电缆直埋墙或直埋地方式。

1）暗敷设线路部分不得有接头。

2）暗敷设金属穿管应作等电位连接，并与PE线相连接。

3）潮湿场所或埋地非电缆（绝缘导线）配线必须穿管敷设，管口和管接头应密封。严禁将绝缘导线直埋墙内或地下。

6.3.2　施工用电的安全重点及安全措施

6.3.2.1　施工现场临时用电设备

1. 用电设备的分类

用电设备是配电系统的终端设备，施工现场的用电设备基本上可分为三大类，即电动建筑机械、手持式电动工具和照明器等。

2. 用电设备使用场所的分类

施工现场用电设备的选择和使用不仅应满足施工作业、现场办公和生活需要，而且更重要的是要适应施工现场的环境条件，确保其运行安全，防止各种电气伤害事故。通常，施工现场的环境条件按触电危险程度来考虑，可划分为三类，即一般场所、危险场所和高度危险场所。

（1）一般场所：相对湿度<75%的干燥场所；无导电粉尘场所；气温不高于30℃场所；有不导电地板（干燥木地板、塑料地板、沥青地板等）场所等均属于一般场所。

（2）危险场所：相对湿度长期处于75%以上的潮湿场所；露天并且能遭受雨、雪侵袭的场所；气温高于30℃的炎热场所；有导电粉尘场所；有导电泥、混凝土或金属结构地板场所；施工中常处于水湿润的场所等均属于危险场所。

（3）高度危险场所：相对湿度接近100%场所；蒸汽环境场所；有活性化学媒质放出腐蚀性气体或液体场所；具有两个及以上危险场所特征（如导电地板和高温，或导电地板和有导电粉尘）场所等均属于高度危险场所。

3. 电动建筑机械的选择和使用

电动建筑机械包括：起重运输机械、桩工机械、夯土机械、焊接机械、混凝土机械、钢筋机械、木工机械以及盾构机械等。

（1）电动建筑机械的选择主要应符合以下要求：

1）电动建筑机械及其安全装置应符合国家有关强制性标准的规定，为合格产品。

2）电动建筑机械配套的开关箱应有完备的电源隔离以及过载、短路、漏电保护功能。

3）搁置已久或受损的电动建筑机械，应对其进行检查或维修，特别是要对其安全装置和绝缘进行检测，达到完好、合格后方可重新使用。

（2）电动建筑机械的使用：

1）起重机械的使用：起重机械主要指塔式起重机、外用电梯、物料提升机及其他垂直运输机械。起重机械使用的主要电气安全问题是防雷、运行位置控制、外电防护、电磁感应防护等。为此，应遵守以下规则：

① 塔式起重机、外用电梯、滑升模板的金属操作平台及需要设置防雷装置的物料提升机其机体金属结构件应作防雷接地；同时其开关箱中的PE线应通过箱中的PE端子板做重复接地。两种接地可共用一组接地体（如机体钢筋混凝土基础中已做等电位焊接的钢筋结构接地体），但接地线及其与接地体的连接点应各自独立。

② 轨道式塔式起重机的防雷接地可以借助于机轮和轨道与接地装置连接，但还应附加

以下三项措施：a. 轨道两端各设一组接地装置；b. 轨道接头处做电气连接，两条轨道端部做环形电气连接；c. 轨道较长时每隔不大于 30m 加装一组接地装置。

③ 塔式起重机运行时严禁越过无防护设施的外电架空线路作业，并应按规范规定与外电架空线路或其防护设施保持安全距离。

④ 塔式起重机夜间工作时应设置正对工作面的投光灯；塔身高于 30m 的塔式起重机应在塔顶和臂架端部设红色信号灯。

⑤ 轨道式塔式起重机的电缆不得拖地行走。

⑥ 塔式起重机在强电磁波源附近工作时，地面操作人员与塔式起重机及其吊物之间应采取绝缘隔离防护措施。

⑦ 外用电梯通常属于客、货两用电梯，应有完备的驱动、制动、行程、限位、紧急停止控制，每日工作前必须进行空载检查。

⑧ 物料提升机属于只许运送物料，不允许载人的垂直运输机械，应有完备的驱动、制动、行程、限位、紧急停止控制，每日工作前必须进行空载检查。

2）桩工机械的使用：桩工机械主要有潜水式钻孔机、潜水电动机等。桩工机械是一种与水密切接触的机械，因此其使用的主要电气安全问题是防止水和潮湿引起的漏电危害。为此应做到：

① 电动机负荷线应采用防水橡皮护套铜芯软电缆，电缆护套不得有裂纹和破损。

② 开关箱中漏电保护器的设置应符合潮湿场所漏电保护的要求。

3）夯土机械的使用：夯土机械是一种移动式、振动式机械，工作场所较潮湿，所以其使用的主要电气安全问题是防止潮湿、振动、机械损伤引起的漏电危害。为此应做到：

① 夯土机械的金属外壳与 PE 线的连接点不得少于二处；其漏电保护必须适应潮湿场所的要求。

② 夯土机械的负荷线应采用耐气候型橡皮护套铜芯软电缆。

③ 夯土机械的操作扶手必须绝缘，使用时必须按规定穿戴绝缘防护用品，使用过程中电缆应有专人调整，严禁缠绕、扭结和被夯土机械跨越，电缆长度不应大于 50m。

④ 多台夯土机械并列工作时，其间距不得小于 5m；前后工作时，其间距不得小于 10m。

4）木工机械的使用：木工机械主要是指电锯、电刨等木料加工机械。木工机械使用的主要电气安全问题是，防止因机械损伤和漏电引起触电和电气火灾。因此，木工机械及其负荷线周围必须及时清理木屑等杂物，使其免受机械损伤。其漏电保护可按一般场所要求设置。

5）焊接机械的使用：电焊机属于露天半移动、半固定式用电设备。第一，各种电焊机基本上都是靠电弧、高温工作的，所以防止电弧、高温引燃易燃易爆物是其使用应注意的首要问题；其次，电焊机空载时其二次侧具有 50~70V 的空载电压，已超出安全电压范围，所以其二次侧防触电成为其安全使用的第二个重要问题；第三，电焊机常常在钢筋网间露天作业，所以还需注意其一次侧防触电问题。为此，其安全使用要求可综合归纳如下：

① 电焊机应放置在防雨、干燥和通风良好的地方。

② 电焊机开关箱中的漏电保护器必须采用额定漏电动作参数符合规定（30mA，0.1s）的二极二线型产品并配装防二次侧触电保护器。

③ 电焊机变压器的一次侧电源线应采用耐气候型橡皮护套铜芯软电缆，长度不应大于5m，电源进线处必须设置防护罩，进线端不得裸露。

④ 电焊机变压器的二次线应采用防水橡皮护套铜芯软电缆，电缆长度不应大于30m，不得跨越道路；电缆护套不得破裂，其接头必须做绝缘、防水包扎，不应有裸露带电部分；不得采用金属构件或结构钢筋代替二次线的地线。

⑤ 发电机式直流电焊机的换向器应经常检查、清理、维修，以防止可能产生的异常换向电火花。

⑥ 使用电焊机焊接时必须穿戴防护用品；严禁露天冒雨进行电焊作业。

6）混凝土机械的使用：混凝土机械主要是指混凝土搅拌机、插入式振动器、平板振动器、地面抹光机、水磨石机等。混凝土机械使用的主要电气安全问题是，防止电源进线机械损伤引起的触电危害和检修时误启动引起的机械伤害。因此，混凝土机械的电源线（来自开关箱）不能过长，不得拖地，不得缠绕在金属物件上，严禁用金属裸线绑扎固定；当对其进行清理、检查、维修时，必须首先将其开关箱分闸断电，呈现可见电源分断点，并关门上锁。

7）钢筋机械的使用：钢筋机械主要是指钢筋切断机、钢筋煨弯机等钢筋加工机械。钢筋机械使用的主要电气安全问题是，防止因设备及其负荷线的机械损伤和受潮漏电引起的触电伤害。因此，钢筋机械在使用过程中应能避免雨雪和地面流水的侵害，应及时清除其周边的钢筋废料。

4. 手持式电动工具的选择和使用

施工现场使用的手持式电动工具主要是指电钻、冲击钻、电锤、射钉枪及手持式电锯、电刨、切割机、砂轮等。

手持式电动工具按其绝缘和防触电性能进行分类，共分为三类，即Ⅰ类工具、Ⅱ类工具、Ⅲ类工具。Ⅰ类工具是指具有金属外壳，采用普通单重绝缘的工具；Ⅱ类工具是指具有塑料外壳、采用双重绝缘或金属外壳、加强绝缘的工具；Ⅲ类工具是指采用安全电压（例如42V、36V、24V、12V、6V等）供电的工具。各类工具因其绝缘结构和供电电压不同，所以其防触电性能也各不相同，因此在选择和使用时必须与环境条件相适应。

（1）手持式电动工具的选择：

1）一般场所（空气湿度小于75%）可选用Ⅰ类或Ⅱ类工具。

2）在潮湿场所或金属构架上操作时，必须选用Ⅱ类或由安全隔离变压器供电的Ⅲ类工具，严禁使用Ⅰ类工具。

3）在狭窄场所（锅炉、金属容器、地沟、管道内等）作业时，必须选用由安全隔离变压器供电的Ⅲ类工具。

（2）手持式电动工具的使用：

1）Ⅰ类工具的防触电保护主要依赖于其金属外壳接地和在其开关箱中装设漏电保护器，所以其外壳与PE线的连接点（不应少于二处）必须可靠；而且其开关箱中的漏电保护器应按潮湿场所对漏电保护的要求配置；其负荷线应采用耐气候型橡皮护套铜芯软电缆，并且不得有接头，负荷线插头应具有专用接地保护触头。

2）Ⅱ类工具的防触电保护可依赖于其双重绝缘或加强绝缘，但使用金属外壳Ⅱ类工具时，其金属外壳可与PE线相连接，并设漏电保护。Ⅱ类工具的负荷线应采用耐气候型橡皮护套铜芯软电缆，并且不得有接头。

3）Ⅲ类工具的防触电保护主要依赖于安全隔离变压器，由安全电压供电。在狭窄场所使用Ⅲ类工具时，其开关箱和安全隔离变压器应设置在场所外面，并连接 PE 线，使用过程中应有人在外面监护。Ⅲ类工具开关箱中的漏电保护器应按潮湿场所对漏电保护的要求配置，其负荷线应采用耐气候型橡皮护套铜芯软电缆，并且不得有接头。

4）在潮湿场所、金属构架上使用Ⅱ、Ⅲ类工具时，其开关箱和控制箱也应设在作业场所外面。

5）各类手持式电动工具的外壳、手柄、插头、开关、负荷线等必须完好无损，其绝缘电阻应为：Ⅰ类工具≥2MΩ，Ⅱ类工具≥7MΩ，Ⅲ类工具≥1MΩ。

6）手持式电动工具使用时，必须按规定穿戴绝缘防护用品。

5. 照明器的选择和使用

（1）照明设置的一般规定

1）在坑洞内作业、夜间施工或作业厂房、料具堆放场、道路、仓库、办公室、食堂、宿舍及自然采光差等场所，应设一般照明、局部照明或混合照明。在一个工作场所内，不得只设局部照明。

2）停电后作业人员需要及时撤离现场的特殊工程，例如夜间高处作业工程及自然采光很差的深坑洞工程等场所，还必须装设由独立自备电源供电的应急照明。

3）对于夜间影响行人和车辆安全通行的在建工程，如开挖的沟、槽、孔洞等，应在其邻边设置醒目的红色警戒照明；对于夜间可能影响飞机及其他飞行器安全通行的高大机械设备或设施，如塔式起重机、外用电梯等，应在其顶端设置醒目的警戒照明；警戒照明应设置不受停电影响的自备电源。

4）根据需要设置不受停电影响的保安照明。

（2）照明器的选择：

1）照明器形式的选择：

① 正常湿度（相对湿度≤75%）的一般场所，可选用普通开启式照明器。

② 潮湿或特别潮湿（相对湿度>75%）场所，属于触电危险场所，必须选用密闭型防水照明器或配有防水灯头的开启式照明器。

③ 含有大量尘埃但无爆炸和火灾危险的场所，属于一般场所，必须选用防尘型照明器，以防尘埃影响照明器安全发光。

④ 有爆炸和火灾危险的场所，属于触电危险场所，应按危险场所等级选用防爆型照明器，详见现行国家标准《爆炸和火灾危险环境电力装置设计规范》（GB 50058）。现举一例予以说明，假设火灾危险场所属于火灾危险区域划分的 2、3 区，即具有固体状可燃物质，在数量和配置上能引起火灾危险的环境，按该规范规定，照明灯具的防护结构应为 IP2X 级。存在较强振动的场所，必须选用防振型照明器。

⑤ 有酸碱等强腐蚀介质场所，必须选用耐酸碱型照明器。

2）照明供电的选择：

① 一般场所，照明供电电压宜为 220V，即可选用额定电压为 220V 的照明器。

② 隧道、人防工程、高温、有导电灰尘、比较潮湿或灯具离地面高度低于规定 2.5m 等较易触电的场所，照明电源电压不应大于 36V。

③ 潮湿和易于触及带电体的触电危险场所, 照明电源电压不得大于 24V。

④ 特别潮湿、导电良好的地面、锅炉或金属容器等触电高度危险场所, 照明电源电压不得大于 12V。

⑤ 行灯电压不得大于 36V。

⑥ 照明电压偏移值最高为额定电压的 $-10\% \sim 5\%$。

（3）照明器的使用：

1）照明器的安装：

① 安装高度：一般 220V 灯具室外不低于 3m, 室内不低于 2.5m; 碘钨灯及其他金属卤化物灯安装高度宜在 3m 以上。

② 安装接线：螺口灯头的中心触头应与相线连接, 螺口应与零线（N）连接; 碘钨灯及其他金属卤化物灯的灯线应固定在专用接线柱上, 不得靠近灯具表面; 灯具的内接线必须牢固, 外接线必须做可靠的防水绝缘包扎。

③ 对易燃易爆物的防护距离：普通灯具不宜小于 300mm; 聚光灯及碘钨灯等高热灯具不宜小于 500mm, 且不得直接照射易燃物, 达不到防护距离时, 应采取隔热措施。

④ 荧光灯管的安装：应采用管座固定或吊链悬挂方式安装, 其配套电磁镇流器, 不得安装在易燃结构物上。

⑤ 投光灯的安装：底座应牢固安装在非燃性稳定的结构物上。

2）照明器的控制与保护：

① 任何灯具必须经照明开关箱配电与控制, 配置完整的电源隔离、过载与短路保护及漏电保护。

② 路灯还应逐灯另设熔断器保护。

③ 灯具的相线必须经开关控制, 不得直接引入灯具。

④ 暂设工程的照明灯具宜采用拉线开关控制, 其安装高度为距地 2~3m, 宿舍区禁止设置床头开关。

6.3.2.2 施工现场临时外电防护

在施工现场周围往往存在一些高、低压电力线路, 这些不属于施工现场的外界电力线路统称为外电线路。外电线路一般为架空线路, 个别现场也会遇到电缆线路。由于外电线路的位置原已固定, 因而其与施工现场的相对距离也难以改变, 这就给施工现场作业安全带来了一个不利影响因素。如果施工现场距离外电线路较近, 往往会因施工人员搬运物料、器具（尤其是金属料具）或操作不慎意外触及外电线路, 从而发生直接接触触电伤害事故。因此, 当施工现场邻近外电线路作业时, 为了防止外电线路对施工现场作业人员可能造成的危害, 施工现场必须对其采取相应的防护措施, 这种对外电线路可能引起触电伤害的防护称为外电线路防护, 简称外电防护。

外电防护属于对直接接触触电的防护。直接接触防护的基本措施是：绝缘、屏护、安全距离、限制放电能量、采用 24V 及以下安全特低电压。

上述五项基本措施具有普遍适用的意义。但是对于施工现场外电防护这种特殊的防护, 其防护措施主要应是做到绝缘、屏护、安全距离。概括来说：第一, 保证安全操作距离; 第二, 架设安全防护设施; 第三, 无足够安全操作距离, 且无可靠安全防护设施的施工现场暂停作业。

1. 保证安全操作距离

（1）在建工程不得在外电架空线路正下方施工、搭设作业棚，建造生活设施或堆放构件、家具、材料及其他杂物等。

（2）在建工程（含脚手架）的周边与外电架空线路的边线之间应保持的最小安全操作距离为：

1）距 1kV 以下线路，不小于 4.0m。

2）距 1~10kV 线路，不小于 6.0m。

3）距 35~110kV 线路，不小于 8.0m。

4）距 220kV 线路，不小于 10m。

5）距 330~500kV 线路，不小于 15m。

应当注意，上、下脚手架的斜道不宜设在有外电线路的一侧。

（3）施工现场的机动车道与外电架空线路交叉时，架空线路的最低点与路面间应保持的最小距离为：

1）距 1kV 以下线路，不小于 6.0m。

2）距 1~10kV 线路，不小于 7.0m。

3）距 35kV 线路，不小于 7.0m。

（4）起重机的任何部位或被吊物边缘在最大偏斜时与外电架空线路边线之间的最小安全距离应符合以下规定：

1）距 1kV 以下线路：沿垂直方向不小于 1.5m，水平方向不小于 1.5m。

2）距 10kV 线路：沿垂直方向不小于 3.0m，水平方向不小于 2.0m。

3）距 35kV 线路：沿垂直方向不小于 4.0m，水平方向不小于 3.5m。

4）距 110kV 线路：沿垂直方向不小于 5.0m，水平方向不小于 4.0m。

5）距 220kV 线路：沿垂直方向不小于 6.0m，水平方向不小于 6.0m。

6）距 330kV 线路：沿垂直方向不小于 7.0m，水平方向不小于 7.0m。

7）距 500kV 线路：沿垂直方向不小于 8.5m，水平方向不小于 8.5m。

（5）施工现场开挖沟槽时，如临近地下存在外电埋地电缆，则开挖沟槽与电缆沟槽之间应保持不小于 0.5m 的距离。

如果上述安全操作距离不能保证，则必须在在建工程与外电线路之间架设安全防护设施。

2. 架设安全防护设施

对外电线路防护可通过采用木、竹或其他绝缘材料增设屏障、遮挡、围栏、保护网等防护设施与外电线路实现强制性绝缘隔离，防护设施应坚固稳定，能防止直径为 25mm 的固体异物穿越，并须在防护隔离处悬挂醒目的警告标志牌。架设安全防护设施须与有关部门沟通，由专业人员架设，架设时应有监护人和保安措施。

3. 无足够安全操作距离，且无可靠安全防护设施时的处置

当施工现场与外电线路之间既无足够的安全操作距离，又无可靠的安全防护设施时，必须首先暂停作业，继而采取相关外电线路暂时停电、改线或改变工程位置等措施，在未采取任何安全措施的情况下严禁强行施工。

6.3.2.3　施工现场临时用电防雷

施工现场防雷主要是防直击雷,当施工现场设置变电所和配电室时还应考虑防感应雷问题。处理施工现场的防雷问题,首先要确定防雷部位,继而设置合理的防雷装置。

1. 防雷装置

雷电是一种破坏力极强、危害性极大的自然现象,要想消除它是不可能的,但消除其危害却是可能的。即可通过设置一种装置人为控制和限制雷电发生的位置,并将雷电能量顺利导入大地,使其不至危害到需要保护的人、设备或设施,这种装置称作防雷装置,防直击雷装置一般由接闪器(接闪杆、接闪线、接闪带等)及防雷引下线,接地体等组成。

设置防直击雷装置时必须保证其各组成部分间及与大地间有良好的电气连接,并且其接地电阻值至少应满足冲击接地电阻值不大于 30Ω 的要求,如果安装防雷装置的设备或设施上有用电设备,则该设备开关箱中的 PE 端子板应与其防雷接地体连接,此时接地体的接地电阻值应符合 PE 线重复接地电阻值的要求,即不大于 10Ω。

2. 防雷部位

施工现场需要考虑防直击雷的部位主要是塔式起重机、物料提升机、外用电梯等高大机械设备及钢脚手架、在建工程金属结构等高架设施;防感应雷的部位则是现场变电所、配电室的进、出线处。

在考虑防直击雷的部位时,首先应考察其是否在邻近建筑物或设施防直击雷装置的防雷保护范围以内。如果在保护范围以内,则可不另设防直击雷装置;如果在保护范围以外,则还应按防雷部位设备高度与当地雷电活动规律综合确定安装防雷装置。具体地说这种综合确定需要安装防雷装置的条件如下:

(1) 地区年平均雷暴日数为 ≤15d;设备高度 ≥50m 时。

(2) 地区年平均雷暴日数为 >15d,<40d;设备高度 ≥32m 时。

(3) 地区年平均雷暴日数为 ≥40d,<90d;设备高度 ≥20m 时。

(4) 地区年平均雷暴日数为 ≥90d 及雷害特别严重地区;设备高度 ≥12m 时。

3. 防雷保护范围

防雷保护范围是指接闪器对直击雷的保护范围。接闪器防直击雷的保护范围是按“滚球法”确定的。所谓滚球法是指选择一个半径为 h(由防雷类别确定)的可以滚动的球体,沿需要防直击雷的部位滚动,当球体只触及接闪器(包括被利用作为接闪器的金属物),或只触及接闪器和地面(包括与大地接触并能承受雷击的金属物),而不触及需要保护的部位时,则该未被触及部分就得到接闪器的保护。参照现行国家标准《建筑物防雷设计规范》GB 50057,在施工现场年平均雷暴日数大于 15d/年的地区,设备和金属架构高度为 15m 及以上时,或年平均雷暴日数为 15d/年及以下地区,设备和金属架构高度为 20m 及以上时,防雷等级可按第三类防雷类别对待。相应的确认接闪器防雷保护范围的滚球半径即为 60m。

尚需指出,施工现场最高机械设备上接闪器或接闪杆的保护范围能覆盖其他设备,且又最后退出现场,则其他设备可不设防雷装置。

6.3.2.4　施工现场临时用电安全及防火措施

为保障施工现场用电安全,除设置合理的用电系外,还应结合施工现场实际编制并实施相配套的安全用电措施和电气防火措施。

1. 安全用电措施

（1）安全用电技术措施要点：

1）选用符合国家强制性标准印证的合格设备和器材，不用残缺、破损等不合格产品。

2）严格按经批准的用电组织设计构建临时用电工程，用电系统要有完备的电源隔离及过载、短路、漏电保护。

3）按规定定期检测用电系统的接地电阻，相关设备的绝缘电阻和漏电保护器的漏电动作参数。

4）配电装置装设端正严实牢固，高度符合规定，不拖地放置，不随意改动；进线端严禁用插头、插座作活动连接，进出线上严禁搭、挂、压其他物体；移动式配电装置迁移位置时，必须先将其前一级隔离开关分闸断电，严禁带电搬运。

5）配电线路不得明设于地面，严禁行人踩踏和车辆辗压；线缆接头必须连接牢固，并作防水绝缘包扎，严禁裸露带电线头；不得拖拉线缆，严禁徒手触摸和严禁在钢筋、地面上拖拉带电线路。

6）用电设备应防止溅水和浸水，已溅水和浸水的设备必须停电处理，未断电时严禁徒手触摸；用电设备移位时，严禁带电搬运，严禁拖拉其负荷线。

7）照明灯具的选用必须符合使用场所环境条件的要求，严禁将220V碘钨灯作行灯使用。

8）停、送电作业必须遵守以下规则：①停、送电指令必须由同一人下达；②停电部位的前级配电装置必须分闸断电，并悬挂停电标志牌；③停、送电时应有一人操作，一人监护，并应穿戴绝缘防护用品。

（2）安全用电组织措施要点：

1）建立用电组织设计制度。

2）建立技术交底制度。

3）建立安全自检制度。

4）建立电工安装、巡检、维修、拆除制度。

5）建立安全培训制度。

6）建立安全用电责任制。

2. 电气防火措施

（1）电气防火技术措施：

1）用电系统的短路、过载、漏电保护电器要配置合理，更换电器要符合原规格。

2）PE线的连接点要确保电器连接可靠。

3）电气设备和线路周围，特别是电焊作业现场和碘钨灯等高热灯具周围要清除易燃易爆物或作阻燃隔离防护。

4）电气设备周围要严禁烟火。

5）电气设备集中场所要配置可扑灭电气火灾的灭火器材。

6）防雷接地要确保良好的电器连接。

（2）电气防火组织措施：

1）建立易燃易爆物和腐蚀介质管理制度。

2）建立电气防火责任制，加强电气防火重点场所烟火管制，并设置禁止烟火标志。

3）建立电气防火教育制度，定期进行电气防火知识宣传教育，提高各类人员电气防火意识和电气防火能力。

　　4）建立电气防火检查制度，发现问题，及时处理，不留隐患。

　　5）建立电气火警预报制，做到防患于未然。

　　6）建立电气防火领导责任体系及电气防火队伍。

　　7）电气防火措施可与一般防火措施一并编制。

6.4　季节性施工安全生产技术

6.4.1　雨期施工

1. 雨期施工概述

　　我国南方许多省市处于多雨地区，每年有长达 1~3 个月的雨期；长江中下游流域的梅雨期节，长达一个月阴雨连绵，伴有多云、多雾、多雷暴天气。东南沿海地区受海洋暖湿气流影响，春夏之交雨水频繁，并伴有台风、暴雨和潮汛，某些地区雷暴季节，雷电活动频繁。这些季节的不良天气现象，给工程的建设进度和质量带来了一系列的问题，也是生产安全事故多发时期。例如，在雨季容易造成各类房屋、墙体、土方坍塌等恶性事故以及山洪、滑坡、泥石流等气象地质水文灾害。因此，应当按照作业条件针对不同季节的施工特点，制定相应的安全技术措施，做好相关安全防护，防止事故的发生。雨期施工应当采取措施防雨、防雷击，组织好排水。同时注意做好防止触电和坑槽坍塌，沿河流域的工地做好防洪准备，傍山的施工现场做好防滑坡塌方措施，脚手架、塔式起重机等应做好防强风措施。

2. 雨期施工的准备工作

　　由于雨期（汛期）施工持续时间较长，而且大雨、大风等恶劣天气具有突发性，因此应认真编制好雨期（汛期）施工的安全技术措施，做好雨期（汛期）施工的各项准备工作。

　　（1）合理组织施工：根据雨期施工的特点，将不宜在雨期施工的工程提早或延后安排，对必须在雨期施工的工程制定有效的措施。晴天抓紧室外作业，雨天安排室内工作。注意天气预报，做好防汛准备。遇到大雨、大雾、雷击和 6 级以上大风等恶劣天气，应当停止进行露天高处、起重吊装和打桩等作业。暑期作业应当调整作息时间，从事高温作业的场所应当采取通风和降温措施。

　　（2）做好施工现场的排水：

　　1）施工现场应按标准实现现场硬化处理。

　　2）根据施工总平面图、排水总平面图，利用自然地形确定排水方向，按规定坡度挖好排水沟，确保施工工地排水畅通。

　　3）应严格按防汛要求，设置连续、通畅的排水设施和其他应急设施，防止泥浆、污水、废水外流或堵塞下水道和排入河沟。

　　4）若施工现场临近高地，应在高地的边缘（现场的上侧）挖好截水沟，防止洪水冲入现场。

　　5）雨期前应做好傍山的施工现场边缘的危石处理，防止滑坡、塌方威胁工地。

　　6）雨期应设专人负责，及时疏浚排水系统，确保施工现场排水畅通。

　　（3）运输道路：

　　1）临时道路应起拱 5‰，两侧做宽 300mm，深 200mm 的排水沟。

2）对路基易受冲刷部分，应铺设石块、焦渣、砾石等渗水防滑材料，或设涵管排泄，保证路基的稳固。

3）雨期应指定专人负责维修路面，对路面不平或积水处应及时修好。

4）场区内主要道路应当硬化。

（4）临时设施：施工现场的大型临时设施，在雨期前应整修加固完毕，应保证不漏、不塌、不倒、周围不积水，严防水进入设施内。选址要合理，避开滑坡、泥石流、山洪、坍塌等灾害地段。

3. 分部（分项）工程雨期施工

（1）土方与地基基础工程的雨期施工：

雨期（汛期）土方与地基基础工程的施工应采取措施重点防止各种坍塌事故。

1）坑沟边上部，不得堆积过多的材料，雨期前应清除沟边多余的弃土，减轻坡顶压力。

2）雨期开挖基坑（槽、沟）时，应注意边坡稳定，在建筑物四周做好截水沟或挡水堤，严防场内雨水倒灌，防止塌方。

3）雨期雨水不断向土壤内部渗透，土壤因含水量增大，黏聚力急剧下降，土壤抗剪强度降低，易造成土方塌方。所以，凡雨水量大、持续时间长，地面土壤已饱和的情况下，要及早加强对边坡坡角、支撑等的处理。

4）土方应集中堆放，并堆置于坑边 3m 以外；堆放高度不得过高，不得靠近围墙或临时建筑；严禁使用围墙、临时建筑作为挡土墙堆放；若坑外有机械行驶，应距槽边 5m 以外，手推车应距槽边 1m 以外。

5）雨后应及时对坑槽沟边坡和固壁支撑结构进行检查，深基坑应当派专人进行认真测量、观察边坡情况，如果发现边坡有裂缝、疏松，支撑结构折断、走动等危险征兆，应当立即采取措施。

6）雨期施工中遇到气候突变，发生暴雨、水位暴涨、山洪暴发或因雨发生坡道打滑等情况时应当停止土石方机械作业施工。

7）雷雨天气不得露天进行电力爆破土石方，如中途遇到雷电时，应当迅速将雷管的脚线、电线主线两端连成短路。

（2）砌体工程的雨期施工：

1）砌块在雨期应当集中堆放。

2）独立墙与迎风墙应加设临时支撑保护，以避免倒墙事故。

3）内外墙要尽可能同时砌筑，转角及丁字墙间的连接要同时跟上。

4）稳定性较差的窗间墙、砖柱应及时浇筑圈梁或加临时支撑，以增强墙体的稳定性。

5）雨后继续施工，应当复核已完工砌体的垂直度。

（3）模板工程的雨期施工：模板的支撑与地基的接触面要夯实，并加垫板，防止产生较大的变形，雨后要检查有无沉降。

（4）起重吊装工程的雨期施工：

1）堆放构件的地基要平整坚实，周围应做好排水。

2）轨道塔式起重机的新垫路基，必须用压路机逐层压实，石子路基要高出周围地面 150mm。

3）应采取措施防止雨水浸泡塔式起重机路基和垂直运输设备基础，并装好防雷设施。

4）履带式起重机在雨期吊装时，严禁在未经夯实的虚土或低洼处作业；在雨后吊装时，应先进行试吊。

5）遇到大雨、大雾、高温、雷击和 6 级以上大风等恶劣天气，应当停止起重吊装作业。

6）大风大雨后作业，应当检查起重机械设备的基础、塔身的垂直度、缆风绳和附着结构以及安全保险装置并先试吊，确认无异常方可作业。轨道式塔式起重机，还应对轨道基础进行全面检查，检查轨距偏差、轨顶倾斜度、轨道基础沉降、钢轨不直度和轨道通过性能等。

（5）脚手架工程的雨期施工：

1）落地式钢管脚手架底应当高于自然地坪 50mm，并夯实整平，留一定的散水坡度，在周围设置排水措施，防止雨水浸泡脚手架。

2）施工层应当满铺脚手板，有可靠的防滑措施，应当设置踢脚板和防护栏杆。

3）应当设置上人马道，马道上必须钉好防滑条。

4）应当挂好安全网并保证有效可靠。

5）架体应当与结构有可靠的连接。

6）遇到大雨、大雾、高温、雷击和 6 级以上大风等恶劣天气，应当停止脚手架的搭设和拆除作业。

7）大风、大雨后，要组织人员检查脚手架是否牢固，如有倾斜、下沉、松扣、崩扣和安全网脱落、开绳等现象，要及时进行处理。

8）在雷暴季节，还要根据施工现场情况给脚手架安装接闪杆。

9）搭设钢管扣件式脚手架时，应当注意扣件开口的朝向，防止雨水进入钢管使其锈蚀。

10）悬挑架和附着式升降脚手架在汛期来临前要有加固措施，将架体与建筑物按照架体的高度设置连接件或拉结措施。

11）吊篮脚手架在汛期来临前应予拆除。

4. 雨期施工的机械设备使用、用电与防雷

（1）雨期施工的机械设备使用：

1）机电设备应采取防雨、防淹措施，安装接地装置。

2）在大雨后，要认真检查起重机械等高大设备的地基，如发现问题要及时采取加固措施。

3）雨期施工的塔式起重机的使用：

① 自升式塔式起重机有附着装置的，在最上一道以上自由高度超过说明书设计高度的，应朝建筑物方向设置两根钢丝绳拉结。

② 自升式塔式起重机未附着，但已达到设计说明书最大独立高度的，应设置 4 根钢丝绳对角拉结。

③ 拉结用 $\phi15$ 以上的钢丝绳，拉结点应设在转盘以下第一个标准节的根部；拉结点处标准节内侧应采用大于标准节角钢宽度的木方作支撑，以防拉伤塔身钢结构；4 根拉结绳与塔身之间的角度应一致，控制在 45°~60°；钢丝绳应采用地锚、地锚筐固定或与建筑物已达到设计强度的混凝土结构连接等形式进行锚固；钢丝绳应有调整松紧度的措施，以确保塔

身处于垂直状态。

④ 塔身螺栓必须全部紧固，塔身附着装置应全面检查，确保无松动、无开焊、无变形。

⑤ 严禁对塔式起重机前后臂进行固定，确保自由旋转，塔式起重机的避雷设施必须确保完好有效，塔式起重机电源线路必须切断。

4）雨期施工的龙门架（井字架）和施工用电梯的使用：

① 有附墙装置的龙门架（井字架）物料提升机及施工用电梯，要采取措施强化附墙装置。

② 无附墙装置的物料提升机，应加大缆风绳及地锚的强度，或设置临时附墙设施等作加固处理。

5）雨天不宜进行现场的露天焊接作业。

（2）雨期施工的用电：严格按照现行行业标准《施工现场临时用电安全技术规范》JGJ 46落实临时用电的各项安全措施。

1）各种露天使用的电气设备应选择较高的干燥处放置。

2）机电设备（配电盘、配电箱、电焊机、水泵等）应有可靠的防雨措施，电焊机应加防护雨罩。

3）雨期前应检查照明和动力线有无混线、漏电、电杆有无腐蚀、埋设是否牢靠等，防止触电事故发生。

4）雨期要检查现场电气设备的接零、接地保护措施是否牢靠，漏电保护装置是否灵敏，电线绝缘接头是否良好。

5）暴雨等险情来临之前，施工现场临时用电除照明、排水和抢险用电外，其他电源应全部切断。

（3）雨期施工的防雷：

1）防雷装置的设置范围：施工现场高出建筑物的塔式起重机、外用电梯、井字架、龙门架以及较高金属脚手架等高架设施，如果在相邻建筑物、构筑物的防雷装置保护范围以外，在表6-4规定的范围内，则应当按照规定设防雷装置，并经常进行检查。

表6-4　施工现场内机械设备需要安装防雷装置的规定

地区平均雷暴日/d	机械设备高度/m
≤15	>50
>15，≤40	>32
>40，≤90	>20
>90及雷灾特别严重的地区	>12

如果最高机械设备上的接闪杆，其保护范围按照60m计算能够保护其他设备，且最后退出现场，其他设备可以不设置防雷装置。

2）防雷装置的构成及制作要求：施工现场的防雷装置一般由接闪杆、接地线和接地体三部分组成。

接闪杆：装在高出建筑物的塔式起重机、人货电梯、钢脚手架等的顶端。机械设备上的接闪杆长度应当为1~2m。

接地线：可用截面面积不小于16mm²的铝导线，或用截面面积不小于12mm²的铜导线，或者用直径不小于 $\phi8$ 的圆钢，也可以利用该设备的金属结构体，但应当保证电器连接。接地体有棒形和带形两种。棒形接地体一般采用长度 1.5m，壁厚不小于 2.5mm 的钢管或 $\llcorner$50×5 的角钢。将其一端垂直打入地下，其顶端离地平面不小于 50cm，带形接地体可采用截面面积不小于 $50mm^2$，长度不小于 3m 的扁钢，平卧于地下 500mm 处。

防雷装置的接闪杆、接地线和接地体必须焊接（双面焊），焊缝长度应为圆钢直径的 6 倍或扁钢厚度的 2 倍以上。

施工现场所有防雷装置的冲击接地电阻值不得大于 30Ω。

3）闪电打雷时，禁止连接导线，停止露天焊接作业。

5. 雨期施工的宿舍、办公室等临时设施

（1）工地宿舍设专人负责，进行昼夜值班，每个宿舍配备不少于 2 个手电筒。

（2）加强安全教育，发现险情时，要清楚记得避险路线、避险地点和避险方法。

（3）采用彩钢板房应有产品合格证，用作宿舍和办公室的，必须根据设置的地址及当地常年风压值等，对彩钢板房的地基进行加固，并使彩钢板房与地基牢固连接，确保房屋稳固。

（4）当地气象部门发布强对流（台风）天气预报后，所有在砖砌临建宿舍住宿的人员必须全部撤出到达安全地点；临近海边、基坑、砖砌围挡墙及广告牌的临建住宿人员必须全部撤出；在以塔式起重机高度为半径的地面范围内临建设施内的人员也必须全部撤出。

（5）大风和大雨后，应当检查临时设施地基和主体结构情况，发现问题及时处理。

6. 雨期施工期间的卫生保健

（1）宿舍应保持通风、干燥，有防蚊蝇措施，统一使用安全电压。生活办公设施要有专人管理，定期清扫、消毒，保持室内整齐清洁卫生。

（2）炎热地区夏季施工应有防暑降温措施，防止中暑。

1）中暑可分为热射病、热痉挛和日射病，在临床上往往难以严格区别，而且常以混合式出现，统称为中暑。

① 先兆中暑。在高温作业一定时间后，如大量出汗、口渴、头昏、耳鸣、胸闷、心悸、恶心、软弱无力等症状，体温正常或略有升高（不超过 37.5℃），这就有发生中暑的可能性。此时如能及时离开高温环境，经短时间的休息后，症状可以消失。

② 轻度中暑。除先兆中暑症状外，如有下列症候群之一，称为轻度中暑：人的体温在 38℃ 以上，有面色潮红、皮肤灼热等现象；有呼吸、循环衰竭的症状，如面色苍白、恶心、呕吐、大量出汗、皮肤湿冷、血压下降、脉搏快而微弱等。轻度中暑经治疗，4~5h 内可恢复。

③ 重度中暑。除有轻度中暑症状外，还出现昏倒或痉挛、皮肤干燥无汗，体温在 40℃ 以上。

2）防暑降温应采取综合性措施：

① 组织措施：合理安排作息时间，实行工间休息制度，早晚干活，中午延长休息时间等。

② 技术措施：改革工艺，减少与热源接触的机会，疏散、隔离热源。

③ 通风降温：可采用自然通风、机械通风和挡阳措施等。

④ 卫生保健措施：供给含盐饮料，补偿高温作业工人因大量出汗而损失的水分和盐分。

（3）施工现场应供符合卫生标准的饮用水，不得多人共用一个饮水器皿。

6.4.2　冬期施工

1. 冬期施工概述

在我国北方及寒冷地区的冬期施工中，由于长时间的持续低温、温差大、强风、降雪和冰冻，施工条件较其他季节艰难得多，加之在严寒环境中作业人员穿戴较多，手脚亦皆不灵活，对工程进度、工程质量和施工安全产生严重的不良影响，必须采取附加或特殊的措施组织施工，才能保证工程建设顺利进行。

根据当地多年气象资料统计，当室外日平均气温连续 5d 稳定低于 5℃ 即进入冬期施工；当室外日平均气温连续 5d 高于 5℃ 时解除冬期施工。

冬期施工与冬季施工是两个不同的概念，不要混淆。例如在我国海拉尔、黑河等高纬度地区，每年有长达 200 多天需要采取冬期施工措施组织施工，而在我国南方许多低纬度地区常年不存在冬期施工问题。

2. 冬期施工特点

（1）冬期施工由于施工条件及环境不利，是各种安全事故多发季节。

（2）隐蔽性、滞后性。即工程虽为冬季进行，大多数在春季开始才暴露出来问题，因而给事故处理带来很大的难度，不仅给工程带来损失，而且影响工程使用寿命。

（3）冬期施工的计划性和准备工作时间性强。这是由于准备工作时间短，技术要求复杂。往往有一些安全事故的发生，都是由于这一环节跟不上，仓促施工造成的。

3. 冬期施工的基本要求

（1）冬期施工前两个月即应进行冬期施工战略性安排。

（2）冬期施工前一个月即应编制好冬期施工技术措施。

（3）冬期施工前一个月做好冬期施工材料、专用设备、能源、暂设工种等施工准备工作。

（4）搞好相关人员技术培训和技术交底工作。

4. 冬期施工的准备

（1）编制冬期施工组织设计：冬期施工组织设计，一般应在入冬前编审完毕。冬期施工组织设计，应包括下列内容：确定冬期施工的方法、工程进度计划、技术供应计划、施工劳动力供应计划、能源供应计划；冬期施工的总平面布置图（包括临建、交通、管线布置等）、防火安全措施、劳动用品；冬期施工安全措施：冬期施工各项安全技术经济指标和节能措施。

（2）组织好冬期施工安全教育培训：应根据冬期施工的特点，重新调整好机构和人员，并制定好岗位责任制，加强安全生产管理。主要应当加强保温、测温、冬期施工技术检验机构、热源管理等机构，并充实相应人员。安排气象预报人员，了解近期、中长期天气，防止寒流突袭。对测温人员、保温人员、能源工（锅炉和电热运行人员）、管理人员组织专门的技术业务培训，学习相关知识，明确岗位责任，经考核合格方可上岗。

（3）物资准备：物资准备的内容包括外加剂、保温材料，测温表计及工器具、劳保用品，现场管理和技术管理的表格、记录本，燃料及防冻油料，电热物资等。

（4）施工现场的准备：

1）场地要在土方冻结前平整完工，道路应畅通，并有防止路面结冰的具体措施。

2）提前组织有关机具、外加剂、保温材料等实物进场。

3）生产上水系统应采取防冻措施，并设专人管理，生产排水系统应畅通。

4）搭设加热用的锅炉房、搅拌站，敷设管道，对锅炉房进行试压，对各种加热材料、设备进行检查，确保安全可靠；蒸汽管道应保温良好，保证管路系统不被冻坏。

5）按照规划落实职工宿舍、办公室等临时设施的取暖措施。

5. 分部（分项）工程冬期施工

（1）土方与地基基础工程冬期施工：土在冬期由于遭受冻结变的坚硬，挖掘困难；春季化冻时，由于处理不当，很容易发生坍塌，造成质量安全事故，所以土方在冬期施工，必须在技术上予以保障。

1）爆破法破碎冻土应当注意的安全事项：

① 爆破施工要离建筑物 50m 以外，距高压线 200m 以外。

② 爆破工作应在专业人员指挥下，由受过爆破知识和安全知识教育的人员担任。

③ 爆破之前应有技术安全措施，经主管部门批准。

④ 现场应设立警告标志、信号、警戒哨和指挥站等防卫危险区的设施。

⑤ 放炮后要经过 20min 才可以前往检查。

⑥ 遇有瞎炮，严禁掏挖或在原炮眼内重装炸药，应该在距离原炮眼 60cm 以外的地方另行打眼放炮。

⑦ 硝化甘油类炸药在低温环境下凝固成固体，当受到振动时极易发生爆炸，酿成严重事故。因此，冬期施工不得使用硝酸甘油类炸药。

2）人工破碎冻土应当注意的安全事项：①注意去掉楔头打出的飞刺，以免飞出伤人；②掌铁楔的人与掌锤的人不能脸对脸，应当互成 90°。

3）机械挖掘时应当采取措施注意行进和移动过程的防滑，在坡道和冰雪路面应当缓慢行驶，上坡时不得换挡，下坡时不得空挡滑行，冰雪路面行驶不得急刹车，发动机应当搞好防冻，防止水箱冻裂。在边坡附近使用，移动机械应注意边坡可承受的荷载，防止边坡坍塌。

4）蒸热法融解冻土应防止管道和外溢的蒸汽、热水烫伤作业人员。

5）电热法融解冻土时应注意的安全事项：

① 电热法进行前，必须有周密的安全措施。

② 应由电气专业人员担任通电工作。

③ 电源要通过有计量器、电流、电压表、保险开关的配电盘。

④ 工作地点要设置危险标志，通电时严禁靠近。

⑤ 进入警戒区内工作时，必须先切断电源。

⑥ 通电前工作人员应退出警戒区，再行通电。

⑦ 夜间应有足够的照明设备。

⑧ 当含有金属夹杂物或金属矿石时，禁止采用电热法。

6）采用烘烤法融解冻土时，会出现明火，由于冬天风大、干燥，易引起火灾。因此应注意安全。

① 施工作业现场周围不得有可燃物。

② 制定严格的责任制，在施工地点安排专人值班，务必做到有火就有人，不能离岗。

③ 现场要准备一些砂子或其他灭火物品，以备不时之需。

7) 春融期间在冻土地基上施工：春融期间开工前必须进行工程地质勘察，以取得地形、地貌、地物，水文及工程地质资料，确定地基的冻结深度和土的融沉类别。对有坑洼、沟槽、地物等特殊地貌的建筑场地应加点测定。开工后，对坑槽沟边坡和固壁支撑结构应当随时进行检查，深基坑应当派专人进行测量、观察边坡情况，如果发现边坡有裂缝、疏松、支撑结构折断、移动等危险征兆，应当立即采取措施。

(2) 钢筋工程冬期施工应注意的安全事项：金属具有冷脆性，加工钢筋时应注意：

1) 冷拔、冷拉钢筋时，防止钢筋断裂伤人。

2) 检查预应力夹具有无裂纹，由于负温下有裂纹的预应力夹具，很容易出现碎裂飞出伤人。

3) 防止预制构件中钢筋吊环发生脆断，造成安全事故。

(3) 砌体工程冬期施工应注意的安全事项：

1) 脚手架、马道要有防滑措施，及时清理积雪，外脚手架要经常检查加固。

2) 施工时接触汽源，热水时要防止烫伤。

3) 现场使用的锅炉、火炕等用焦炭时，应有通风条件，防止煤气中毒。

4) 现场应当建立防火组织机构，设置消防器材。

5) 防止亚硝酸钠中毒：亚硝酸钠是冬期施工常用的防冻剂、阻锈剂，人体摄入 10mg 亚硝酸钠，即可导致死亡。由于外观、味道、溶解性等许多特征与食盐极为相似，很容易误作为食盐食用，导致中毒事故。要采取措施，加强使用管理，以防误食。

① 在施工现场尽量不单独使用亚硝酸钠作为防冻剂。

② 使用前应当召开培训会，让有关人员学会辨认亚硝酸钠与食盐（亚硝酸钠为微黄或无色，食盐为纯白色）。

③ 工地应当挂牌，明示亚硝酸钠为有毒物质。

④ 设专人保管和配制，建立严格的出入库手续和配制使用程序。

(4) 冬期混凝土施工应注意的安全事项：

1) 当温度低于-20℃时，严禁对低合金钢筋进行冷弯，以避免在钢筋弯点处发生强化，造成钢筋脆断。

2) 蓄热法加热砂石时，若采用炉灶焙烤，操作人员应穿隔热鞋，若采用锯末生石灰蓄热，则应选择安全配合比，经试验证明无误后，方可使用。

3) 电热法养护混凝土时，应注意用电安全。

4) 采用暖棚法以火炉为热源时，应注意加强消防和防止煤气中毒。

5) 调拌化学附加剂时，应配戴口罩、手套，防止吸入有害气体和刺激皮肤。

6) 蒸汽养护的临时采暖锅炉应有出厂证明。安装时必须按标准图进行，三大安全附件应灵敏可靠，安装完毕后，应按各项规定进行检验，经验收合格后方允许正式使用；同时，锅炉房的值班人员应建立严格的交接班制度，遵守安全操作要求操作；司炉人员应经专门训练，考试合格后方可上岗；值班期间严禁饮酒、打牌、睡觉和擅离职守。

7) 各种有毒的物品、油料、氧气、乙炔（电石）等应设专库存放、专人管理，并建立严格的领发料制度，特别是亚硝酸钠等有毒物品，要加强保管，以防误食中毒。

8) 混凝土必须满足强度要求方准拆模。

6. 冬期施工的起重机械设备的安全使用：

（1）大雪、轨道电缆结冰和 6 级以上大风等恶劣天气，应当停止垂直运输作业，并将吊笼降到底层（或地面），切断电源。

（2）遇到大风天气应将俯仰变幅塔式起重机的臂杆降到安全位置并与塔身锁紧，轨道式塔式起重机，应当卡紧夹轨钳。

（3）暴风天气塔式起重机要做加固措施，风后经全面检查，方可继续使用。

（4）风雪过后作业，应当检查安全保险装置并先试吊，确认无异常方可作业。

（5）井字架、龙门架、塔式起重机等缆风绳地锚应当埋置在冻土层以下，防止春季冻土融化，地锚锚固作用降低，地锚拔出，造成架体倒塌事故。

（6）塔式起重机路轨不得铺设在冻胀性土层上，防止土壤冻胀或春季融化，造成路基起伏不平，影响塔式起重机的使用，甚至发生安全事故。

（7）春季冻土融化，应当随时观察塔式起重机等起重机械设备的基础是否发生沉降。

7. 冬期施工的防火要求

冬期施工现场使用明火较多，管理不善很容易发生火灾，必须加强用火管理。

（1）施工现场临时用火，应建立用火证制度，由工地安全负责人审批。

（2）明火操作地点要有专人看管，明火看管人的主要职责是。

1）注意清除火源附近的易燃、易爆物，不易清除时，可用水浇湿或用阻燃物覆盖。

2）检查高处用火，焊接作业要有石棉防护，或用接火盘接住火花。

3）检查消防器材的配置和工作状态情况。

4）检查木工棚，库房、喷漆车间、油漆配料车间等场所，此类场所不得用火炉取暖，周围 15m 内不得有明火作业。

5）施工作业完毕后，对用火地点详细检查，确保无死灰复燃，方可撤离岗位。

（3）供暖锅炉房及操作人员的防火要求：

1）锅炉房宜建造在施工现场的下风方向，远离在建工程以及易燃，可燃材料堆场，料库等。

2）锅炉房应不低于二级耐火等级。

3）锅炉房的门应向外开启。

4）锅炉正面与墙的距离应不小于 3m，锅炉与锅炉之间应保持不小于 1m 的距离。

5）锅炉房应有适当通风和采光，锅炉上的安全设备应保持良好状态并有照明。

6）锅炉烟道和烟囱与可燃构件应保持一定的距离，金属烟囱距可燃结构不小于 100cm，距已做防火保护层的可燃结构不小于 70cm；未采取消烟除尘措施的锅炉，其烟囱应设防火星帽。

7）司炉工应当经培训合格持证上岗。

8）应当制定严格的司炉值班制度，锅炉开火以后，司炉人员不准离开工作岗位，值班时间不允许睡觉或做无关的事。

9）司炉人员下班时，须向下一班做好交接班，并记录锅炉运行情况。

10）禁止使用易燃、可燃液体点火。

11）炉灰倒在指定地点。

（4）炉火安装与使用的防火要求：

1）油漆、喷漆、油漆调料间以及木工房，料库等，禁止使用火炉采暖。

2）金属与砖砌火炉，必须完整良好，不得有裂缝；砖砌火炉壁厚不得小于 30cm。

3）金属火炉与可燃、易燃材料的距离不得小于 100cm，已做保护层的火炉距可燃物的距离不得小于 70cm。

4）没有烟囱的火炉上方不得有可燃物，必要时须架设铁板等非燃材料隔热，其隔热板应比炉顶外围的每一边都多出 15cm 以上。

5）火炉应根据需要设置高出炉身的火挡，在木地板上安装火炉，必须设置炉盘。

6）金属烟囱一节插入另一节的尺寸不得小于烟囱的半径，衔接地方要牢固。

7）金属烟囱与可燃物的距离不得小于 30cm，穿过板壁、窗户、挡风墙、暖棚等必须设铁板；从烟囱周边到铁板外边缘尺寸，不得小于 5cm。

8）火炉的炉身、烟囱和烟囱出口等部分与电源线和电气设备应保持 50cm 以上的距离。

9）炉火必须由受过安全消防常识教育的专人看守。

10）移动各种加热火炉时，必须先将火熄灭后方准移动。

11）掏出的炉灰必须随时用水浇灭后倒在指定地点。

12）禁止用易燃、可燃液体点火。

13）不准在火炉上熬炼油料、烘烤易燃物品。

（5）冬期消防器材的保温防冻：

1）室外消火栓：冬期施工工地，应尽量安装地下消火栓，在入冬前应进行一次试水，加少量润滑油，消火栓用草帘、锯末等覆盖，做好保温工作，以防冻结。冬天下雪时，应及时扫除消火栓上的积雪，以免雪化后将消火栓井盖冻住。高层临时消防水管应进行保温或将水放空，消防水泵内应考虑采暖措施，以免冻结。

2）消防水池：入冬前，应做好消防水池的保温工作，随时进行检查，发现冻结时应进行破冻处理。

3）轻便消防器材：入冬前应将泡沫灭火器、清水灭火器等放入有采暖的地方，并套上保温套。

6.5　施工现场防火安全生产技术

6.5.1　施工现场防火安全生产的基本要求

1. 动火区域的划分

根据建筑工程选址位置、施工周围环境、施工现场平面布置、施工工艺及施工部位不同，其动火区域分为一、二、三级。

（1）一级动火区域也称禁火区域，凡属下列情况均属此类：

1）在生产或者储存易燃易爆物品场区，进行新建、扩建、改建工程的施工场所。

2）建筑工程周围存在生产或储存易燃易爆物品的场所，在防火安全距离范围内的施工部位。

3）施工现场内储存易燃易爆物品的仓库、库区。

4）施工现场木工作业处和半成品加工区。

5）在比较密封的室内、容器内、地下室等场所，进行配置或调和易燃易爆液体和涂刷油漆作业。

（2）二级动火区域：

1）在禁火区域周围的动火作业区。

2）登高焊接或气割作业区。

3）砖木结构临时食堂炉灶处。

（3）三级动火区域：除一级、二级动火区域外的其他动火作业区域。

2. 火灾危险性分类（表 6-5）

储存物品的火灾危险性分类见表 6-5。

表 6-5　储存物品的火灾危险性分类

火灾危险性分类	火灾危险性特征
甲	1. 闪点<28℃的液体 2. 爆炸下限<10%的气体，以及受到水或空气中水蒸气的作用，能产生爆炸下限<10%气体的固体物质 3. 常温下能自行分解或在空气中氧化即能导致迅速自燃或爆炸的物质 4. 常温下受到水或空气中水蒸气的作用，能产生可燃气体并引起燃烧或爆炸的物质 5. 遇酸、受热、撞击、摩擦、催化以及遇有机物或硫磺等易燃的无机物，极易引起燃烧或爆炸的强氧化剂 6. 受撞击、摩擦或与氧化剂、有机物接触时能引起燃烧或爆炸的物质
乙	1. 闪点>28℃至<60℃的液体 2. 爆炸下限>10%的气体 3. 不属于甲类的氧化剂 4. 不属于甲类的化学易燃危险固体 5. 助燃气体 6. 常温下与空气接触能缓慢氧化，积热不散引起自燃的物品
丙	1. 闪点>60℃的液体 2. 可燃固体
丁	难燃烧物品
戊	不燃烧物品

3. 施工现场平面布置的防火要求

（1）施工现场要明确划分出：禁火作业区、仓库区和办公生活区。各区域之间要有一定的防火安全距离。

1）禁火作业区距离生活区不得小于 15m，距离其他区域不小于 25m。

2）易燃、可燃材料仓库距离修建的建筑物和其他区域不小于 20m。

3）易燃的废品集中场地。

4）防火间距内，不应堆放易燃和可燃材料。

（2）施工现场的道路，夜间要有足够的照明设备。在高压架空电线下面不要搭临时性建筑物或堆放可燃材料。

（3）施工现场必须设立消防车通道，其宽度应不小于 3.5m，并且在工程施工的阶段都必须通行无阻，施工现场的消防水源，要筑有消防车能驶入的道路，如果不可建出通道时，应在水源（池）一边铺砌停车和回车空地。

（4）建筑工地要设有足够的消防水源（给水管道或蓄水池），对有消防给水管道设计的工程，应在建筑施工时，先敷设好室外消防给水管道与消火栓。

（5）临时性的建筑物、仓库以及正在修建的建（构）筑物道旁，都应该配置适当种类和一定数量的灭火器，并布置在明显和便于取用的地点。冬期施工还应对消防水池、消火栓和灭火器等做好防冻工作。

（6）作业棚和临时生活设施的规划和搭建，必须符合下列要求：

1）临时生活设施应尽可能搭建在距离修建的建筑物20m以外的地区，并且不要搭设在高压架空电线的下面，距离高压架空电线的水平距离不应小于6m。

2）临时宿舍与厨房、锅炉房、变电所和汽车库之间的防火距离，应不小于15m。

3）临时宿舍等生活设施，距离铁路的中心线以及少量易燃品储藏室的间距不小于30m。

4）临时宿舍距火灾危险性大的生产场所不得小于30m。

5）为储存大量的易燃物品、油料、炸药等所修建的临时仓库，与永久工程或临时宿舍之间的防火间距应根据所储存的数量，按照有关规定确定。

6）在独立的场地上修建成批的临时宿舍，应当分组布置，每组最多不超过二幢，组与组之间的防火距离，在城市市区不小于20m，在农村应不小于10m。临时宿舍简易楼房的层高应当控制在两层以内，每层应当设置两个安全通道。

7）生产工棚包括仓库，无论有无用火作业或取暖设备，室内最底高度一般不应低于2.8m，其门的宽度要大于1.2m，并且要双扇向外并。

6.5.2　施工现场防火安全重点及安全措施

1. 灭火常识

（1）固体火灾应先用水型、泡沫、磷酸胺盐干粉、卤代烷型灭火器进行扑救。

（2）液体火灾应先用干粉、泡沫、卤代烷、二氧化碳灭火器进行扑救。

（3）气体火灾应先用干粉、卤代烷、二氧化碳灭火器进行扑救。

（4）带电物体火灾应先用卤代烷、二氧化碳、干粉型灭火器进行扑救。

（5）扑救金属火灾的灭火器材应由设计部门和当地公安消防监督部门协商解决，目前我国还没有定型的灭火器产品。

2. 施工现场消防器具的用途和使用方法

建筑施工现场常用的消防器具为水池、消防桶、消防铁锨、消防沟以及灭火机等。

（1）消防水池：消防水池与建筑物之间的距离，一般不得小于10m，在水池的周转留有消防车通道。在冬季或者寒冷地区，消防水池应有可靠的防冻措施。

（2）几种手提式灭火器的适应火灾及使用方法：

1）泡沫灭火器适应火灾及使用方法：

① 适用范围：适用于扑救一般B类火灾，如油制品、油脂等火灾，也可适用于A类火灾，但不能扑救B类火灾中的水溶性可燃、易燃液体的火灾，如醇、酯、醚、酮等物质火灾，也不能扑救带电设备及C类和D类火灾。

② 使用方法：可手提筒体上部的提环，迅速奔赴火场。这时应注意不得使灭火器过分倾斜，更不可横拿或颠倒，以免两种药剂混合而提前喷出。当距离着火点10m左右，即可将筒体颠倒过来，一只手紧握提环，另一只手扶住筒体的底圈，将射流对准燃烧物。在扑救可燃液体火灾时，如已呈流淌状燃烧，则将泡沫由远而近喷射，使泡沫完全覆盖在燃烧液面

上；如在容器内燃烧，应将泡沫射向容器的内壁，使泡沫沿着内壁流淌，逐步覆盖着火液面。切忌直接对准液面喷射，以免由于射流的冲击，反而将燃烧的液体冲散或冲出容器，扩大燃烧范围。在扑救固体物质火灾时，应将射流对准燃烧最猛烈处。灭火时随着有效喷射距离的缩短，使用者应逐渐向燃烧区靠近，并始终将泡沫喷在燃烧物上，直到扑灭。使用时，灭火器应始终保持倒置状态，否则会中断喷射。

手提式泡沫灭火器存放应选择干燥、阴凉、通风并取用方便之处，不可靠近高温或可能受到暴晒的地方，以防止碳酸分解而失效；冬期要采取防冻措施，以防止冻结并应经常擦除灰尘、疏通喷嘴，使之保持通畅。

2）推车式泡沫灭火器适应火灾和使用方法：

① 适用范围：适用范围与手提式化学泡沫灭火器相同。

② 使用方法：使用时，一般由两人操作，先将灭火器迅速推拉到火场，在距离着火点10m 左右处停下，由一人施放喷射软管后，双手紧握喷枪并对准燃烧处；另一人则先逆时针方向转动手轮，将螺杆升到最高位置，使瓶盖开足，然后将筒体向后倾倒，使拉杆触地，并将阀门手柄旋转90°，即可喷射泡沫进行灭火。如阀门装在喷枪处，则由负责操作喷枪者打开阀门。

灭火方法及注意事项与手提式化学泡沫灭火器基本相同，可以参照。由于该种灭火器的喷射距离远，连续喷射时间长，因而可充分发挥其优势，用来扑救较大面积的储槽或油罐车等处的初起火灾。

3）空气泡沫灭火器适应火灾和使用方法：

① 适用范围：适用范围基本上与化学泡沫灭火器相同。但抗溶泡沫灭火器还能扑救水溶性易燃、可燃液体的火灾如醇、醚、酮等溶剂燃烧的初起火灾。

② 使用方法：使用时可手提或肩扛迅速奔到火场，在距燃烧物6m 左右拔出保险销，一只手握住开启压把，另一只手紧握喷枪；用力捏紧开启压把，打开密封或刺穿储气瓶密封片，空气泡沫即可从喷枪口喷出。灭火方法与手提式化学泡沫灭火器相同。但空气泡沫灭火器使用时，应使灭火器始终保持直立状态，切勿颠倒或横卧使用，否则会中断喷射。同时应一直紧握开启压把，不能松手，否则也会中断喷射。

4）酸碱灭火器适应火灾及使用方法：

① 适应范围：适用于扑救 A 类物质燃烧引起的初起火灾，如木、织物、纸张等燃烧的火灾。它不能用于扑救 B 类物质燃烧的火灾，也不能用于扑救 C 类可燃性气体或 D 类轻金属火灾。同时也不能用于带电物体火灾的扑救。

② 使用方法：使用时应手提筒体上部提环，迅速奔到着火地点。决不能将灭火器扛在肩上，也不能过分倾斜，以防两种药液混合而提前喷射。在距离燃烧物6m 左右，即可将灭火器颠倒过来，并摇晃几次，使两种药液加快混合；一只手握住提环，另一只手抓住筒体下的底圈将喷出的射流对准燃烧最猛烈处喷射。同时随着喷射距离的缩减，使用者应向燃烧处推近。

5）二氧化碳灭火器的使用方法：灭火时只要将灭火器提到或扛到火场，在距燃烧物5m 左右，放下灭火器拔出保险销，一手握住喇叭筒根部的手柄，另一只手紧握启闭阀的压把。对没有喷射软管的二氧化碳灭火器，应把喇叭筒往上扳70°~90°。使用时，不能直接用手抓住喇叭筒外壁或金属连线管，防止手被冻伤。灭火时，当可燃液体呈流淌状燃烧时，使用者将二氧化碳灭火剂的喷流由近而远向火焰喷射。如果可燃液体在容器内燃烧时，使用者应将喇叭筒提起。从容器的一侧上部向燃烧的容器中喷射。但不能将二氧化碳射流直接冲击可燃液面，以防止将可燃液体冲出容器而扩大火势，造成灭火困难。

推车式二氧化碳灭火器一般由两人操作，使用时两人一起将灭火器推或拉到燃烧处，在离燃烧物10m左右停下，一人快速取下喇叭筒并展开喷射软管后，捏住喇叭筒根部的手柄，另一人快速按逆时针方向旋动手轮，并开到最大位置。灭火方法与手提式的方法一样。使用二氧化碳灭火器时，在室外使用的，应选择在上风方向喷射。在室内外窄小空间使用的，灭火后操作者应迅速离开，以防窒息。

6）干粉灭火器适应火灾和使用方法：碳酸氢钠干粉灭火器适用于易燃、可燃液体、气体及带电设备的初起火灾；磷酸铵盐干粉灭火器除可用于上述几类火灾外，还可扑救固体类物质的初起火灾。但都不能扑救金属燃烧火灾。

灭火时，可手提或肩扛灭火器快速奔赴火场，在距燃烧处5m左右放下灭火器。如在室外，应选择在上风方向喷射。使用的干粉灭火器若是外挂式储压式的，操作者应一手紧握喷枪、另一手提起储气瓶上的开启提环。如果储气瓶的开启是手轮式的，则向逆时针方向旋开，并旋到最高位置，随即提起灭火器。当干粉喷出后，迅速对准火焰的根部扫射。使用的干粉灭火器若是内置式储气瓶的或者是储压式的，操作者应先将开启把上的保险销拔下，然后握住喷射软管前端喷嘴部，另一只手将开启压把压下，打开灭火器进行灭火。有喷射软管的灭火器或储压式灭火器在使用时，一手应始终压下压把，不能放开，否则会中断喷射。

干粉灭火器扑救可燃、易燃液体火灾时，应对准火焰要部扫射，如果被扑救的液体火灾呈流淌燃烧时，应对准火焰根部由近而远，并左右扫射，直至把火焰全部扑灭。如果可燃液体在容器内燃烧，使用者应对准火焰根部左右晃动扫射，使喷射出的干粉流覆盖整个容器开口表面；当火焰被赶出容器时，使用者仍应继续喷射，直至将火焰全部扑灭。

在扑救容器内可燃液体火灾时，应注意不能将喷嘴直接对准液面喷射，防止喷流的冲击力使可燃液体溅出而扩大火势，造成灭火困难。如果当可燃液体在金属容器中燃烧时间过长，容器的壁温已高于扑救可燃液体的自燃点，此时极易造成灭火后再复燃的现象，若与泡沫类灭火器联用，则灭火效果更佳。

使用磷酸铵盐干粉灭火器扑救固体可燃物火灾时，应对准燃烧最猛烈处喷射，并上下、左右扫射。如条件许可，使用者可提着灭火器沿着燃烧物的四周边走边喷，使干粉灭火剂均匀地喷在燃烧物表面，直至将火焰全部扑灭。

7）推车式干粉灭火器的使用方法：使用方法与手提式干粉灭火器的使用方法相同。

3. 施工现场灭火器的配备

（1）大型临时设施总平面面积超过 $1200m^2$ 的，应当按照消防要求配备灭火器，并根据防火的对象、部位，设立一定数量且容积不少于 $4m^3$ 的消防水池，并配备不少于4套的取水桶、消防锹、消防钩。同时，要配备有一定数量的消防沙池等设施，并留有消防车通道。

（2）一般临时设施区域，每 $100m^2$ 面积的配电室、动火处、食堂、宿舍等重点防火区域，应当配备两个10L灭火器。临时性简易住宅楼每层至少配备两个以上灭火器，体量较大的临时性住宅楼还应配备推车式干粉灭火器或泡沫灭火器。

（3）临时木工间、油漆间、机具间等，每 $25m^2$ 面积应配备一个种类合适的灭火器；油库、危险品仓库、易燃堆料场应配备足够数量、种类的灭火器。

4. 建筑施工现场的防火管理内容

1）每个建筑工地都应成立防火领导小组，建立、健全安全防火责任制度，各项安全防火规章和制度要书写上墙，施工管理人员要指导作业人员贯彻落实防火规章制度。

2）要加强施工现场的安全保卫工作。建筑工地周边应当设立围挡，其高度应不低于1.8~2.4m。较大的工程要设专职保卫人员。禁止非工地人员进入施工现场。公事人员进入现场要进行登记，有人接待，并告知工地的防火制度。节假日期间值班人员应当昼夜巡逻。

3）建筑工地要认真执行"三清、五好"管理制度，尤其对木制品的刨花、锯末、料头、防火油毡纸头、沥青，以及冬期施工的草袋、稻壳、苇席等保温材料要随干随清，做到工完场清。各类材料都要码放成垛，整齐堆放。

4）临时工、合同工等各类新工人进入施工现场，都要进行防火安全教育和防火知识的学习。经考试合格后方能上岗工作。

5）建筑工地都必须制定防火安全措施，防火重地和易燃危险场所施工作业必须及时向有关人员、作业班组进行书面安全交底，按照交底要求进行施工并交底落实。

6）建筑工程严禁多层转包，以免一个施工现场有多个施工队伍，相互影响。

7）做好生产、生活用火的管理。

5. 建筑施工相关工种作业的防火安全要求

建筑工程是一个多工种配合和立体交叉混合作业的施工现场。建筑施工过程中下列工种的施工作业，都应当特别注意防火安全。

（1）建筑焊工：电、气焊是利用电能或化学能转变为热能对金属进行加热的熔接方法。焊接或切割的基本特点是高温、高压、易燃、易爆。

1）电、气焊作业时必须注意以下几个方面的问题：

① 气焊设备的防火、防爆要求：氧气瓶与乙炔瓶是气焊工艺的主要设备，属于易燃、易爆的受压容器。乙炔气瓶应安装回火防止器，防止氧气倒回发生事故。乙炔瓶应放置在距离明火至少10m以外的地方，严禁倒放。焊、割作业时乙炔瓶和氧气瓶，两者使用时的距离不得小于5m，不得放置在高压线下面或在太阳下暴晒。

② 每次操作前都必须进行认真检查。尤其是冬期施工完毕后，要及时将乙炔瓶和氧气瓶送回到存放处，采取一定防冻措施，以免结冻。如果冻结，严禁用明火烘烤。作业时要根据金属材料的材质、形状，确定焊炬与金属的距离，不要距离太近，以防喷嘴太热，引起焊炬内自燃回火。在点火前要检查焊炬是否正常，其方法是检查焊炬的吸力，若开了氧气而乙炔管毫无吸力，则焊炬不能使用，必须及时修复。

③ 电焊设备防火、防爆要求：电焊机是电弧焊工艺的主要设备，各种电焊机都应该在规定的电压下使用，旋转式直流电焊机应配备足够容量的磁力起动开关，不得使用闸刀开关直接起动。电焊机应有良好的隔离防护装置，电焊机的绝缘电阻不得小于$1M\Omega$。电焊机的接线柱、接线孔等应装在绝缘板上，并有防护罩保护。电焊机应放置在避雨干燥的地方，不准与易燃、易爆物品或容器混放在一起。室内焊接时，电焊机的位置、线路敷设和操作地点的选择应符合防火安全要求，作业前必须进行检查，焊接导线要有足够的截面面积。严禁将焊接导线搭在氧气瓶、乙炔瓶、乙炔发生器、煤气、液化气等易燃易爆设备上，焊接导线中间不应有接头，如果必须设有接头，其接头处要远离易燃、易爆物10m以外。

2）在有类似下述情况而又没有采取相应的安全措施时，不允许进行焊接：①制作、加工和储存易燃易爆危险物品的房间内；②储存易燃易爆物品的储罐和容器；③带电设备；④刚涂过油漆的建筑构件或设备；⑤盛过易燃液体而没有进行彻底清洗处理的容器。

3）电、气焊作业过程中的防火要求：电、气焊作业前要明确作业任务，认真了解作业环境，确定出动火的危险区域，并立明显标志，危险区内的一切易燃易爆品都必须移走。对不能移走的可燃物，要采取可靠的防护措施。尤其刮风天气，要注意风力的大小和风向变化，防止风把火星吹到附近的易燃物上，必要时应派人监护。

4）施工现场的焊、割作业，必须符合防火要求，严格执行"十不烧"的规定：

① 焊工必须持证上岗，无证者不准进行焊、割作业。

② 属一、二、三级动火范围的焊、割作业，未经办理动火审批手续，不准进行焊、割。

③ 焊工不了解焊、割现场周围情况，不得进行焊、割。

④ 焊工不了解焊件内部是否有易燃易爆物时，不得进行焊、割。

⑤ 各种装过可燃气体，易燃液体和有毒物质的容器，未经彻底清洗或未排除危险之前，不准进行焊、割。

⑥ 用可燃材料作保温层、冷却层、隔声、隔热设备的部位或火星能飞溅到的地方，在未采取切实可靠的安全措施之前，不准焊、割。

⑦ 有压力或密闭的管道、容器，不准焊、割。

⑧ 焊、割部位附近有易燃易爆物品，在未作清理或未采取有效的安全防护措施前，不准焊、割。

⑨ 附近有与明火作业相抵触的工种在作业时，不准焊、割。

⑩ 与外单位相连的部位，在没有弄清有无险情，或明知存在危险而未采取有效的措施之前，不准焊、割。

在既有建筑维修中使用焊、割时，要特别注意作业前必须仔细检查焊割部位的墙体、楼板构造和隐蔽部位，不清楚绝不能施工。对于可燃的墙体和楼板以及存在的孔洞裂缝，导热的金属等要采取可靠的措施，防止火星落入埋下火种，或金属导热造成火灾。室内高级装饰工程，都必须在装饰施工前完成焊、割施工。

（2）建筑木工：作业时必须注意以下几个方面的问题：

1）建筑工地的木工作业场所要严禁动用明火，工人吸烟要到休息室；工作场地和个人工具箱内严禁存放油料和易燃易爆物品。

2）要经常对工作间内的电气设备及线路进行检查，发现短路、电气打火和线路绝缘老化破损等情况要及时找电工维修。电锯、电刨等木工设备在作业时，注意勿使刨花、锯末等物将电动机盖上。

3）熬水胶使用的炉子，应在单独房间里进行，用后要立即熄灭。

4）木工作业要严格执行建筑安全操作规程。完工后必须做到现场清理干净，剩下的木料堆放整齐，锯末、刨花要堆放在指定的地点，做到工完场清并且不能在现场存放时间过长，防止自燃起火。

5）现场支模作业，作业人员应严禁吸烟，严禁在支模作业面的上方进行焊接动火作业，支模作业区域应按照有关规定配备消防灭火器材，明确消防责任人。

（3）建筑电工：

1）预防短路造成火灾的措施：施工现场架设或使用的临时用电线路，当发生故障或过载时，就会造成电气失火。由于短路时电流突然增大，发热量很大，不仅能使绝缘材料燃烧，而且能使金属熔化，产生火花引起邻近的易燃、可燃物质燃烧造成火灾。

建筑工地造成电气短路的主要原因：没有按具体环境选用导线，导线受损，线芯裸露维修不及时、导线受潮绝缘被击穿、安错线等都能造成短路。

预防电气短路的措施：建筑工地临时线路都必须使用护套线，导线绝缘必须符合电路电压要求。导线与导线、导线与墙壁和顶棚之间应有符合规定的间距。线路上要安装合适的熔丝和漏电断路器。

2）预防过负荷造成火灾的措施：根据负荷合理选用导线截面面积。不得随意在线路上接入过多负载。要定期检查线路负荷增减情况，按实际情况去掉过多的电气设备或另增线路。或者根据生产程序和需要，采取先控制后使用的方法，把用电时间排开。

3）预防电火花和电弧产生的措施：产生火花和电弧的原因主要是发生电气短路，开关通断，熔丝熔断，带电维修等。

预防措施：裸导线间或导体与接地体间应保持足够的距离。保持导线支撑物良好完整，防止布线过松。导线连接要牢固。经常检查导线的绝缘电阻，保持绝缘的强度和完整。保险器或开关应装在不燃的基座上并用不燃箱盒保护。不应带电安装和修理电气设备。

另外，在进行室内高级装饰时，安装电气线路一定要注意如下问题：

① 顶棚内的电气线路穿线必须为镀锌钢管，施工安装时必须焊接固定在顶棚内。造型顶棚用金属软管穿线时，要做保护接地，或者穿四根线其中一根作接地处理，防止金属外皮产生感应电引起火灾。

② 凡电器接头都必须用焊锡连接，而且符合规范要求。

③ 电源一般是三相的线制，由于装饰电气回路特别多，且回路均为单相，都要连接在三相四线制的电源中，所以三相电路都必须平衡，各个回路容量皆应相等，否则火灾危险性是很大的，所以在电源回路安装完毕后，根据施工规程要求把各回路的负荷电流表进行测试和调正，使线路三相保持平衡。

④ 旧建筑物室内装饰时，要重新设计线路的走向和电气设备的容量。

（4）油漆作业所使用的材料都是易燃易爆的化学材料。因此，无论油漆的作业场地或临时存放的库房，都要严禁动用明火。室内作业时，一定要有良好的通风条件，照明电气设备必须使用防爆灯头，禁止穿钉子鞋出入现场，严禁吸烟，周围的动火作业要远离 10m 以外。

（5）防腐蚀作业：凡有酸、碱长期腐蚀的工业与其他建筑，都必须进行防腐处理，如工业电镀厂房、化厂房等。目前防腐蚀方法所使用的材料，多数都是易燃、易爆的化学高分子材料，如环氧树脂、呋喃树脂、酚醛树脂、硫磺类、沥青类、煤焦油等；固化剂多是乙二胺、丙酮、酒精等。

1）硫黄的熬制、储存与施工：硫黄熬制时要严格控制温度，当发现冒蒸烟时要立撒火降温，如果局部燃烧要用石英粉灭火。储存运输和施工时严禁与木炭、硝石相混，远离明火。

2）树脂类：树脂类防腐蚀材料施工时要避免高温，不要长时间置于太阳下暴晒；作业场地和储存库都要远离明火；储存库要阴凉通风。

3）乙二胺：乙二胺是树脂类常用的固化剂，这种材料遇火种、高温和氧化剂有燃烧的危险。与醋酸、醋酐、二硫化碳、氯磺酸、盐酸、硝酸、硫酸、过氧酸银等发生反应时非常剧烈。因此在储运施工时要注意：应储存在阴凉通风的仓库内，远离火种热源。应与酸类、氧化剂隔离堆放。搬运时要轻装轻卸，防止破损。一旦发生火灾，要用泡沫、二氧化碳、干粉、沙土和雾状水灭火。

乙二胺是一种挥发性很强的化学物质，当明露时通常显黄烟，有毒、有刺激气味。当在空气中挥发到一定浓度时，遇明火有爆炸危险。乙二胺、丙酮、酒精能溶于或稀释多种化学品，能挥发产生大量易燃气体。因此，施工时应该用多少就倒出多少，而且要马上使用，不要明露放置时间过长，剩下的要及时倒回原容器中。储存、运输时一定将盖盖好，不能漏气。操作工人作业时严禁烟火，注意通风。长时间接触，要戴防毒面具，切忌接触皮肤，如果接触皮肤后要马上用清水洗净。

（6）冷底子油配制与施工的防火要求：冷底子油是防水所使用的沥青与水泥砂浆在涂抹基层起结合作用的渗透材料。这种材料是由汽油或柴油配制而成的。它的配合比多采用汽油与沥青6：4或7：3的比例配成。它的性能与汽油、柴油基本相似，即挥发性强、闪点低，所以在配制、运输或施工时，遇明火即有起火或爆炸的危险。尤其室内作业，如果通风不好，使其挥发到空气中的含量达到极限，那就更危险了。在配制、运输、施工冷底子油时一定要注意：

1）配制冷底子油时，禁止用铁棒搅拌，以防碰出火星。要严格掌握沥青温度，当发现冒出大量蓝烟时，应立即停止加入。

2）凡是配制、储存、涂刷冷底子油的地点，都要严禁烟火，绝对不允许在附近进行电、气焊或其他动火作业。

3）无论配制、储存、涂刷时都要设专人监护。

6. 冬期施工的防火安全要求

（1）电热法施工要注意以下问题：

1）使用电热法要设电压调整器，以便控制电压。导线接头要焊接牢固，要用绝缘布包好，穿墙要有套管保护，要有良好的电气接地。

2）搞好定点定时测温记录工作，加热温度不宜超过80℃，发现问题应立即停电检查。

3）要配备必要的消防器材，如二氧化碳灭火器或干粉灭火器。

（2）锯末、生石灰蓄热法：这种方法火灾危险性大，如果操作方法不当，管理不严，极易发生火灾事故。因此在操作前必须经试验来选择比较安全的配合比，并制定出可靠的防火措施方能使用。在使用中要设专人看管，经常检查测温。如果温度超过80℃要进行翻动降温。

（3）烘烤挖土法：这种方法使用简单、广泛，但危险性较大，尤其风天，极易引起火灾。因此在使用时一定要设专人看管，务必做到有火必有人，看火人员绝不能脱离现场，而且现场要准备一些砂子和其他防火器材。风天最好停止使用此方法。每次烘烤的面积不宜过大；一般以建筑面积200m²为宜。周围有易燃易爆材料时，严禁采用此种方法。

7. 雨季和高温季节施工的防火安全要求

雨季来临时，因气候潮湿，雷阵雨时还会发生雷击事故，所以在雨季前应检查高大机械设备如塔式起重机、吊梯的防雷措施；对外露的电气设备及线路，应加强绝缘破损及遮雨设施的检查，以防漏电起火。对石灰、电石等常用的遇水燃烧物品，应防漏、防潮，垫高存放。高温季节则应重点做好对易燃、易爆物品如汽油、香蕉水等的安全保管及发放使用。

8. 消防管理制度

（1）消防有关法律法规：我国消防法规大体分为三类，一是消防基本法——《中华人民共和国消防法》；二是消防行政法规；三是消防技术标准，又称为消防技术法规。

消防行政法规规定了消防管理活动的基本原则、工序和方法。消防技术法规是用于调整人与自然、科学、技术的关系。另外，各省、市、自治区结合本地区的实际情况还颁布了一些地方性的行政法规、规章和规范性文件以及地方标准。这些规章和管理措施，都为防火监督管理提供了依据。

（2）消防安全责任制：建筑施工企业是防火安全管理的重点单位，要认真贯彻落实"预防为主、防消结合"的方针，从思想上、组织上、装备上做好火灾的预防工作。建立防火责任制，将防火安全的责任落实到每个建筑施工现场，每一个施工人员，明确分工，划分区域，不留防火死角，真正落实防火责任。建筑施工企业或者施工现场应当履行下列消防安全职责：

1）制定消防安全制度、消防安全操作规程。

2）建立防火档案，确定消防安全重点部位，配置消防设施和器材，设置防火标志。

3）实行定期或者不定期的防火安全检查，必要时实行每月防火巡查，及时消除火灾隐患，并建立检查（巡查）记录。

4）对职工进行消防安全培训。

5）制定灭火和应急疏散预案，定期组织消防演练。

（3）消防安全措施：

1）领导措施：各级领导应当高度重视消防工作，将防火工作纳入安全生产中的一项重要工作，企业的主要领导是消防安全的第一责任人，建立健全防火预警机制，防止避免火灾事故的发生。

2）组织措施：应当建立消防安全领导小组，定期研究、布置、检查消防工作，并设立管理部门或者配备专职人员负责消防工作，有条件的单位应当建立义务消防队伍。

3）技术措施：根据国家消防安全法规和技术标准，结合防火重点部位，制定本单位的消防安全管理制度和安全操作规程，积极开展防火安全培训，提高人员消防安全意识。收集和掌握新的防火安全技术，推广和应用科学的先进的消防安全技术，从施工工艺、技术上提高预防火灾事故的防范能力。

4）物质保障：在消防安全上要舍得投入，每年做出消防设施的建立、消防器材的购置计划，定期更换过期的消防器材，推广和使用新型的防火建筑材料，淘汰易燃可燃的建筑材料，从新阻燃材料和物质上，解决火灾的危险源。

（4）火灾险情的处置：在日常生活和生产中，因意外情况发生火灾事故，千万不要惊慌，应一方面迅速打电话报警，一方面组织人力积极扑救。现在我国基本建立火警电话号码为119的救援信息系统。火警电话拨通后，要讲清起火单位和详细地址，也要讲清起火部位、燃烧的物质和火灾的程度、着火的周边环境等情况，以便消防部门根据情况派出相应的灭火力量。报警后，起火单位要尽量迅速清理通往火场的道路，以便消防车能顺利迅速进入现场。同时，并应派人在起火地点的附近路口或单位门口迎候消防车辆，使之能迅速准确地到达火场，投入灭火战斗。火势蔓延较大，火势燃烧严重的建筑物，施工单位熟悉或者了解建筑物的技术人员，应当及时将受损建筑物的构造、结构情况向消防官兵通报，并提出扑救工作建议，保障救火官兵的生命安全，防止火灾事故所造成的损失进一步扩大。

（5）灭火、应急疏散预案和演练内容：

1）组织机构，包括灭火行动组、通信联络组、疏散引导组、安全防护救护组。

2）报警和接警处置程序。

3）应急疏散的组织程序和措施。

4）扑救初起火灾的程序和措施。

工期较长的施工现场应当按照灭火和应急疏散预案，至少每半年进行一次演练，并结合实际，不断完善预案。消防演练时，应当设置明显标识并事先告知演练范围内的人员。

6.6 职业卫生工程技术

1. 防尘技术措施

（1）水泥除尘措施：

1）流动搅拌机除尘：在建筑施工现场搅拌机流动性比较大，因此，除尘设备必须考虑适合流动的特点，既要达到除尘目的，又做到装拆方便。

流动搅拌机上有两个尘源点：一是向料斗上加料时飞起的粉尘；二是料斗向搅拌筒中倒料时，从进料口、出料口飞起的粉尘。

采用通风除尘系统。即在搅拌筒出料口安装活动胶皮护罩，挡住粉尘外扬；在搅拌筒上方安装吸尘罩，将搅拌筒进料口飞起的粉尘吸走；在地面料斗侧向安装吸尘罩，将加料时扬起的粉尘吸走，通过风机将粉尘送入旋风除尘器，再通过除尘器内水浴将粉尘降落，被水冲入蓄积池。

2）水泥制品厂搅拌站除尘：多用混凝土搅拌自动化。由计算机控制混凝土搅拌、输送全系统，这不仅提高了生产效率，减轻了工人劳动强度，同时在进料仓上方安装水泥、砂料粉尘除尘器，就可使料斗作业点粉尘降为零，从而达到彻底改善职工劳动条件的目的。

3）高压静电除尘：高压静电除尘是静电分离技术之一，已应用于水泥除尘回收，在水泥料斗上方安装吸尘罩，吸取悬浮在空中的尘粒，通过管道输送到绝缘金属筒仓内，仓内装有高压电晕电极，形成高压静电场。使尘粒荷电后贴附在尘源上，尘粒在电场力（包括风力）和自重力作用下，迅速返回尘源，从而达到抑制和回收的目的。

（2）木屑除尘措施：可在每台加工机械尘源上方或侧向安装吸尘罩，通过风机作用将粉尘吸入输送管道，再送到蓄料仓内。

（3）金属除尘措施：钢、铝门窗的抛光（砂轮打磨）作业中，一般较多是采用局部通风除尘系统；或在打磨台工人操作的侧方安装吸尘罩，通过支道管、主道管，将含金属粉尘的空气输送到室外。

2. 防毒技术措施

（1）在职业中毒的预防上，管理和生产部门应采取的措施：

1）加强管理，做好防毒工作。

2）严格执行劳动保护法规和卫生标准。

3）对新建、改建、扩建的工程，一定要做到主体工程和防毒设施同时设计、施工及投产。

4）依靠科学技术，提高预防中毒的技术水平。包括：①改革工艺；②禁止使用危害严重的化工产品；③加强设备的密闭化；④加强通风。

（2）对生产工人应采取以下预防职业中毒的措施：

1）认真执行操作规程，熟练掌握操作方法，严防错误操作。

2）穿戴好个人防护用品。

（3）防止铅中毒的技术措施：只要积极采取措施，改善劳动条件，降低生产环境空气中铅烟浓度，达到国家规定标准 $0.03mg/m^3$。铅尘浓度在 $0.05mg/m^3$ 以下，就可以防止铅中毒。

1）消除或减少铅中毒发生源。

2）改进工艺，使生产过程机械化、密闭化，减少对铅烟或铅尘接触的机会。

3）加强个人防护及个人卫生。

（4）防止锰中毒的技术措施：预防锰中毒，最主要的是应在那些通风不良的作业场所采取措施，使空气中锰烟浓度降低到 $0.2mg/m^3$ 以下。预防锰中毒主要应采取下列具体防护措施：

1）加强机械通风，或安装锰烟抽风装置，以降低现场浓度。

2）尽量采用低尘低毒焊条或无锰焊条；用自动焊代替焊条电弧焊等。

3）工作时戴手套、口罩；饭前洗手漱口；下班后全身淋浴；不在车间内吸烟、喝水、进食。

（5）预防苯中毒的措施：建筑企业使用油漆、喷漆的工人较多，施工前应采取综合性预防措施，使苯在空气中的浓度下降到国家卫生标准的标准值（苯为 $40mg/m^3$，甲苯、二甲苯为 $100mg/m^3$）以下，主要应采取以下措施：

1）用无毒或低毒物代替苯。

2）采用新的喷漆工艺。

3）采用密闭的操作和局部抽风排毒设备。

4）在进入密闭的场所，如地下室、油罐等环境工作时，应戴防毒面具。

5）通风不良的车间、地下室、防水池内涂刷各种防腐涂料或环氧树脂玻璃钢等作业，必须根据场地大小，采取多台抽风机把苯等有害气体抽出室外，以防止急性苯中毒。

6）施工现场油漆配料房，应改善自然通风条件，减少连续配料时间，防止发生苯中毒和铅中毒。

7）在较小的喷漆室内进行小件喷漆，可以采取水幕隔离的防护措施，即工人在水幕外面操纵喷枪，喷嘴在水幕内喷漆。

3. 弧光辐射、红外线、紫外线的防护措施

生产中的红外线和紫外线主要来源于火焰和加热的物体，如锻造的加热炉、气焊和气割等。

为了保护眼睛不受电弧的伤害，焊接时必须使用镶有特制防护眼镜片的面罩。可根据焊接电流强度和个人眼睛情况，选择吸水式滤光镜片或是反射式防护镜片。

为防止弧光灼伤皮肤，焊工必须穿好工作服，戴好手套和鞋帽等。

4. 防止噪声危害的技术措施

各建筑、安装企业应重视噪声的治理，主要应从三个方面着手：消除和减弱生产中噪声源；控制噪声的传播；加强个人防护。

（1）控制和减弱噪声源。从改革工艺入手，以无声的工具代替有声的工具。

（2）控制噪声的传播：

1）合理布局。

2）应从消声方面采取措施：①消声；②吸声；③隔声；④隔振；⑤阻尼。

（3）做好个人防护，如及时戴耳塞、耳罩、头盔等防噪声用品。

（4）定期进行预防性体检。

5. 防止振动危害的技术措施

（1）隔振，就是在振源与需要防振的设备之间，安装具有弹性性能的隔振装置，使振源产生的大部分振动被隔振装置所吸收。效果均较好。

（2）改革生产工艺，是防止振动危害的治本措施。

（3）有些手持振动工具的手柄，包扎泡沫塑料等隔振垫，工人操作时戴好专用的防振手套，也可减少振动的危害。

6. 防暑降温措施

为了补偿高温作业工人因大量出汗而损失的水分和盐分，最好的办法是供给含盐饮料。

对高温作业工人应进行体格检查，凡有心血管器质性疾病者不宜从事高处作业。炎热季节医务人员要到现场巡回医疗，发现中暑要立即抢救。

第7章 安全管理标准化

7.1 建筑施工安全生产管理标准化概述

安全生产标准化体现了"安全第一、预防为主、综合治理"的方针和"以人为本""安全发展"的理念,强调安全生产工作的规范化、科学化、系统化和法制化,强化风险管理和过程控制,注重绩效管理和持续改进,符合安全管理的基本规律,代表了现代安全管理的发展方向。安全生产标准化主要包含安全目标、组织机构和职责、安全生产投入、法律法规与安全管理制度、教育培训、生产设备设施、作业安全、隐患排查和治理、重大危险源监控、职业健康、应急救援、事故报告和调查处理、绩效评定和持续改进等方面内容。

建筑施工安全生产标准化就是通过建立安全生产责任制度和管理制度,制定安全生产操作规程,统一和规范安全生产程序和行为,实施安全生产标准化防护,形成安全生产的预防和保障机制,是工程建设的各生产环节符合安全生产的要求,保证人、机、物、环始终处于良好的安全状态,从而实现施工现场"四化一保障"的目标。即:建设市场行为法制化,安全管理规范化,安全防护标准化,场容场貌秩序化,建筑施工安全生产得到有效保障。

7.2 工程建设各方主体安全生产标准化工作基本要求

7.2.1 建设单位安全生产管理标准化工作基本要求

(1) 工程项目达到规模标准的建设单位应依法进行招标;可以依法不招标的,应履行相关核准手续。

(2) 建设单位不应将一个单位工程的施工分解成若干部分发包给不同的施工总承包或专业分包单位;不得将工程发包给不具有相应资质或安全生产许可证的企业或个人;不得将已签订的施工合同范围内的分部(分项)工程或者单位工程另行发包。

(3) 建设单位在工程项目开工前应有保证工程质量和安全的具体措施,并按规定办理工程质量、安全监督手续,依法取得建筑工程施工许可证。建设单位在办理施工许可手续时,应当提交建设项目《工伤保险参保证明》,作为保证工程安全施工的具体措施之一。

(4) 建设单位不得对勘察、设计、施工、监理等单位提出不符合建设工程安全生产法律、法规和强制性标准规定的要求,不得压缩合同约定的工期。

(5) 建设单位应按照相关规定足额支付建设工程安全文明施工措施费。安全文明施工措施费实行专户管理,专户核算,规范使用,不得挤占、挪用。

(6) 建设单位应将防治扬尘污染的费用列入工程造价,作为不可竞争性费用专项列支。

(7) 建设单位应当向施工单位提供施工现场区域内的各种地下管线资料及地质水文资料,相邻建筑物、构筑物及地下工程资料,并保证资料的真实、准确和完整。同时负责统筹协调处理施工现场周边环境、周围地下管线和邻近建筑物、构筑物的保护。

（8）建设单位不得明示、暗示及强制施工单位购买、租赁、使用不符合安全施工要求的安全防护用具、机械设备、施工机具和配件以及消防设施和器材。

（9）建设单位应当对工程项目安全生产标准化工作进行监督检查，并对施工单位的项目考评材料进行审核并签署意见。

7.2.2　勘察单位安全生产管理标准化工作基本要求

（1）勘察单位应取得勘察资质证书并在许可范围内从事勘察业务活动。勘察人员应具有承担项目勘察的资格和能力。

（2）勘察单位应当按照法律、法规和工程建设强制性标准进行勘察，提供的勘察文件应当真实、准确、完整、及时，满足建设工程设计及施工安全生产的需要。

（3）勘察单位在勘察作业时，应当严格执行操作规程，采取措施保证各类管线、设施和周边建筑物、构筑物或地下文物的安全。

（4）勘察单位在勘察作业时，应按规定编制勘察作业施工方案并严格实施，确保不发生人身伤害、机械设备事故和环境污染等问题。

（5）勘察单位在勘察作业前应结合作业特点及实际情况，编制扬尘防治专项方案，明确扬尘防治目标、职责、措施等，并严格组织实施。

（6）勘察单位应当针对工程实际及工程周边环境资料，在勘察文件中说明地质条件可能造成的工程风险。

7.2.3　设计单位安全生产管理标准化工作基本要求

（1）设计单位应取得设计资质证书，并在许可范围和时限内从事设计业务活动，设计人员应具有承担项目设计的资格和能力。

（2）设计单位应当按照法律、法规和工程强制性标准进行设计，防止因设计不合理导致安全事故的发生。设计单位及设计、审核人员对设计工程的安全性负责。

（3）设计单位应当考虑施工安全操作和防护的需要，对设计施工安全的重点部位和环节在设计文件中注明，并对防范生产安全事故提出指导意见；对采用新结构、新材料、新工艺或特殊结构的工程，设计单位应当在设计中提出保障施工作业人员安全和预防生产安全事故的措施建议，并向施工现场派驻设计代表，处理与设计有关的安全问题。

（4）在进行设计交底、设计变更、设计审核中应有相关设计施工安全的管理、技术及监测等方面的内容。

（5）设计单位应当依照法律法规、强制性标准或合同约定，组织设计方案评审论证和设计审核。

7.2.4　施工单位安全生产管理标准化工作基本要求

（1）总承包单位应按规定将工程发包给具有相应资质和安全生产许可证的分包单位，不得将工程分包给不具备相应资质的企业或个人。

（2）总承包单位与分包单位应签订安全生产协议书，明确职责并签字盖章。

（3）按规定配备专职安全生产管理人员和专职扬尘防治管理人员。

1）建筑工程、装饰装修工程专职安全生产管理人员按照建筑面积配备：①1万 m^2 以下的工程不少于1人；②1万~5万 m^2 的工程不少于2人；③5万 m^2 以上的工程不少于3人，且按专业配备专职安全生产管理人员。

2）土木工程，线路管道、设备安装工程专职安全生产管理人员按照工程合同价配备：①5000 万元以下的工程不少于 1 人；②5000 万~1 亿元的工程不少于 2 人；③1 亿元及以上的工程不少于 3 人，且按专业配备专职安全生产管理人员。

3）专职扬尘管理员按下列标准配备：①建筑面积 5 万 m^2 以下的建筑工程（含标段）项目不少于 1 人，5 万 m^2 以上的不应少于 2 人；②工程造价 2 亿元以下的市政基础设施工程项目不少于 1 人，2 亿元以上的不少于 2 人；③建筑面积 5000 m^2 以下的拆除工程不少于 1 人，5000 m^2 以上的不少于 2 人。

（4）施工单位项目负责人、专职安全生产管理人员按规定取得安全生产考核合格证书。

（5）建筑施工特种作业人员应按规定取得建设行政主管部门颁发的建筑施工特种作业人员操作资格证书，方可上岗作业。

（6）建立安全生产责任制和目标考核制度，定期组织检查、考核、评定，并留存记录。

（7）建筑施工企业负责人及项目负责人应认真履行带班制度，有带班记录和本人签字，严禁代签。建筑施工企业负责人要定期带班检查，每月检查时间不少于其工作日的 25%；项目经理每月带班生产时间不得少于本月施工时间的 80%。因其他事务需离开施工现场时，应向工程项目的建设单位请假，经批准后方可离开。离开期间应委托项目相关负责人负责其外出时的日常工作。

（8）按规定编制、审核、审批施工组织设计中的安全技术措施及安全施工专项方案。

（9）施工单位应当在危险性较大的分部（分项）工程施工前编制安全专项施工方案；对于超过一定规模的危险性较大的分部（分项）工程，施工单位应当组织专家对专项方案进行论证。

（10）工程项目部应建立关键环节验收制度，按规定做好材料、设备、临时设施及危险性较大的分部（分项）工程的验收工作，并做好验收记录：

1）材料、设备进入施工现场时应进行验收。

2）机械设备安装完毕及使用前应进行验收；危险性较大的分部（分项）工程进行到规定的验收阶段应进行验收。需要相关单位参加验收的，应会同相关单位一同验收。

3）现场临时结构、临时设施、围挡安装完毕及投入使用前应进行验收。

4）验收工作应及时进行，应该验收未经验收的或验收不合格的不得使用或进入下一阶段施工。

5）验收工作应严格按照有关技术规范、标准及相应的施工方案进行。

6）验收工作应认真细致，内容量化真实、结论明确，验收人员应签字确认。

（11）建立安全检查制度，对工程项目开展定期不定期的安全检查；施工企业每月应组织一次安全检查活动；工程项目部每周检查不少于一次；项目专职安全员应当每天在施工现场开展安全检查；对发现的问题，明确整改责任人、整改时限，及时整改到位。

（12）建立安全教育培训制度，按规定对施工作业人员进行安全生产培训教育，并建立安全培训档案，如实记录安全生产教育和培训的时间、内容、参加人员以及考核结果等情况。

（13）按规定单独列支、使用安全防护和文明施工措施费。

（14）施工总承包单位应当按照有关规定，按项目参加工伤保险，并在项目开工前一次性缴纳。

（15）建立重大危险源监控、公示制度，对工程项目重大危险源进行登记建档、风险评估、分类管理，实施动态跟踪、重点监控。

（16）施工单位应做好施工项目重大危险源分级管控并落实动态跟踪。

（17）建立完善的项目生产安全事故应急救援预案体系，并组织演练。

（18）施工单位应当按照建筑施工安全生产标准化考评要求，定期组织开展在建项目安全生产标准化自评和企业安全生产标准化自评工作，并按时向考评主体部门报送有关考评资料。

7.2.5 监理单位安全生产管理标准化工作基本要求

（1）监理单位和监理工程师应根据《建设工程安全生产管理条例》及相关法律法规和工程建设强制性标准实施监理，并对建设工程安全生产承担监理责任。

（2）项目监理机构应当结合工程实际情况编制监理规划。监理规划应包括安全生产管理的监理工作专篇，明确安全生产管理的监理工作内容、重点、措施和方法，并进行安全监理工作交底。

（3）对专业性较强、危险性较大的分部（分项）工程，项目监理机构应编制监理实施细则。

（4）项目监理机构应当审查施工组织设计中的安全技术措施或者安全专项施工方案，并监督实施。对超过一定规模的危险性较大的分部（分项）工程应当要求施工单位组织专家论证，按论证要求修改过的专项施工方案应重新报审，总监理工程师审核后报建设单位项目负责人签字批准后实施。

（5）项目监理机构应当审核施工单位资质、安全生产许可证、"安管人员"和特种作业人员资格，核查施工机械和设施的安全许可验收手续，并留存记录。

（6）项目监理机构应当按规定对施工现场安全生产情况进行检查，并组织有关人员参加危险性较大的分部（分项）工程施工安全验收。

（7）项目监理机构在实施监理过程中，发现有违规施工或存在安全事故隐患时，应签发监理通知单，要求施工单位整改；情况严重时，应签发工程暂停令，并及时报告建设单位。施工单位拒不整改或不停止施工时，应当及时向建设单位和有关主管部门报送监理报告。

（8）项目监理机构对于发现的安全隐患应当按照要求督促施工单位整改到位，并有相应的记录。

（9）项目监理机构应当对项目安全生产标准化工作进行监督检查，并对施工单位的项目考评材料进行审核并签署意见。

（10）项目监理机构应建立完善的安全监理文件资料档案。

7.2.6 其他有关单位安全生产管理标准化工作基本要求

（1）为建设工程施工提供机械设备和配件的单位，应当按照安全施工的要求配备齐全有效的保险、限位等安全设施和装置。所出租的机械设备和施工机具及配件，应当具有生产（制造）许可证、产品合格证、监督检验证明。

（2）出租单位对出租的机械设备和施工机具及配件应当委托专业检测机构进行安全性能检测。在签订租赁协议时，应当出具检测合格证明。禁止出租检测不合格的机械设备和施工机具及配件。

（3）在施工现场安装、拆卸施工起重机械和整体提升脚手架、吊篮、自升式模板等设施，必须由具有相应资质的单位承担，并应当编制拆装方案，制定安全施工措施，由专业技术人员现场监督。施工起重机械和整体提升脚手架、自升式模板等设施使用前应进行验收，在验收前应经有相应资质的检验检测机构监督、检验合格。

（4）检测检验机构对检测合格的施工起重机械和整体提升脚手架、模板等自升式架设设施，应当出具安全合格证明文件，并对检测结果负责。

（5）监测单位应当按照相关法规、规范、标准及合同要求依法依规从事监测施工活动，及时、准确、完整地向合同单位通报相关监测信息，确保施工安全；在发现重大危险或可能导致有重大危险倾向时，应及时向相关部门和单位通知报警，必要时直接报告工程所在地安全监督机构。监测单位应负责做好自身监测作业过程中人员、设备的安全工作，服从合同履行地主管部门的管理，接受其业务指导和监督检查。

（6）第三方安全咨询单位应在资质许可范围内严格从业，利用安全管理系统辅助进行综合安全风险管控，同时保证过程信息及时、准确、保密。

7.2.7　安全监督管理机构安全监督管理标准化工作基本要求

（1）建筑施工安全监督遵循行业指导、属地监督的原则。

（2）各级建筑施工安全监督管理机构应当在办公场所、有关网站公示施工安全监督工作流程。

（3）施工安全监督主要包括以下内容：

1）抽查工程建设责任主体履行安全生产职责情况。

2）抽查工程建设责任主体执行法律、法规、规章、制度及工程建设强制性标准情况。

3）抽查建筑施工安全生产标准化开展情况。

4）组织或参与工程项目施工安全事故的调查处理。

5）依法对工程建设责任主体生产安全违法违规行为实施行政处罚，或移交有关部门处理。

6）依法处理与工程项目施工安全相关的投诉、举报。

（4）安全监督机构对工程项目的施工实施安全监督时，应当按照下列程序进行：

1）受理建设单位申请并办理工程项目施工安全监督手续。

2）制定工程项目施工安全监督工作计划。

3）召开工程项目施工安全监督工作交底会议，明确监督工作有关事宜，提出监督工作要求。

4）按照监督工作计划实施施工安全监督抽查并形成监督记录。

5）组织工程项目安全生产标准化考评工作。

6）办理终止施工安全监督手续。

7）整理工程项目施工安全监督资料并立卷归档。

（5）安全监督机构应根据工程项目实际情况，科学编制《施工安全监督工作计划》，明确主要监督内容、抽查频次、监督措施等。

（6）安全监督机构应当委派 2 名及以上监督人员按照监督工作计划及实际需要，依据法律法规和工程建设强制性标准，采取抽查、抽测现场实物，查阅资料，询问现场有关人员等方式，对工程建设责任主体项目安全保证体系、安全生产行为、施工现场的安全生产状况和安全生产标准化开展情况进行随机抽查。

（7）安全监督人员在抽查过程中发现施工现场存在安全生产隐患的，应当责令限期整改或停工整改；对抽查中发现违反相关法律、法规规定的行为，依法实施行政处罚或移交有关部门处理。

（8）安全监督人员应当如实记录监督抽查情况，每次监督抽查结束后应形成监督记录并整理归档；监督记录包括抽查时间、范围、部位、内容、结果及必要的影像资料等；监督记录应由监督人员签字。

（9）工程项目完工终止施工安全监督时，安全监督机构应按照有关规定，对项目安全生产标准化做出最终评定，向施工单位发放《项目安全生产标准化考评结果告知书》。

（10）安全监督机构应当制作使用统一的监督文书，并对监督文书统一编号，加盖安全监督机构公章。工程项目的施工安全监督档案，包括监督文书、抽查记录、项目安全生产标准化自评材料等，保存期限为三年，自归档之日起计算。

（11）安全监督机构应当将工程建设责任主体安全生产不良行为及处罚结果、工程项目安全生产标准化考评结果记入施工安全信用档案，并向社会公开。

7.3　建筑施工安全生产管理标准化工作重点

1. 思想认识

要切实加强安全文化建设，牢固树立安全发展理念，真正把安全生产作为工程建设第一要务，把安全生产作为第一责任，把安全生产作为最大效益，从思想上筑牢安全防线，切实做到不安全不生产、先安全后生产。

2. 组织体系

要建立健全安全生产的保障体系，分工明确，责任到位，切实做到各司其职、各负其责、相互协调、务实高效。

3. 管理制度

要建立健全安全生产的各项管理制度，细化工作标准，优化工作流程，量化工作内容，切实做到工作有依据、行为有规范、考核有标准、奖罚有落实。

4. 人员素质

要大力加强安全生产宣传教育培训，着力提高全体人员的安全意识、管理能力和安全操作技能，切实做到不违章指挥和管理、不违章操作和不违反劳动纪律。

5. 技术控制

要严格按照有关规定加强技术方案编制、审核、审批和实施过程的管理，确保方案的针对性、可靠性和有效性，切实做到按方案交底、按方案实施、按方案检查、按方案验收。

6. 起重设备

要严格按照有关规定加强起重设备的管理，确保设备性能良好，安全保险装置齐全有效，安拆措施可靠，使用运行正常，切实做到未备案登记设备不使用、未检测合格设备不使用、未通过验收设备不使用。

7. 重大危险源

要重点加强重大危险源管理，按照有关规定进行危险源识别、登记、公示、监控，切实做到分析识别到位、登记公示到位、管理措施到位、防范监控到位。

8. 监督管理

要切实加强安全生产监督检查和过程控制，认真落实安全生产法律法规和规范标准，切实做到监督检查到位、整改措施到位、消除隐患到位、验收评价到位。

9. 资金保障

要认真执行施工安全文明措施费用管理的有关规定，切实做到费用计划到位、建设单位拨付到位、施工单位使用到位。

10. 安全资料

要建立健全建设工程项目安全生产资料档案，切实做到归档及时、内容完善、真实有效、分类清晰。

7.4　安全防护标准化

7.4.1　基坑及沟槽安全防护

（1）土石方工程及基坑支护工程应编制安全专项施工方案及应急预案，安全专项施工方案应依据经评审通过后的基坑支护设计方案制定，并应严格按照方案执行。当基坑开挖深度超过 5m 时，或虽未超过 5m 但地质条件、周围环境复杂的基坑土方的开挖、支护、降水工程，必须编制专项施工技术方案，经专家论证、审批后实施，应指定专人对方案实施情况进行现场监督并按国家相关规定进行监测。

（2）基坑周边 2m 范围内严禁堆放土石方、料具等荷载较重的物料。

（3）基坑施工应设置作业人员上下坡道或爬梯，数量不少于 2 个，作业位置的安全通道应保持畅通。梯道的宽度不应小于 1m，其搭设应符合相关规范要求，如图 7-1 所示。

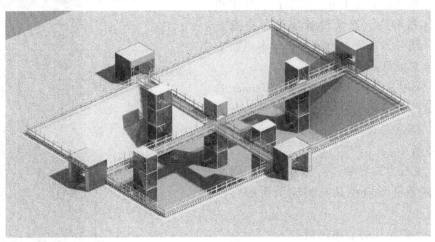

图 7-1　基坑施工作业安全通道

（4）基坑周边应设置工具式定型化防护栏杆，应可靠固定在混凝土挡水沿上。挡水沿的高度不小于 240mm，宽度不小于 300mm，刷黄黑色警示漆，黄色与黑色间距 400mm，如图 7-2 所示。

（5）基坑深度大于 5m 时，作业人员上下通道宜采用可组装式的定型化安全梯笼，梯笼

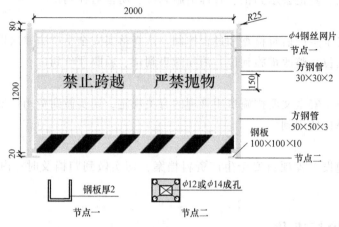

图 7-2　基坑周边防护栏杆

基础应采用混凝土（强度等级不低于 C20）浇筑，梯笼立柱基础采用预埋螺栓固定，梯笼应与周边结构可靠拉结，如图 7-3 所示。

（6）设备进出时应设置专用坡道，坡道两侧应有防护及排水导流措施。

（7）沟、槽开挖深度超过 1.5m 时，应根据土质和深度按规定放坡或加设可靠支撑。

（8）基坑周边，应设置排水沟和集水坑。排水沟内应找坡并坡向集水坑处。基坑底部应设置有效的排水导流措施，如图 7-4 所示。

（9）基坑支护结构必须在达到设计要求的强度后，方可开挖下层土方，严禁提前开挖和超挖。施工过程中，严禁设备或重物碰撞支撑、腰梁、锚杆等基坑支护结构，亦不得在支护结构上放置或悬挂重物。

（10）采用井点降水时，管径≥300mm 的井口应设置防护盖板及护栏，设置醒目的安全警示标志。降水完成后，应及时将井填实。防护如图 7-5 所示。

（11）土石方工程施工、深基坑的加固与支护及沉降监测均应由具有相应资质的单位承担。

（12）支护结构的监测包括：

1）对围护墙侧压力、弯曲应力和变形的监测。

2）对支撑锚杆的轴力、弯曲应力的监测。

3）对腰梁（围檩）轴力、弯曲应力的监测。

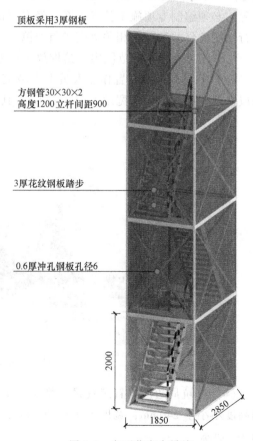

图 7-3　定型化安全梯笼

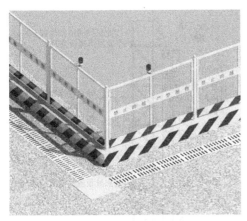
图 7-4　基坑周边排水沟和集水坑

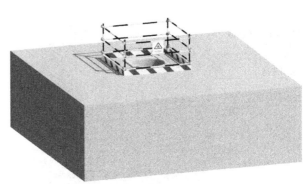
图 7-5　井点降水防护盖板及护栏

4）对立柱沉降时期的监测。

5）支护结构顶部水平位移监测。

（13）周围环境监测包括：

1）邻近建筑物沉降和倾斜的监测。

2）地下管线沉降和位移的监测。

3）坑外地形的变形监测等。

4）周围建（构）筑物变形及地下水位监测。

（14）当基坑开挖过程中出现位移超过预警值、地表裂缝或沉陷等情况时，应及时报告有关方面。出现塌方险情等征兆时，应立即停止作业，组织撤离危险区域，并立即通知有关方面进行研究处理。

（15）施工现场应采用防水型灯具，夜间施工的作业面及进出道路应设置警示照明设施和安全警示标志，照明设施应满足施工需要。

7.4.2　脚手架安全防护

7.4.2.1　落地式外脚手架

1. 基本规定

（1）搭设高度 24m 及以上的落地式单排、双排钢管脚手架工程施工前应编制专项施工方案，经审批通过后方可施工；搭设高度 50m 及以上落地式钢管脚手架工程施工前，应当组织专家对专项方案进行论证，论证通过后方可施工。

（2）落地式脚手架基础必须按专项施工方案进行施工，按基础承载力要求进行验收。基础应牢固坚实，地基应里高外低，坡度≥3%，有排水措施，满足架体搭设要求，架体基础不沉降、不积水，支架须搭设在底座上。搭设在楼面的脚手架应对楼面承载力进行验算，落地式脚手架外防护如图 7-6 所示，剖面图如图 7-7 所示。

（3）脚手架必须设置纵、横向扫地杆，底层纵、横向扫地杆应采用直角扣件固定在距钢管底端不大于 200mm 处的立杆上（碗扣式脚手架纵、横向扫地杆距地面高度应不大于 400mm，承插型盘扣式脚手架扫地杆离地高度不应大于 550mm）。严禁施工中拆除扫地杆，立杆应配置底座。

（4）扣件螺栓拧紧扭力矩应达到 40~65N·m。

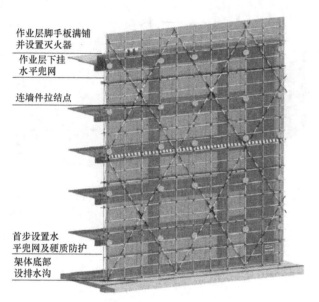

图 7-6 落地式脚手架外防护详图

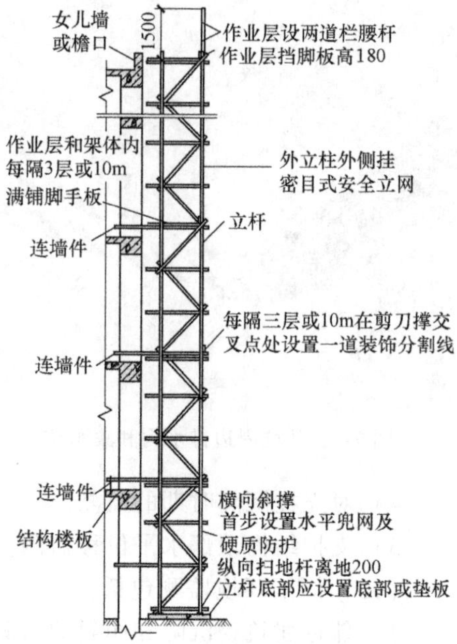

图 7-7 落地式脚手架外防护剖面图

（5）在脚手架上电、气焊作业时，应及时办理动火申请许可证，应有防火措施并设专人看守。

2. 脚手架立杆要求

（1）脚手架立杆基础不在同一高度上时，必须将高处的纵向扫地杆向低处延长两跨与立杆固定，高低差不应大于 1m。靠边坡上方的立杆轴线到边坡的距离不应小于 500mm，如图 7-8 所示。

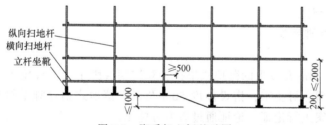

图 7-8 脚手架立杆基础图

（2）单排、双排与满堂脚手架立杆除顶层顶步外，其余各层各步接头必须采用对接扣件连接。

（3）单排、双排脚手架底层步距均不应大于 2m。

（4）脚手架立杆的对接、搭接应符合下列规定：当立杆采用对接接长时，立杆的对接扣件应交错布置，两根相邻立杆的接头不应设置在同步内，同步内隔一根立杆的两个相隔接头在高度方向错开的距离不宜小于 500mm；各接头中心至主节点的距离不宜大于步距的 1/3。

（5）脚手架底部立杆上应设置纵向和横向扫地杆。

3. 架体独立防雷接地系统

（1）接地装置在设置前应根据接地电阻限值、土的湿度和导电特性等进行设计，对接地方式和位置的选择、接地极和接地线的布置、材料选用、连接方式、制作和安装的要求等应在专项临时用电施工方案中明确规定。安装完成后应测量其电阻值是否符合要求，若不符合，则应设置多组（根）接地极。

（2）接地线应采用截面面积≥12mm^2 编织软铜线，将铜线牢固绑扎在架体扣件上。接地极采用 50mm×50mm×2mm 镀锌角钢，埋深不小于 2.5m，接地电阻值应不大于 10Ω，如图 7-9 所示。

图 7-9　防雷接地点

4. 剪刀撑与横向斜撑

（1）当采用扣件式（或碗扣式）钢管脚手架搭设剪刀撑时：高度在 24m 及以上的双排脚手架应在外侧全立面连续设置剪刀撑；高度在 24m 以下的单排、双排脚手架，均必须在外侧、转角及中间间隔不超过 15m 的立面上，各设置一道剪刀撑，并应由底至顶连续设置，如图 7-10、图 7-11 所示。

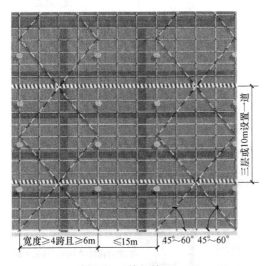

图 7-10　剪刀撑（一）

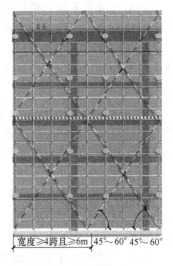

图 7-11　剪刀撑（二）

（2）采用承插型盘扣式钢管支架搭设时，其剪刀撑或斜杆应沿架体外侧纵向每 5 跨每层应设置一根竖向斜杆或每 5 跨间应设置扣件钢管剪刀撑，端跨的横向每层应设置竖向斜杆。

（3）剪刀撑斜杆使用 400mm 长黄黑相间油漆涂刷。

5. 连墙件设置

（1）脚手架必须按楼层与结构拉结牢固，拉结点设置的位置和数量应按照专项施工方案及规范确定。连墙点的水平间距不得超过 3 跨，竖向间距不得超过 3 步；连墙件的垂直间距不应大于建筑物层高且不应大于 4m；在架体的转角处，开口型作业脚手架的端部应增设连墙件。连墙件锚固端应使用双扣件连接。

（2）连墙件的安装必须符合下列规定：

1）连墙件的安装必须随脚手架同步进行，严禁滞后安装。

2）当脚手架操作层高出相邻连墙件 2 个步距及以上时，在上层连墙件安装完毕前，必须采取临时拉结措施。

（3）连墙件中的连墙杆应呈水平设置，当不能水平设置时，应向脚手架一端下斜连接。

（4）当脚手架下部暂不能设连墙件时应采取防倾覆措施。当搭设抛撑时，抛撑应采用通长杆件，并用旋转扣件固定在脚手架上，与地面倾角在 45°~60° 之间；连接点中心至主节点的距离不应大于 300mm。

抛撑应在连墙件搭设后方可拆除。

（5）架高超过 40m 且有风涡流作用时，应采取抗上升翻流作用的连墙措施。

（6）单排、双排脚手架拆除作业必须由上而下逐层进行，严禁上下同时作业；连墙件必须随脚手架逐层拆除，严禁先将连墙件整层或数层拆除后再拆脚手架；分段拆除高差大于两步时，应增设连墙件加固。

连墙件设置示意图如图 7-12 所示。

6. 作业层平面和立面防护

（1）自顶层作业层的脚手板往下宜每隔三层满铺一层脚手板，架体底层第一步距处应铺设一道安全平网并做硬质水平防护。

（2）当脚手架内立杆与建筑物之间的距离大于 150mm 时，应用脚手板或水平兜网封闭。

（3）采用定型化冲孔钢板网用于立面防护时，其搭设、安装、连墙件设置等应依据相关规范、标准编制专项施工方案，计算荷载后经审批方可实施。

（4）挡脚板采用硬质板材，高度不低于 180mm，刷黄黑色警示漆，黄色与黑色间距 400mm。

（5）脚手板平层防护如图 7-13 所示。

7. 扣件式钢管脚手架门洞口搭设

（1）单排、双排脚手架门洞口应采用上升斜杆、水平弦杆桁架结构形式，斜杆与地面的倾角应在 45°~60°。

（2）门洞口处的架体应做加强处理，除下弦平面外其余平面内的图示节点设置一根斜腹杆。

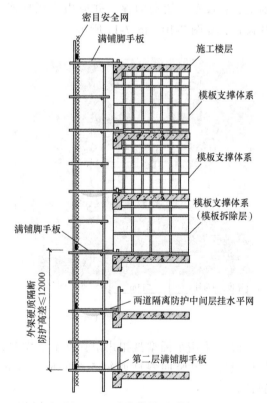

图 7-12　连墙件设置示意图

（3）斜腹杆应采用旋转扣件固定在与之相交的横向水平杆的伸出端上，旋转扣件中心

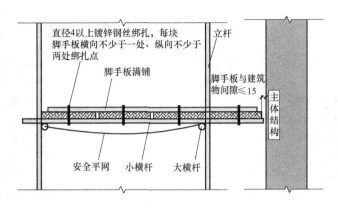

图 7-13 脚手板平层防护

线至主节点的距离不大于 150mm。

（4）斜腹杆应采用通长杆件，当必须接长使用时可采用对接扣件连接或搭接，搭接长度不小于 1m 且不少于 2 个旋转扣件固定，端部扣件盖板边缘距杆端距离不小于 100mm。

（5）门洞口桁架下的两侧立杆应为双立杆，副杆高度高于门洞口 1~2 步，如图 7-14 所示。

8. 凸出部位的架体防护

（1）脚手架凸出部位的安全防护措施，当不符合脚手架顶部檐口部位和脚手架高度方向上中部突出面积小于 6m×6m，且向外突出的尺寸不大于脚手架内外排间距；应采用型钢悬挑支撑结构或落地脚手架等形式搭设；架体搭设前应先编制搭设方案，悬挑支撑结构应进行抗倾覆验算，经技术部门审核、审批通过后方可施工。

（2）如采用悬挑支撑结构，其悬挑长度不宜超过 4.8m。悬挑底层应采用 2mm 厚钢板兜底封闭。

（3）钢丝绳应与架体主节点斜拉，调节各绳张力均匀。与主体结构边缘结合部位应设置防磨损垫物。

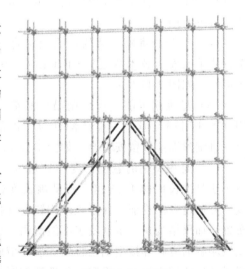

图 7-14 双立杆图

（4）斜屋面周边的栏杆高度不小于 1.5m，脚手板应满铺，并加挂安全立网。

（5）施工作业前应对作业人员进行安全交底。架体作业时，操作人员应系好安全带，挂好安全绳。

（6）檐口凸出部位防护如图 7-15 所示，主体建筑凸出部位防护如图 7-16 所示。

7.4.2.2 型钢悬挑脚手架

（1）型钢悬挑脚手架工程搭设前应编制专项施工方案，架体搭设高度 20m 及以上的应组织专家论证。

（2）脚手架搭设和拆除作业应按专项施工方案施工。专项施工方案实施前，编制人员

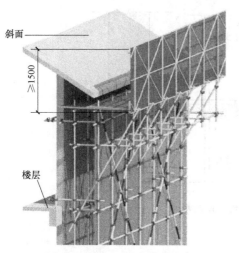

图 7-15 檐口凸出部位防护

图 7-16 主体建筑凸出部位防护

或项目技术负责人应向现场管理人员和作业人员进行安全技术交底，并签字确认。

（3）脚手架搭设完毕后，应由项目负责人组织有关人员进行验收，验收合格经项目技术负责人及总监理工程师签字后方可使用。

（4）型钢悬挑脚手架的搭设应符合《建筑施工扣件式钢管脚手架安全技术规范》（JGJ 130—2011）的相关规定，剖面结构如图 7-17 所示。

（5）悬挑钢梁前端应采用吊拉卸荷，吊拉卸荷的吊拉构件若使用钢丝绳作为柔性构件时，钢丝绳卡不得少于 4 个，且钢丝绳应预留安全弯，如图 7-18 所示。

（6）悬挑型钢的悬挑长度不宜超过 2.6m，锚固长度应不小于悬挑长度的 1.25 倍。若悬挑长度过大，应进行专项设计并通过专家论证。在建筑结构转角部位，钢梁应按扇形布置；如果结构角部钢筋较多不能留洞，可采用设置预埋件或钢牛腿的方式焊接型钢三脚架等加强措施，预埋件或钢牛腿尺寸应依据设计方案确定，预埋端如图 7-19 所示。

（7）锚固位置设在楼板上时，楼板厚度不应小于 120mm，若楼板厚度小于 120mm 则应采取加固措施。悬挑钢梁支承点应设置在结构梁上，如确需设置在外伸阳台上或悬挑板上，应采取延伸悬挑梁长度或其他加固措施，且需对锚固楼板进行复核验算。

（8）悬挑脚手架立面防护应采用工具式外部防坠网封闭，底层宜采用 0.6mm 厚钢板兜底封闭，钢板刷黄黑色警示漆，黄色与黑色间距 400mm，立面效果如图 7-20 所示。

（9）工具式外部防坠网（以下简称"防坠网"）适用于

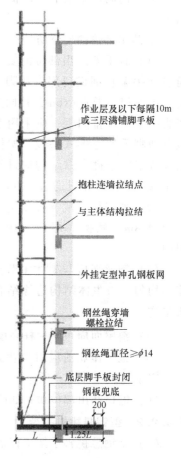

图 7-17 型钢悬挑脚手架的搭设剖面结构图

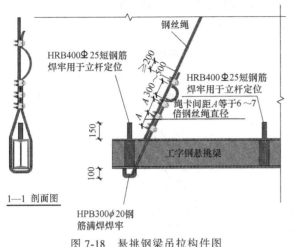

图 7-18 悬挑钢梁吊拉构件图

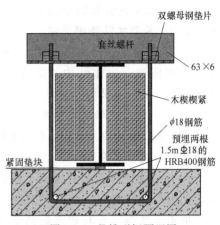

图 7-19 悬挑型钢预埋图

图 7-20 悬挑脚手架立面工具式外部防坠网

布置在型钢悬挑脚手架、附着式升降脚手架下部或不便搭设临边防护的部位。搭设前应编制专项施工方案，并附计算书，项目技术负责人签字确认后方可实施。防坠网要求如下：

（10）防坠网采用定型化冲孔钢板网搭设，外挑出部分长度不宜大于 5m，周边设置不小于 300mm 高钢护板封闭。

（11）斜拉钢丝绳上部应拉结在主体架构上，严禁与起重机械设备、模板支撑架及外部防护架拉结。

（12）与主体固定端应采用预埋件或钢管的方式固定，保证拉结牢固。

（13）防坠网宜每隔 15m 或三层设置一道，如图 7-21 所示。

7.4.2.3 附着式升降脚手架

（1）附着式升降脚手架由竖向主框架、水平支撑桁架、架体结构、附着支撑结构、防倾装置、防坠落装置等组成。

（2）附着式升降脚手架施工前应编制专项施工方案。提升高度 150m 及以上的专项施工方案须经过专家论证。

（3）必须使用通过省级以上建设行政主管部门组织鉴定通过的产品，并由具有相应资质的单位实施。针对建筑物凸出或凹进部分，附着式脚手架应采取针对性的措施并进行专项设计。

（4）附着式升降脚手架结构构造的尺寸应符合下列规定：架体高度不得大于 5 倍楼层高且不大于 20m；架体宽度不得大于

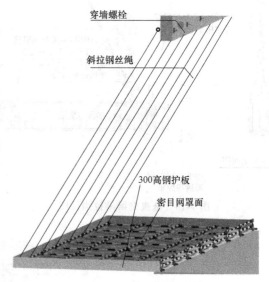

图 7-21　工具式外部防坠网图

1.2m；直线布置的架体支撑跨度不得大于 7m，折线或曲线布置的架体，相邻两主框架支撑点处的架体外侧距离不得大于 5.4m；架体的水平悬挑长度不得大于 2m，且不得大于跨度的 1/2；架体全高与支撑跨度的乘积不得大于 $110m^2$。

（5）附着式升降脚手架每次升降前，应按《建筑施工工具式脚手架安全技术规范》（JGJ 202—2010）进行检查、验收，合格后方可进行升降。升降过程中应统一指挥、统一指令，当有异常情况出现时任何人均可立即发出停止指令。架体升降到位后，应立即按使用状况要求进行附着固定，在没有完成架体固定工作前，施工人员不得擅自离岗或下班。

（6）附着支撑结构包括附墙支座、悬臂梁及斜拉杆，其构造应符合下列规定：竖向主框架所覆盖的每个楼层处应设置一道附墙支座；在使用工况时，应将竖向主框架固定于附墙支座上；在升降工况时，附墙支座上应设有防倾、导向的结构装置；附墙支座应采用锚固螺栓与建筑物连接，受拉螺栓的螺母不得少于两个或应采用弹簧垫圈加单螺母，螺杆露出螺母端部的长度不应少于 3 扣，并不得小于 10mm，垫板尺寸应由设计确定，且不得小于 100mm×100mm×10mm；附墙支座支在建筑物上连接处的混凝土的强度等级应按设计要求确定，且不得小于 C20。

（7）在竖向主框架所覆盖的每个楼层均应设置一道附墙支座；每道附墙支座应能承担该机位的全部荷载；在使用工况时，竖向主框架应与附墙支座可靠固定。

（8）架体结构在下列部位应采取可靠的加强构造措施。

1）与附墙支座的连接处。

2）架体上提升机构的设置处。

3）架体上的防坠、防倾装置的设置处。

4）架体吊拉点设置处。

5）架体平面的转角处。

6) 架体因碰到塔式起重机、施工升降机、物料平台等设施而需要断开或开洞处。

7) 其他有加强要求的部位。

(9) 附着式升降脚手架施工区域应有防雷措施。

(10) 附着式升降脚手架在安装、升降、拆除过程中，在操作区域及可能坠落范围均应设置安全警戒。

(11) 架体结构内侧与工程结构之间的距离不宜超过 200mm，超过时对附着支撑结构应予以加强。在使用工况下，架体与工程结构外表面之间的间隙必须封闭，升降工况下架体开口处必须有可靠的防止人员及物料坠落措施。位于阳台、飘窗等悬挑结构处的附着支撑结构应进行特别设计，确保悬挑结构与附着支撑结构的安全。

(12) 附着式升降脚手架安装搭设前，应设置可靠的安装平台来承受安装时的竖向荷载，安装平台上应设有安全防护措施。

(13) 附着式升降脚手架在升降作业前，应进行下列检查并做出书面安全交底。

1) 附着支撑结构支座处混凝土实际强度已达到脚手架设计要求。

2) 所有螺栓连接处螺母已拧紧。

3) 施工活荷载已撤离完毕。

4) 所有不必要的约束已解除。

5) 动力系统能正常运行。

6) 所有预留螺栓孔洞或预埋件符合要求。

7) 所有防坠落装置功能正常。

8) 所有安全措施已落实。

9) 其他必要的检查项目。

(14) 附着式升降脚手架升降到位后，脚手架必须及时予以固定。完成下列检查项目后方能办理交接使用的手续，检查情况应作详细的书面记录：

1) 附着支撑结构已固定完毕。

2) 所有螺纹连接处已拧紧。

3) 所有安全围护措施已落实。

4) 其他必要的检查项目。

(15) 附着式升降脚手架使用过程中，禁止进行下列违章作业：

1) 利用架体吊运物料。

2) 在架体上拉结吊装缆绳（或缆索）。

3) 在架体上推车。

4) 随意拆除结构件或松动连接件。

5) 拆除或移动架体上的安全防护设施。

6) 利用架体支撑模板或卸料平台。

7) 其他影响架体安全的作业。

(16) 当附着式升降脚手架停用超过 1 个月或遇 6 级及以上大风后复工时，应进行检查，确认合格后方可使用；当停用超过 3 个月时，应提前采取加固措施。

(17) 附着式升降脚手架的拆除工作应按专项施工方案及安全操作规程的有关要求进行，应对拆除人员进行安全技术交底，拆除时应有可靠地防止人员或物料坠落的措施，拆除作业应在白天进行，遇 5 级及以上大风、大雨、大雪、大雾和雷电等恶劣天气时不得进行拆除作业。

（18）脚手架构（配）件当出现下列情况之一时，应更换或报废：

1）构（配）件出现塑性变形的。

2）构（配）件锈蚀严重，影响承载能力和使用功能的。

3）防坠落装置的组成部件任何一个发生明显变形的。

4）弹簧件使用一个单体工程后。

5）穿墙螺栓在使用一个单体工程后，发生变形、磨损、锈蚀的。

6）钢拉杆上端连接板在单项工程完成后，出现变形和裂纹的。

7）电动葫芦铰链条出现深度超过 0.5mm 咬伤的。

（19）架体平面布置中，升降动力机位应与架体主框架对应布置，并且每一个机位设置一套防坠落装置。防坠落装置可以单独设置，也可以作为保险装置附着于升降设施中。附着式升降脚手架使用中除有防止坠落、倾覆的设施外，还应结合工程特点采取防止其他事故的保险设施。

（20）在单项工程中使用的升降动力设备、同步及限载控制系统、防坠落装置等设备应分别采用同一厂家、同一规格型号的产品，并应编号使用。防坠落装置与升降设备的附着固定应分别设置，不得固定在同一附着支座上。

（21）升降设备、控制系统、防坠落装置等应有防雨、防砸、防尘等措施，对一些保护要求较高的电子设备还应有防晒、防潮、防电磁干扰等方面的措施。

（22）螺栓连接件、升降设备、防倾装置、防坠落装置、电控设备、同步控制装置等应灵敏可靠，每月应进行维护保养。升降动力设备、控制设备应每月一次进行维护保养，其中升降动力设备的链条、钢丝绳等应每升降一次就进行一次维护保养。每完成一个单体工程，应对脚手杆件及配件、升降动力设备、控制设备、防坠落装置进行一次检查、维修和保养，必要时应送生产厂家检修。

（23）整体式附着升降脚手架和邻近塔式起重机、施工电梯的单跨式附着升降脚手架进行升降作业时，塔式起重机、施工电梯等设备应暂停使用并切断电源开关，其专用配电箱应落锁。

（24）架体正立面如图 7-22 所示，阳台及檐板固定如图 7-23 所示。

7.4.2.4　模板支撑架

1. 基本规定

（1）模板支撑架主要采用扣件式钢管脚手架（图 7-24）、碗扣式钢管脚手架（图 7-25）和承插型盘扣式脚手架（图 7-26）等材料搭设，搭设前应依据相关规范进行设计。

（2）模板支撑架的搭设、拆除应编制专项施工方案，超过一定规模的应组织专家论证。应严格按照《危险性较大的分部分项工程安全管理办法》（建质〔2009〕87 号）、《建设工程高大模板支撑系统施工安全监督管理导则》（建质〔2009〕254 号）的规定实施管理。

（3）进入施工现场的主要构（配）件应有产品质量合格证、产品性能检验报告，并对其表面观感质量、规格尺寸等进行抽样检验。若使用扣件式钢管脚手架进行搭设，则扣件进入施工现场应检查产品合格证，并应进行抽样复试，技术性能应符合国家标准《钢管脚手架扣件规范》（GB 15831—2006）的规定，扣件在使用前应逐个挑选，有裂缝、变形、螺栓

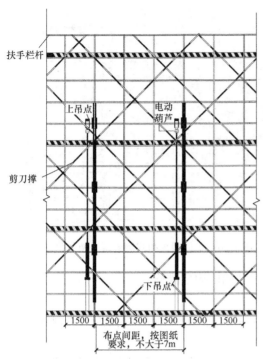

图 7-22　整体式附着升降脚手架架体正立面图

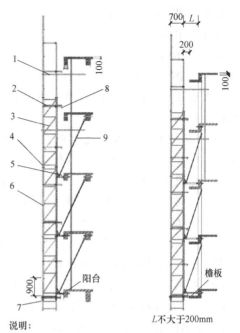

L不大于200mm

说明：
1.临时附墙杆 2.短横杆 3.主框架 4.大横杆 5.附着支撑装置 6.密目安全网 7.支撑框架 8.支撑横杆 9.斜拉钢丝绳或其他拉结绳

图 7-23　阳台及檐板固定图

图 7-24　扣件式钢管脚手架效果图

图 7-25　碗扣式钢管脚手架效果图

出现滑丝的严禁使用。

（4）模板支撑架安装与拆除人员必须是经考核合格的专业架子工，并持证上岗。安装和拆除时，操作人员应佩戴安全帽、系安全带、穿防滑鞋。除操作人员外，架体下不得站其他人。拆除的杆件、构（配）件应采用机械或人工运至地面，严禁抛掷。地面应设围栏和警戒标志，并应派专人看守，严禁非操作人员入内。

（5）模板支撑架立柱底部应设垫木和底座，顶部应设可调托座，U 形托座与楞梁两侧间如有间隙，必须楔紧。其螺杆外径不应小于 36mm，伸出长度不宜超过 300mm，插入立杆内的长度不得小于150mm。立杆上端包括可调螺杆伸出顶层水平杆的长度（自由端）不得大于500mm。

（6）模板支撑架高宽比不宜大于3；当高宽比大于2时，应在架体的四周和中部与结构柱进行刚性连接。

（7）当在多层楼板上连续搭设支撑脚手架时，应分析多层楼板间荷载传递对支撑脚手架、建筑结构的影响，上下层支撑脚手架的立杆宜对位设置。模板支撑架顶部的实际荷载不得超过设计规定。

（8）严禁在模板支撑架及脚手架基础开挖深度影响范围内进行挖掘作业。

图7-26　承插型盘扣式钢管脚手架效果图

（9）模板支撑架在搭设过程中，应采取防倾覆的临时固定措施。

（10）模板支撑架搭设应符合下列规定：

1）沿纵横水平方向应按纵下横上的程序设置扫地杆，扫地杆距地面的高度应符合规范要求。

2）模板支撑架斜杆的设置要求：

① 当立杆间距大于1.5m时，应在拐角处设置通高专用斜杆，中间每排每列应设置通高八字形斜杆或剪刀撑。

② 当立杆间距小于或等于1.5m时，模板支撑架四周从底到顶连续设置竖向剪刀撑；中间纵、横向由底至顶连续设置竖向剪刀撑，其间距应小于或等于4.5m。

③ 剪刀撑杆件的底端应与地面顶紧，夹角宜为45°~60°，斜杆与相交的每根立杆扣接。

3）当模板支撑架高度大于4.8m时，顶端和底部必须设置水平剪刀撑，中间水平剪刀撑设置间距应小于或等于4.8m。

（11）支撑脚手架的水平杆应按步距沿纵向和横向通长连续设置，不得缺失；在支撑脚手架立杆底部应设置沿纵向和横向扫地杆，水平杆和扫地杆应与相邻立杆连接牢固。

（12）模板支撑架在使用过程中应分阶段进行检查、监护、维护、保养。

2. 模板支撑架的搭设与防护

杆件布置图如图7-27~图7-29所示。

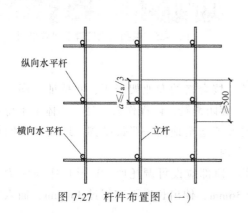

图7-27　杆件布置图（一）

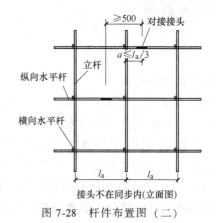

接头不在同步内(立面图)

图7-28　杆件布置图（二）

3. 高度（层高）在 8m 以下的梁板支撑架构造

（1）所有水平拉杆的端部均应与四周建筑物顶紧顶牢。无处可顶时，应在水平拉杆端部和中部沿竖向设置连续式剪刀撑。8m 以下的梁板支撑架构造如图 7-30 所示。

（2）架体外侧周边及内部纵、横向每 5~8m，应由底至顶设置连续竖向剪刀撑，剪刀撑宽度应为 5~8m，在竖向剪刀撑顶部交点平面应设置连续水平剪刀撑。

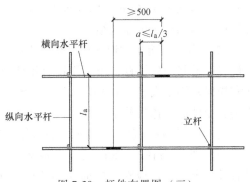

图 7-29　杆件布置图（三）

（3）梁板支撑架的立柱支撑基础应满足承载力要求。安装上层模板及支架时，下层楼板应具有承受上层施工荷载的承载能力，否则应加设支撑支架；上层支架立柱应对准下层支架立柱，并应在立柱底铺设垫板。

（4）在梁板支撑架立柱顶端的可调支托和立杆自由端长度应符合规范要求。

4. 高度（层高）在 8m 以上的梁板支撑架体

（1）当层高在 8~20m 时，在最顶步距两道水平拉杆中间应加设一道水平拉杆。

（2）当层高大于 20m 时，在最顶两步距水平拉杆中间应分别增加一道水平拉杆。

（3）模板支撑架禁止与物料提升机、施工升降机、塔式起重机等起重设备钢结构架体、机身及其附着设施相连接，禁止与施工脚手架、卸料平台等相连接。

（4）当支撑高度超过 8m，或施工总荷载大于 $15kN/m^2$，或集中线荷载大于 $20kN/m$ 的支撑架，扫地杆的设置层应设置水平剪刀撑。

（5）当支撑脚手架局部所承受的荷载较大，立杆需加密设置时，加密区的水平杆应向非加密区延伸不少于一跨；非加密区立杆的水平间距应与加密区立杆的水平间距互为倍数。高度在 8m 以上的梁板支撑架如图 7-31 所示。

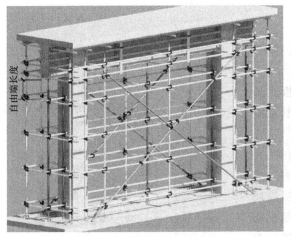

图 7-30　8m 以下的梁板支撑架构造效果图

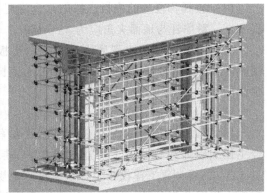

图 7-31　高度在 8m 以上的梁板支撑架效果图

5. 高度（层高）在 8m 以上的梁板支撑体系剪刀撑布置

（1）当采用承插型盘扣式钢管搭设模板支架时，竖向斜杆应满布设置，步距不得超过

1.5m，沿高度每隔 4~6 个标准步距应设置水平层斜杆或扣件钢管剪刀撑。周边有结构物时，宜与周边结构形成可靠拉结。

（2）当采用碗扣式钢管搭设模板支撑架时，应在架体周边、内部纵向和横向每隔 4~6m 各设置一道竖向斜撑杆；当采用钢管扣件剪刀撑代替竖向斜撑杆时，应在架体周边、内部纵向和横向每隔不大于 6m 设置一道竖向钢管扣件剪刀撑，每道竖向剪刀撑应连续设置；当采用钢管扣件剪刀撑代替水平斜撑杆时，宜在架体顶层水平杆设置层设置一道水平剪刀撑，竖向每隔不大于 8m 设置。每道水平剪刀撑应连续设置。

（3）当层高在 8~20m 时，除应满足有关规定外，还应在纵横向相邻的两竖向连续式剪刀撑之间增加之字斜撑，在有水平剪刀撑的部位应在每个剪刀撑中间增加一道水平剪刀撑。当层高超过 20m 时，应将所有之字斜撑全部改为连续式剪刀撑。

6. 独立柱模板支撑架

（1）独立柱两侧的立杆上应设置剪刀撑，必须设置侧向顶杆和斜撑杆，侧向顶杆应在方木上顶紧。图 7-32 所示为独立柱施工时的安全防护措施，应依据施工方案进行搭设。

（2）施工人员作业高度距离地面超过 2m 时，应设置可靠的作业平台，平台侧面必须设置防护栏杆和脚手板，上、下平台应搭设扶梯，扶梯的搭设应满足相关规范要求。

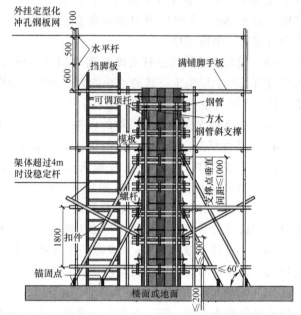

图 7-32　独立柱模板支撑架防护措施效果图

7. 楼梯梯段处的模板支撑架（图 7-33）

（1）楼梯梯段处的模板支撑架除应满足相关规范的规定外，梯段处应加设梯段斜面的斜撑杆，斜撑杆与地面夹角应为 45°~60°。

（2）立杆底部应设置底座或垫板，垫板宜采用厚度不小于 50mm、宽度不小于 200mm、长度不少于两跨的木垫板。

8. 组合铝合金模板

（1）模板工程应编制安全专项施工方案，并经主任工程师和总监理工程师审核签字。层高超过 3.3m 的可调钢支撑模板工程或超过一定规模的模板工程安全专项施工方案，应组织专家进行专项技术论证。

（2）模板装拆和支架搭设或拆除前，应进行施工操作安全技术交底，并有交底记录；模板安

图 7-33　楼梯梯段处的模板支撑架效果图

装、支架搭设完毕，应按规定组织验收，并应经责任人签字确认。

（3）安装墙、柱模板时，应及时固定支撑，防止倾覆。模板支架使用期间，不得擅自拆除支架结构杆件。

（4）模板的拆除应依据专项施工方案规定的拆模时间依次及时拆除。应先拆除侧面模板，再拆除承重模板。支撑件和连接件应逐件拆除。在搭设或拆除过程中，当停止作业时，应采取措施保证已搭设或拆除后剩余部分模板的安全。

（5）施工过程中的检查项目应符合下列规定：

1）可调钢支撑等支架基础应坚实、平整，承载力应符合设计要求，并应能承受支架上部荷载。

2）可调钢支撑等支架底部应按设计要求设置底座或预埋螺栓，规格应符合设计要求。

3）可调钢支撑等支架立杆的规格尺寸、连接方式、间距和垂直度应符合设计要求。

4）销钉、对拉螺栓、定位撑条、承接模板与斜撑的预埋螺栓等连接件的个数、间距应符合设计要求；螺栓螺母应扭紧。

5）当采用其他支撑形式时，应符合现行行业标准《建筑施工模板安全技术规范》（JGJ 162）的规定。

铝合金墙模板如图 7-34 所示，铝合金顶板模板如图 7-35 所示。

图 7-34　铝合金墙模板

图 7-35　铝合金顶板模板

7.4.3 高处作业

（1）在施工中凡涉及临边与洞口、攀登与悬空、操作平台、交叉作业及安全网搭设的，应在施工组织设计或施工方案中制定高处作业安全技术措施，符合现行行业标准《建筑施工高处作业安全技术规范》JGJ 80 等规范、标准要求，并经审批通过后方可施工。

（2）建筑施工高处作业前，应对安全防护设施进行检查、验收，并做好验收记录，验收合格后方可进行作业；验收可分层或分阶段进行。

（3）高处作业施工前，应对作业人员进行安全技术教育培训及交底，按规定正确佩戴和使用高处作业安全防护用品、用具，并应经专人检查；检查高处作业的安全标志、安全设施、工具、仪表、防火设施、电气设施和设备，确认其完好，方可进行施工。

（4）需要临时拆除或变动安全防护设施时，应采取能代替原防护设施的可靠措施，作业后应立即恢复。

（5）各类安全防护设施，应建立定期、不定期的检查和维护保养制度，发现隐患应及时整改。

（6）安全防护设施应采用定型化、工具化设施。

（7）在雨、霜、雾、雪等天气应避免进行高处作业，当遇有 6 级及以上强风、浓雾、沙尘暴等恶劣气候，不得进行露天攀登与悬空高处作业。

7.4.4 临边与洞口作业

1. 临边作业

（1）坠落高度基准面 2m 及以上进行临边作业时，应在临空一侧设置防护栏杆，并应采用密目式安全立网或工具式栏板防护。

（2）基坑、沟槽、建筑物外围、楼层及楼梯临边应采用定型化防护栏杆做安全防护，防护栏杆应与主体结构可靠连接。底部应设置不小于 180mm 高钢制踢脚板。

（3）施工升降机停层平台口应设置高度不低于 1800mm 的楼层防护门，并应设置防外开装置。

（4）临边防护栏杆可采用工具式定型化防护栏杆（A 型）（图 7-36）和工具式钢管防护栏杆（B 型）（图 7-37）两种方式。A 型适用于基坑周边、楼层临边（图 7-38 和图 7-39）、屋面临边（图 7-40 和图 7-41）、洞口周边等，B 型适用于结构楼层楼梯临边（图 7-42）等。用于临时设施又无法使用钢板底座时，应与临时设施固定牢固。防护栏杆应悬挂安全警示标志。

（5）临边防护栏杆应保证其稳定性并进行设计验算。

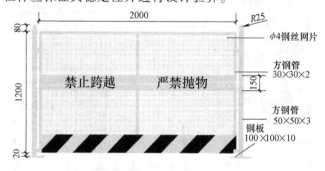

图 7-36 工具式定型化防护栏杆（A 型）

（6）屋顶周边应搭设可靠固定的防护栏杆，并有防坠落措施。

（7）坡度大于 1∶22 或 25°的屋面防护，其防护栏杆应不低于 1.5m，并应采用密目式安全立网全封闭。

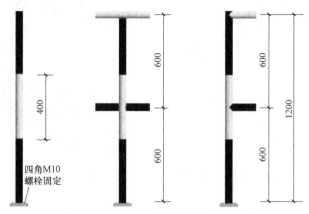

图 7-37　工具式钢管防护栏杆（B 型）

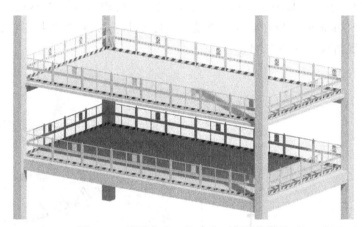

图 7-38　楼层临边工具式定型化防护栏杆

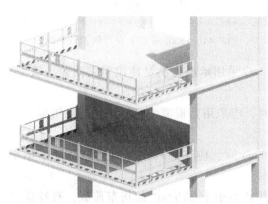

图 7-39　阳台临边工具式定型化防护栏杆

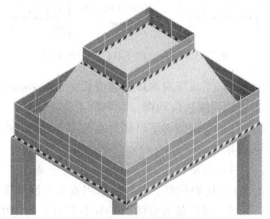

图 7-40　坡屋面临边工具式定型化防护栏杆

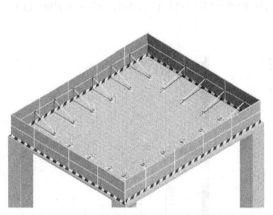

图 7-41 屋面临边工具式定型化防护栏杆

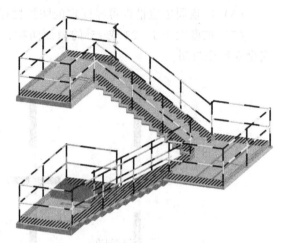

图 7-42 楼梯临边工具式钢管防护栏杆

2. 洞口作业

（1）洞口作业时，应采取防坠落措施，并应符合下列规定：

1）当竖向洞口短边边长小于 500mm 时，应采取封堵措施（图 7-43）；当垂直洞口短边边长大于或等于 500mm 时，应在临空一侧设置高度不小于 1.2m 的防护栏杆，并应采用工具式栏板封闭，设置挡脚板（图 7-44）。

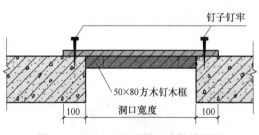

图 7-43 500mm 以下洞口防护效果图

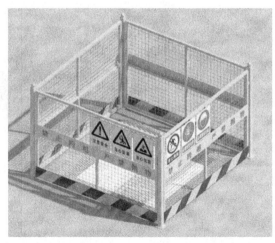

图 7-44 1500mm 以上洞口防护效果图

2）当非竖向洞口短边边长为 25~500mm 时，应采用承载力满足使用要求的盖板覆盖，盖板四周搁置应均衡，且应防止盖板位移。

3）当非竖向洞口短边边长为 500~1500mm 时，应采用盖板覆盖或防护栏杆等措施，并应固定牢固。

4）当非竖向洞口短边边长大于或等于 1500mm 时，应在洞口作业侧设置高度不小于 1.2m 的防护栏杆，洞口应采用安全平网封闭。

5）洞口盖板应能承受不小于 1kN 的集中荷载和不小于 $2kN/m^2$ 的均布荷载，有特殊要求的盖板应另行设计。

（2）墙面等处落地的竖向洞口、窗台高度低于 800mm 的竖向洞口及框架结构在浇筑完混凝土未砌筑墙体时的洞口，应按临边防护要求设置防护栏杆。栏杆端部采用旋转扣件（半个）、固定底座用螺栓进行固定如图 7-45 所示。

（3）桩（井）口的安全防护（图 7-46 和图 7-47）

1）桩（井）开挖深度超过 2m 或开挖半径大于 300mm 时应搭设临边防护。

2）桩口成孔后应设置钢筋算子或其他硬质盖板覆盖，并固定牢固。

（4）后浇带平面防护：后浇带宜采用模板或花纹钢板全封闭隔离，沿后浇带方向两侧设置方木与主体固定，并在其上满铺模板固定牢靠，盖板上刷黑黄相间油漆，如图 7-48 所示。

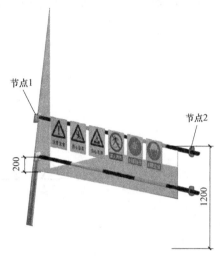

图 7-45　竖向洞口防护效果图

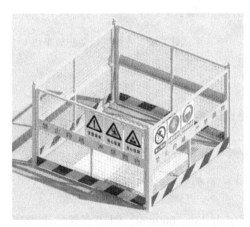

图 7-46　桩口开挖阶段防护效果图

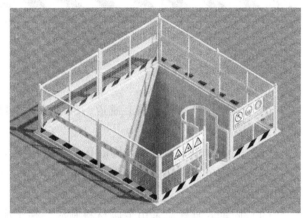

图 7-47　井口开挖阶段防护效果图

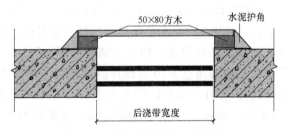

图 7-48　后浇带平面防护效果图

（5）电梯井门、井道防护：

1）电梯井口应设置防护门，其高度不应小于 1.6m，防护门底端应设置高度不小于 180mm 挡脚板（图 7-49）。

2）电梯施工前，电梯井道内应隔层且不大于 10m 设置一道安全平网和硬质防护层，若大于 10m 时，应逐层设置硬质防护层（图 7-50）。

3）电梯井内平层防护与井壁的空隙不得大于 25mm，安全网拉结应牢固。

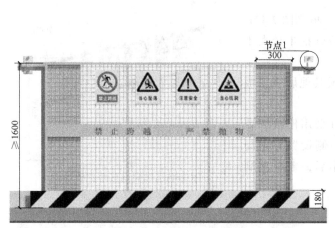

图 7-49　电梯井门防护效果图

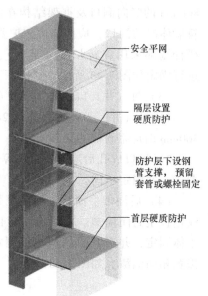

图 7-50　电梯井道防护效果图

7.4.5　攀登与悬空作业

1. 攀登作业

（1）攀登作业应借助施工通道、梯子及其他攀登设施和用具（可参照定型化安全梯笼制作、安装）。

（2）同一梯子上不得两人同时作业，脚手架操作层上严禁架设梯子作业。

（3）使用单梯时梯面应与水平面呈 75°夹角，踏步不得缺失，梯格间距宜为 300mm，不得垫高使用。

（4）固定式直梯应采用金属材料制成，梯子净宽应为 400~600mm，固定直梯的支撑应采用不小于∟70×6 的角钢，埋设焊接应牢固。直梯顶端的踏步应与攀登顶面齐平，并应加设 1.1~1.5m 高的扶手。当攀登高度超过 3m 时，宜加设护笼；当攀登高度超过 8m 时，应设置梯间平台。使用直梯上、下时，作业人员应使用拴挂安全带的安全绳。

（5）固定式斜梯应采用金属材料制成，梯梁及踏板分别由[12# 槽钢及 800mm×250mm×3mm 的花纹钢板组成。梯梁与踏板通过 M10 的螺栓进行连接，踏板垂直间距 250mm。斜梯两侧应设置不低于 1.2m 高防护栏杆，立杆间距不大于 2m，栏杆宜采用钢管或方钢管。

梯间平台宜采用 3mm 花纹钢板，M10 的螺栓紧固，防护栏杆底部应设置高度不低于 180mm 的踢脚板（图 7-51）。

2. 悬空作业

（1）悬空作业立足处的设置应牢固，并应配置登高和防坠落装置和设施。

（2）严禁在未固定、无防护设施的构件及管道上进行作业或通行。

（3）构件吊装和管道安装时的悬空作业应符合下列规定：

1）吊装钢筋混凝土屋架、梁、柱等大型构件前，应在构件上预先设置登高通道、操作立足点等安全设施。

2）在高空安装大模板、吊装第一块预制构件或单独的大中型预制构件时，应站在作业平台上操作。

3）钢结构安装施工宜在施工层搭设水平通道，水平通道两侧应设置防护栏杆；当利用钢梁作为水平通道时，应在钢梁一侧设置连续的安全绳，安全绳宜采用钢丝绳。

4）吊装作业前应在作业区域设置警戒线。

（4）无法搭设脚手架操作平台时，应在作业面设置外挂操作平台。平层大空间作业部位应设置水平安全兜网。

（5）绑扎立柱和墙体钢筋时，不得沿钢筋骨架攀登或站在骨架上作业。

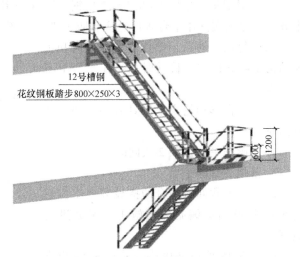

图 7-51　固定式斜梯防护效果图

（6）浇筑高度 2m 及以上的混凝土结构构件或者悬挑的混凝土梁和檐、外墙和边柱等结构施工时，应搭设脚手架或操作平台。

（7）高处作业时应使用拴挂安全带的安全绳，不得使用座板式单人吊具，不得使用自制吊篮。

7.4.6　操作平台及卸料平台

1. 基本规定

（1）操作平台搭设前应进行设计计算，并编制专项施工方案。

（2）架体构造与材质应满足国家现行相关标准的规定。

（3）落地式操作平台检查验收应符合下列规定：

1）操作平台的钢管和扣件应有产品合格证。

2）搭设前应对基础进行检查验收，搭设中应随施工进度按结构层对操作平台进行检查验收。

3）遇 6 级以上大风、雷雨、大雪等恶劣天气及停用超过一个月，恢复使用前，应进行检查。

（4）应在操作平台明显位置设置标明允许负载值的限载牌及限定允许的作业人数，物料应及时转运，不得超重、超高堆放。

（5）落地式卸料平台的搭设高度不应大于 6m，高宽比不应大于 3:1。

（6）悬挑式操作平台锚固位置设置在楼板上时，楼板的厚度不宜小于 120mm。如果楼板的厚度小于 120mm 应采取加固措施。

（7）在操作平台作业时，作业人员应正确佩戴并使用安全带。

（8）悬挑式操作平台应在与主体拉结的内侧设置 360° 监控设备。

2. 移动式操作平台

（1）移动式操作平台宜采用定型化防护。

（2）移动式操作平台的搭设高度不宜大于 5m，面积不宜大于 $10m^2$，高宽比不应大于 2:1。

（3）钢制爬梯立柱采用∟75×5角钢，踏棍采用ϕ20圆钢焊接，梯子顶端的踏棍与平台平齐，爬梯顶端操作平台入口处应有防护措施（图7-52）。

（4）每次移动后、操作前，平台应和主体结构作可靠连接。移动时，操作平台上不得站人。

（5）平台移动轮应采用具有锁定装置的万向轮。

（6）操作平台仅限2人同时作业。

3. 落地式卸料平台

（1）落地式卸料平台的搭设高度不应超过6m，搭设前应编制专项施工方案并进行验算。

（2）架体采用ϕ48mm×3.5mm钢管搭设，高宽比不应大于3:1。

（3）用脚手架搭设操作平台时，其立杆间距和步距等结构要求应符合规范的规定；应在立杆下部设置底座或垫板、纵向与横向扫地杆，并应在外立面设置剪刀撑或斜撑。

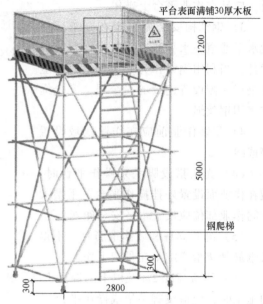

图7-52　移动式操作平台效果图

（4）操作平台应从底层第一步水平杆起逐层设置连墙件，且连墙件间隔不应大于4m，并应设置水平剪刀撑（图7-53）。

（5）应设置"当心坠落""禁止停留"和"必须系安全带"等安全标志。

（6）卸料平台两侧的护栏应延长至建筑物内不小于1.5m。

（7）搭设完成后，应设置醒目的安全验收牌。

4. 悬挑式操作平台

（1）悬挑式操作平台施工前应编制专项施工方案，经评审通过后方可实施。

（2）悬挑式操作平台的设置应符合下列规定：

1）操作平台的搁置点、拉结点、支撑点应设置在稳定的主体结构上，且应可靠连接。

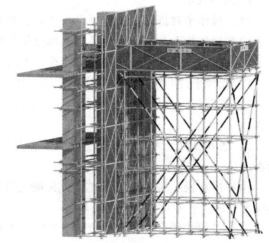

图7-53　落地式操作平台效果图

2）严禁将操作平台设置在临时设施上。

3）操作平台的结构应稳定可靠，承载力应符合设计要求。

（3）悬挑式卸料平台主梁锚固端与建筑结构应可靠连接；每次安装后应进行验收，并做好签字、记录。

（4）钢丝绳与结构层的拉结点若在同一楼层内时，不同拉结点的距离应大于200mm。

（5）平台使用过程中应有专人负责检查，发现钢丝绳、扣卡等出现损坏应及时调换，焊缝脱焊应及时修复。

（6）在操作平台上作业时，作业人员应佩戴安全带、挂安全绳。

（7）操作平台外侧可设置防坠防护网，防护网尺寸为 500mm×700mm，采用 50mm×50mm×2mm 方钢管制作，满挂水平兜网或钢板网（图 7-54、图 7-55）。

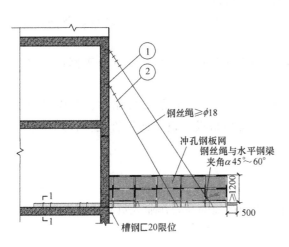

图 7-54　悬挑式操作平台效果图

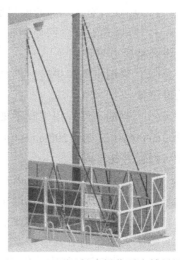

图 7-55　工具悬挑式操作平台效果图

7.4.7　交叉作业

（1）交叉作业时，下层作业位置应处于上层作业的坠落半径之外。安全防护棚和警戒隔离区范围的设置应视上层作业高度确定，并应大于坠落半径。坠落半径内应设置安全防护棚或安全防护网等安全隔离措施。当尚未设置安全隔离措施时，应设置警戒隔离区，人员严禁进入隔离区。

（2）处于起重机臂架回转范围内的通道和施工现场人员进出的通道口，应搭设安全防护棚。不得在安全防护棚棚顶堆放物料。

（3）对不需搭设脚手架和设置安全防护棚时的交叉作业，应设置安全防护网，当在多层、高层建筑外立面施工时，应在二层及每隔三层设一道固定的安全防护网，同时设一道随施工高度提升的安全防护网。

7.4.8　"三宝"——安全帽、安全网、安全带（图 7-56）

1. 安全帽

（1）安全帽应符合现行国家标准《安全帽》GB 2811 相关规定。

（2）佩戴安全帽前，应将帽后调整带按自己头型调整到合适的位置。

（3）安全帽的下颌带必须扣在颌下并系牢，松紧要适度。

（4）安全帽须定期检查，如有龟裂、下

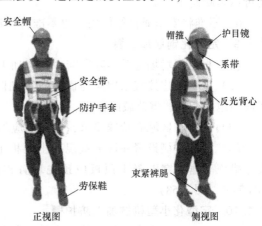

图 7-56　安全防护用品使用效果图

凹和磨损的情况，须立即更换；受过撞击的安全帽，不论有无损坏现象，均应报废。

2. 安全网

（1）建筑施工安全网的选用应符合下列规定：

1）安全网材质、规格、物理性能、耐火性、阻燃性应满足现行国家标准《安全网》GB 5725 的规定。

2）密目式安全立网的网目数不小于 2000 目/100cm²。

3）密目式安全立网使用前，应检查产品分类标记、产品合格证、网目数及网体重量，确认合格后方可使用。

（2）采用平网防护时，严禁使用密目式安全立网代替平网使用；安全平网使用时不宜绷得过紧。

（3）钢筋平网宜用于脚手架作业层平层防护，采用 $\phi6$ 钢筋焊接制作，制作尺寸宜为 1200mm×600mm 或 1200mm×400mm。钢筋平网下部应搭设两道纵向钢管支撑，采用镀锌钢丝与钢管绑扎牢固。

3. 安全带

（1）安全带应符合现行国家标准《安全带》GB 6095 的相关规定。

（2）凡 2m（含 2m）以上，无法采取可靠防护措施的高处作业人员必须系安全带。

（3）安全带的日常管理：

1）安全带应在每次使用前进行安全检查。

2）安全带使用期为 3~5 年，发现异常，应提前报废，停止使用。

3）安全带使用 2 年后，按批量购入情况，应抽检一次。

（4）安全带的正确使用方法：

1）安全带应系在腰部以下、臀部以上的胯部。

2）安全带的小皮带必须系紧，以防高处作业时伤到腰部。

3）安全带要高挂低用，注意防止摆动碰撞；使用 3m 以上长绳应加装缓冲器。

4）使用中的安全带及后备绳应挂在结实牢固的构件上，并要检查是否扣好；安全绳要系在同一作业面上，禁止系在移动及带尖锐角以及不牢固的物件上。

5）使用中的安全带及后备绳的挂钩锁扣必须在锁好位置；缓冲器、速插式装置和自锁钩可以串联使用。

6）不准将安全绳打结使用，也不准将挂钩直接挂在安全绳上，应挂在连接环上使用。

7.4.9　定型化钢筋加工棚

（1）根据现场场地及实际所需，确定加工棚尺寸。

（2）各构件连接宜采用螺栓固定，顶棚防护必须采用双层防护并有可靠固定，应充分考虑当地风荷载、雪荷载的作用。

（3）若所在区域有特殊要求，操作棚应加装降尘隔声板封闭。

（4）当防护棚设置在地下室混凝土顶板上时，应对顶板进行承载能力验算或采取加固支撑措施。地下室混凝土顶板应预先埋置连接钢板，立柱与预埋钢板通过螺栓进行连接（图 7-57、图 7-58）。

7.4.10　定型化小型机械加工防护棚

（1）施工现场未集中使用的或有特殊使用要求的中小型机械应设置单体防护棚，采取

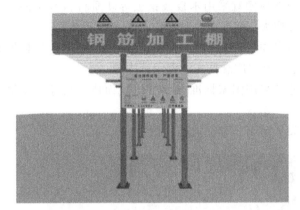

图 7-57　钢筋加工棚效果图

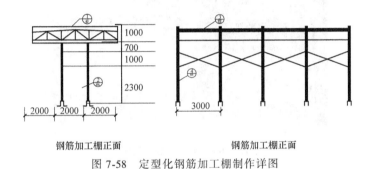

钢筋加工棚正面　　　　　　　　　钢筋加工棚正面

图 7-58　定型化钢筋加工棚制作详图

双层硬质防护措施，满足防雨、防坠落要求。

（2）单体防护棚基础应采用 C30 混凝土浇筑，且应经设计计算确定规格，底部采用膨胀螺栓与基础固定，安装应牢固可靠。

（3）单体防护棚各标准件尺寸如图 7-59 所示，框架材料应为 3mm 厚国家标准方钢管。

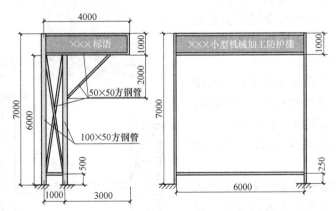

图 7-59　定型化小型机械加工防护棚制作详图

7.4.11　安全防护通道

（1）当安全防护通道为非机动车辆通行时，棚底至地面高度不应小于 3m；当为机动车辆通行时，棚底至地面高度不应小于 4m；安全防护通道的搭设长度应不小于 6m。

（2）安全防护通道的顶棚宜采用木板或钢板等硬质材料双层搭设，两层的间距不应小于700mm。通道的长度应大于建筑物高度确定的坠落半径范围。

（3）建筑物出入口必须搭设宽于出入口的安全防护通道，物料提升机、施工电梯口应搭设安全防护棚。通道口上方应悬挂安全警示标志牌。

（4）工具式安全通道采用国家标准方钢管组装而成，尺寸、规格可参考7.4.9定型化钢筋加工棚。

（5）安全通道应设置防雨、导流措施（图7-60）。

图7-60　安全通道实景图

7.4.12　塔式起重机定型通道

（1）定型通道安装时，塔式起重机端应略高，楼层端应略低，楼层端与楼面的角度不得大于10°。

（2）安装时作业人员应持证上岗，佩戴安全帽、使用安全带和安全绳等安全防护措施。凡有高血压、心脏病等不适宜高处作业者不得进行作业。

（3）定型通道塔式起重机连接端采用[12#槽钢做挂钩，挂钩焊接在主梁端部；结构板面的搁置长度不得小于1.5m。

（4）定型通道面板采用2mm花纹钢板制作。

（5）楼层内的临边防护应采用工具式定型化防护栏杆，定型通道入口处应落锁（图7-61）。

7.4.13　施工现场临时用电安全防护

1. 基本规定

（1）施工现场临时用电设备在5台及

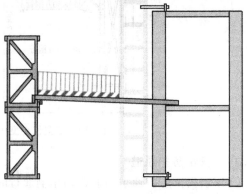

图7-61　塔式起重机定型通道

以上或设备总容量在 50kW 及以上者，应编制临时用电组织设计。临时用电组织设计及变更时，必须履行"编制、审核、批准"程序，由电气工程技术人员组织编制，经相关部门审核及具有法人资格企业的技术负责人批准后实施。变更用电组织设计时应补充有关图纸资料。临时用电工程必须经编制、审核、批准部门和使用单位共同验收，合格后方可投入使用。临时用电工程定期检查应按分部（分项）工程进行，对安全隐患必须及时处理，并应履行复查验收手续。

（2）三级配电方式，应遵循分级分路、动照分设、压缩配电间距的原则（图 7-62）。

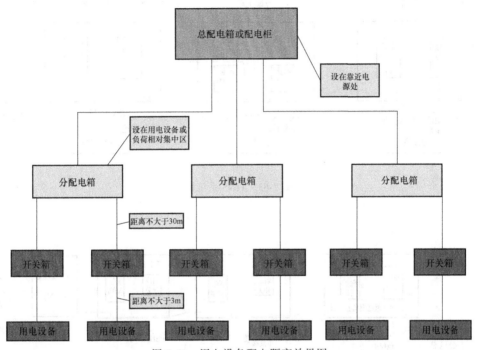

图 7-62　用电设备配电距离效果图

（3）建筑施工现场临时用电工程专用的电源中性点直接接地的 220V/380V 三相四线制低压电力系统，必须符合下列规定：

1）采用三级配电系统。

2）采用 TN-S 接零保护系统。

3）采用三级漏电保护系统。

（4）在施工现场专用变压器供电的 TN-S 接零保护系统中，电气设备的金属外壳必须与保护接零连接。保护零线应由工作接地线、配电室（总配电箱）电源侧零线或总漏电保护器电源侧零线处引出（图 7-63）。

（5）当施工现场与外电线路共用一供电系统时，电气设备的接地、接零保护应与原系统保持一致。不得一部分设备做保护接零，另一部分设备做保护接地。采用 TN 系统做保护接零时，工作零线（N 线）必须通过总漏电保护器，保护零线（PE 线）必须由电源进线零线重复接地处或总漏电保护器电源侧零线处，引出形成局部 TN-S 接零保护系统。

（6）动力配电箱与照明配电箱宜分别设置。当合并设置时，动力和照明应分路配电；动力开关箱和照明箱必须分设（图 7-64）。

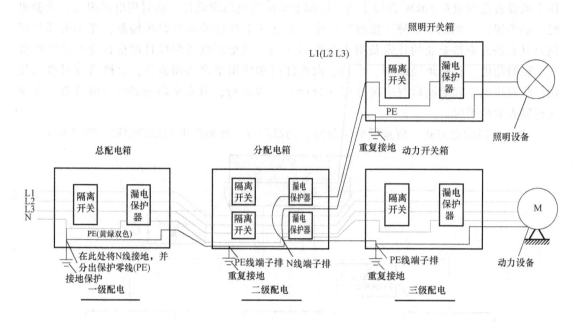

图 7-63　TN-S 系统图

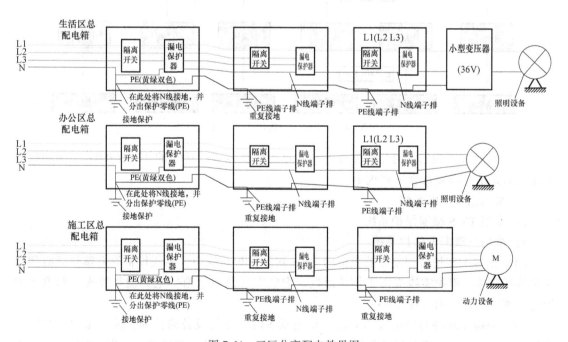

图 7-64　三区分离配电效果图

　　说明：1）施工现场配电箱设置的原则是："三级配电三级保护"，总配电箱、分配电箱和开关箱应设漏电保护器。

　　2）每台用电设备都应有专用的开关箱，做到"一机、一箱、一闸、一漏"。

2. 外电线路与电气设施防护

外电线路安全距离与安全防护：

（1）在建工程（含脚手架）的周边与外电架空线路的边线之间的最小安全操作距离应符合规定。当安全距离达不到规范要求时，必须采取绝缘隔离防护措施（图7-65）。

图 7-65　外电线路距离效果图

（2）在施工现场一般采取搭设防护架，其材料应使用木质等绝缘性材料。必须停电搭设（拆除时也应停电）。防护架距作业面较近时，应用硬质绝缘材料封严，防止脚手架、钢筋等穿越触电。当架空线路在塔式起重机等起重机械的作业半径范围内时，其线路上方也应有防护措施，搭设成门形，其顶部可用5cm厚木跳板或相当于5cm厚木板强度的材料盖严。为警示起重机作业，可在防护架上端间断设置反光小彩旗，夜间施工应安装警示灯或灯带，其电源电压应不大于36V（图7-66）。

图 7-66　外电线路防护效果图

（3）起重机严禁越过无防护设施的架空线路作业。在架空线路附近吊装时，起重机的任何部位或被吊物边缘在最大偏斜时与架空线路的最小安全距离应符合规定（图7-67）。

（4）施工现场机动车道与架空线路交叉时的最小垂直距离符合要求，如图7-68所示。

图 7-67　起重机与架空线路的安全距离

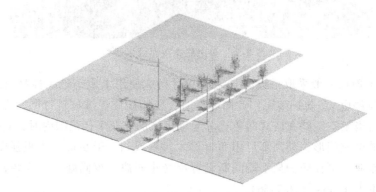

图 7-68　施工现场机动车道与架空线路交叉时的最小垂直距离

（5）其他室外用电设备防护如图 7-69 ~ 图 7-73 所示。

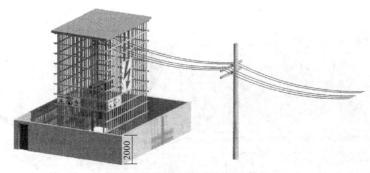

图 7-69　室外变压器防护效果图

说明：（1）防护围栏的主立杆采用 50mm×50mm×2mm 的方钢管，间距为 2000mm；其余立杆采用 20mm×20mm×1.5mm 的方钢管，间距为 160mm。顶部采用 50mm×50mm×2mm 的方钢管，间距为 600mm。

（2）顶层防护应满铺难燃或不燃的绝缘材料。

（3）防护围栏与箱体外表面的距离应不小于 800mm。

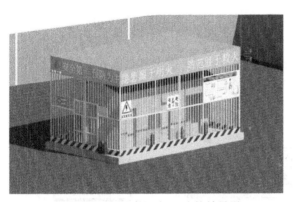

图 7-70 总配电箱（柜）防护效果图

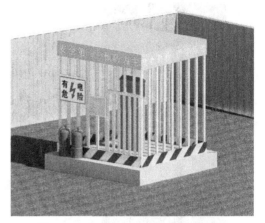

图 7-71 分配电箱（柜）防护效果图

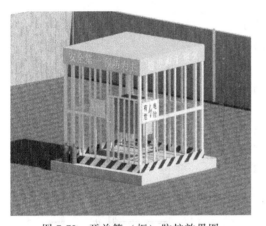

图 7-72 开关箱（柜）防护效果图

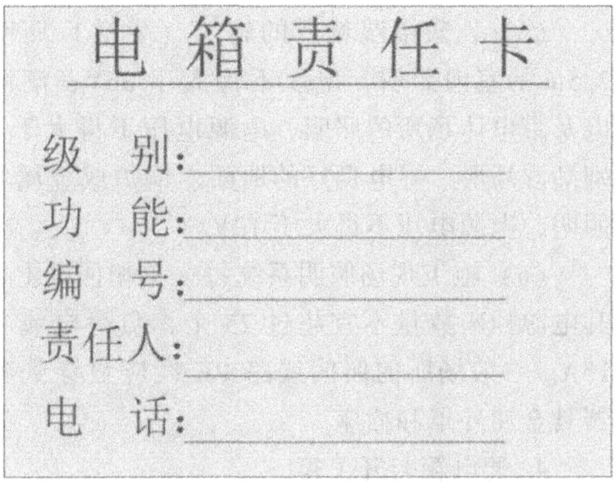

图 7-73 电箱责任卡效果图

3. 配电线路与用电设备防护

（1）施工现场供配电线路宜选用橡胶绝缘埋地电缆，电缆的类型、电缆芯线及截面面积、电缆的敷设等应符合以下要求：①总配电箱（配电柜）至分配电箱必须使用五芯电缆；②单相设备和照明线路可采用三芯电缆；③塔式起重机、施工电梯、物料提升机、混凝土输送泵等大型施工机械设备供电开关箱必须使用五芯电缆；④五芯电缆必须包含三极相线、工作零线（N 线）和保护零线（PE 线），淡蓝色的芯线必须用作 N 线，绿/黄双色芯线必须用作 PE 线，严禁混用。

（2）电缆线路应采用埋地或架空敷设，严禁沿地面明设，并应避免机械损伤和介质腐蚀。埋地路径应设方位标志。电缆不宜沿钢管、脚手架等金属构筑物敷设，必要时需用绝缘子作隔离固定或穿管敷设。严禁用金属裸线绑扎加固电缆（图 7-74 和图 7-75）。

（3）地下工程所用电缆线必须使用橡套电缆，且沿墙壁等架空敷设，其架设高度不应低于 2m，固定时也应用绝缘子或电缆桥架（图 7-76）。

（4）施工现场的消火栓泵应采用专用消防配电线路。专用消防配电线路应自施工现场总配电箱的总断路器上端接入，且应保持不间断供电。

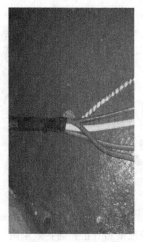

图 7-74 五芯电缆

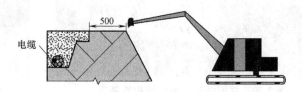

图 7-75 挖掘机与埋地电缆的安全距离效果图

（5）比较潮湿场所的施工（生活）照明或低于 2.5m 的室内照明，电压不得大于 36V；潮湿和易触电及带电体场所的照明，电源电压不得大于 24V；特别潮湿场所、导电良好的地面、锅炉或金属容器内的照明，电源电压不得大于 12V。

（6）施工现场照明系统每一单相回路上，灯具和其电源插座数量不宜超过 25 个，负荷电流不宜超过 15A。一般场所的照明线路 PE 线应贯穿到各路照明器具金属外罩和插座。

4. 配电箱与开关箱

（1）配电箱与开关箱安装

1）配电箱、开关箱应装设在干燥、通风及常温场所，不得装设在有严重损伤作用的瓦斯、烟气、潮气及其他有害介质场所中，亦不得装设在易受外来物体撞击、强烈振动、液体浸溅及热源烘烤场所。否则须特殊防护处理。

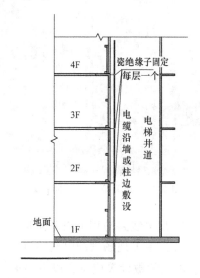

图 7-76 电缆沿电梯井固定效果图

2）配电箱、开关箱周围应有足够两人同时工作的空间和通道，不得堆放任何妨碍操作、维修的物品，不得有灌木、杂草（图 7-77）。

3）配电箱、开关箱应装设端正、牢固。固定式配电箱、开关箱的中心点与地面的垂直距离应为 1.4~1.6m。移动式配电箱、开关箱应装设在坚固稳定的支架上。其中心点与地面的垂直距离宜为 0.8~1.6m。

4）开关箱中漏电保护器的额定漏电动作电流不应大于 30mA，额定漏电动作时间不应大于 0.1s。使用于潮湿或有腐蚀介质场所的漏电保护器应采用防溅型产品，其额定漏电动作电流不应大于 15mA，额定漏电动作时间不应大于 0.1s。

5）配电箱、开关箱内的电器应先安装在金属或非木质阻燃绝缘电器安装板上，然后方可整体紧固在配电箱、开关箱箱体内。金属电器安装板与金属箱体应作电气连接。配电箱、

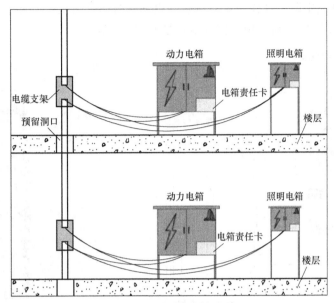

图 7-77　楼层配电效果图

开关箱内的连接线必须采用铜芯绝缘导线。导线应分色规范，排列整齐。导线分支接头不得松动，不得有外露带电部分（图 7-78）。

（2）配电箱与开关箱电气设置

1）总配电箱设置

① 总配电柜（箱）应装设总隔离开关、总断路器、总漏电保护器以及分路隔离开关、分断路器。应采用可见分断点断路器。如采用可见分断点断路器，可不另设隔离开关。同时，应装设电压表、总电流表、电度表及其他需要的仪表（图 7-79 和图 7-80）。

② 总漏电保护器应装设在总配电柜（箱）靠近负荷的一侧，且不得用于启动电气设备的操作。工作零线必须通过总漏电保护器。

③ 配电柜（箱）的电器安装板上必须分设 N 线端子板和 PE 线端子板。N 线端子板必须与金属电器安装板绝缘；PE 线端子板必须与金属电器安装板做电气连接。进出线中的 N 线必须通过 N 线端子板连接；PE 线必须通过 PE 线端子板连接。

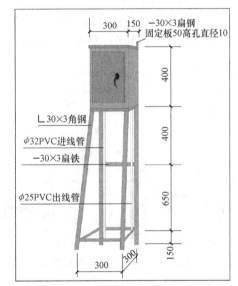

图 7-78　开关箱效果图

④ 总配电柜（箱）处电源进线的工作零线（N 线）和保护零线（PE 线）必须做重复接地。重复接地电阻值不应大于 10Ω。

⑤ 箱内正常不带电的金属导体必须通过 PE 线端子板与 PE 线做电气连接，金属箱门与金属箱体必须通过采用编织软铜线做电气连接。

⑥ 总配电柜（箱）中漏电保护器的额定漏电动作电流应大于 30mA，额定漏电动作时间

应大于 0.1s，但其额定漏电动作电流与额定漏电动作时间的乘积不应大于 30mA·s。

⑦ 总配电柜（箱）必须配锁，钥匙由现场专职电工保管。

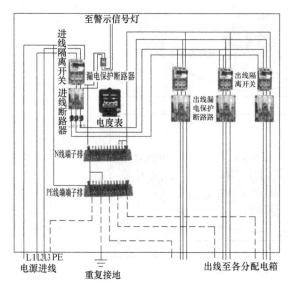

图 7-79　总配电箱接线效果图　　　　　　　图 7-80　总配电箱电气设置效果图

2）分配电箱设置

① 分配电箱应装设总隔离开关、总漏电保护器及各分路隔离开关、分路漏电保护器。各分路应装设可见分断点漏电保护器（图 7-81 和图 7-82）。

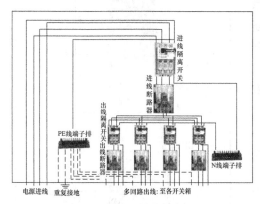

图 7-81　分配电箱接线效果图　　　　　　　图 7-82　分配电箱电气设置效果图

② 配电箱的电器安装板上必须分设 N 线端子板和 PE 线端子板。N 线端子板必须与金属电器安装板绝缘；PE 线端子板必须与金属电器安装板做电气连接。进出线中的 N 线必须通过 N 线端子板连接；PE 线必须通过 PE 线端子板连接。重复接地电阻不应大于 10Ω。

③ 当电源进线为架空线且架空线经过空旷地带时，箱内应设置防雷击浪涌保护器，防止设备或使用设备人员通过电线遭受雷击。

④ 分配电箱必须配锁，钥匙由现场专职电工保管。

3）开关箱设置

① 开关箱内应装设可见分断点断路器和漏电保护器。漏电保护器应安装在负荷侧，且

不得用于启动电气设备的操作。

　　② 漏电保护器的额定漏电动作电流不应大于 30mA，额定漏电动作时间不应大于 0.1s。使用于潮湿场所和Ⅰ、Ⅱ类手持式电动工具（非塑料外壳）、照明设施的漏电保护器，其额定漏电动作电流不应大于 15mA，额定漏电动作时间不应大于 0.1s。

　　③ 开关箱须具有防雨功能（图 7-83~图 7-86）。

图 7-83　设备开关箱

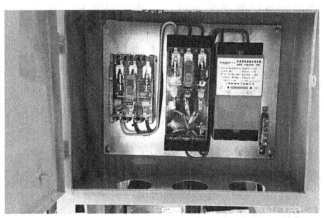

图 7-84　电焊机专用开关箱

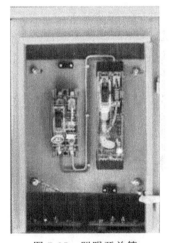

图 7-85　照明开关箱

图 7-86　移动插座开关箱

　　5. 保护接零、重复接地与防雷

　　（1）保护接零

　　1）供电变压器低压中性点接地为工作接地。保护零线由工作接地线、总配电箱电源侧零线或总漏电保护器电源侧零线处引出，形成局部 TN-S 接零保护系统。

　　2）在 TN-S 系统中，下列电气设备不带电的外露可导电部分应做保护接零：电动机、变压器、电器、照明器具、手持电动工具的金属外壳；电气设备传动装置的金属部件；配电柜与控制柜的金属框架；配电装置的金属箱体、框架及靠近带电部分的金属围栏和金属门；电力线路的金属保护管、敷线的钢索、起重机的底座和轨道、滑升模板金属操作台等；安装在电力线路杆（塔）上的开关、电容器等电气装置的金属外壳及支架（图 7-87）。

（2）重复接地

1）保护零线（PE线）的重复接地分别设置于配电系统的首端、中端、末端，设置重复接地的部位：①总配电箱（柜）处；②总配电箱（柜）至各分路分配电箱处；③分配电箱（分路）至最远端用电设备控制开关箱处；④塔式起重机、施工电梯、物料提升机等大型机械设备处或开关箱处。

2）塔式起重机、施工电梯、物料提升机和振动性机械设备的重复接地应对角设置不少于2处接地体，保护零线与各接地体引出线直接连接。

3）在TN-S系统中，保护零线每一处重复接地装置的接地电阻值不应大于10Ω。在工作接地电阻值允许达到10Ω的电力系统中，所有重复接地的等效电阻值不应大于10Ω。不得使用铝导体、螺纹钢作接地体。

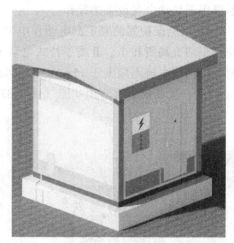

图7-87 保护接零效果图

4）严禁利用输送可燃液体、可燃气体或爆炸性气体的金属管道作为电气设备的接地保护导体（PE）。

5）保护导体（PE）上严禁装设开关或熔断器（图7-88）。

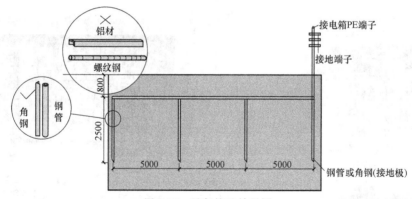

图7-88 重复接地效果图

（3）防雷接地

1）架体各标准节及接闪器间应通过螺栓做金属性连接，如各节表面锈蚀严重或涂油漆层很厚，不能保证金属性连接，则应在接闪器与防雷接地装置之间跨接钢筋、扁钢或铜导线等。

2）施工现场内起重机、井子架、龙门架等机械设备，以及钢脚手架和正在施工的在建工程等的金属结构，高度在32m及以上，且当在相邻建筑物、构筑物等设施的接闪器保护范围以外时，应按规定安装防雷装置。按滚球法确定防雷装置的保护范围（图7-89和图7-90）。

3）做防雷接地机械上的电气设备，所连接的PE线必须同时作重复接地，同一台机械电气设备的重复接地和机械的防雷接地可用共同体，但接地电阻应符合重复接地电阻值的要求。

4）对于第一、二、三类防雷建筑物的滚球半径分别确定为30m、45m、60m（参考规范

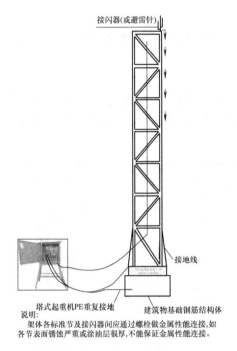

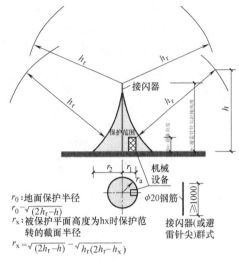

图 7-89　大型机械设防雷接地效果图　　　　图 7-90　接闪器保护范围效果图

《施工现场临时用电安全技术规范》（JGJ 46—2016）。《建筑物防雷设计规范》（GB 50057—2010）。

6. 应急照明

（1）施工现场的下列场所应配备临时应急照明（图 7-91 和图 7-92）：

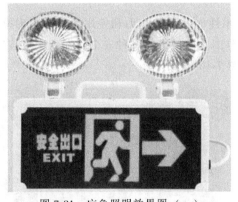

图 7-91　应急照明效果图（一）　　　　图 7-92　应急照明效果图（二）

1）自备发电机房及变配电房。

2）水泵房。

3）无天然采光的作业场所及疏散通道。

4）高度超过 100m 的在建工程的室内疏散通道。

5）发生火灾时仍需坚持工作的其他场所。

（2）作业场所应急照明的照度不应低于正常工作所需照度的 90%，疏散通道的照度值不应小于 0.5lx。

（3）临时应急照明灯具宜选用自备电源的应急照明灯具，自备电源的连续供电时间不应小于 60min。

7. 生活区用电设施

生活区临时用电所使用的电气设备、装置、元器件和电线、电缆等电气产品必须经"3C"认证。应对电器产品进行进场验收，合格后方可使用。施工人员宿舍应装设时控开关，严禁上班时间宿舍线路带电（图 7-93 和图 7-94）。

图 7-93　空调专用开关

图 7-94　USB 手机充电

7.4.14　施工机具安全防护

施工现场的施工机具应遵守以下规定：

（1）机械必须按照出厂使用说明书规定的技术性能、承载能力和使用条件，正确操作，合理使用，严禁超载、超速作业或任意扩大使用范围。机械上的各种安全防护和保险装置及各种安全信息装置必须齐全、有效。如图 7-95～图 7-100 所示。

图 7-95　电焊机防护罩

图 7-96　气瓶手推车

图 7-97　扣件笼

图 7-98　移动式灰盘

图 7-99　砂轮切割机防护罩

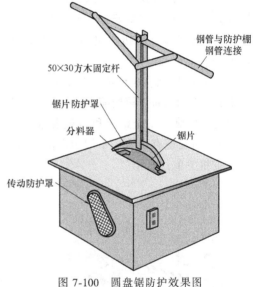

图 7-100　圆盘锯防护效果图

（2）机械作业前，施工技术人员应向操作人员进行安全技术交底，操作人员应熟悉作业环境和施工条件，并应听从指挥，遵守现场安全管理规定。

（3）电气设备的金属外壳应采取保护接地或保护接零。不得利用大地做工作零线，不得借用机械本身金属结构做工作零线。

（4）清洁、保养、维修机械或电气装置前，必须先切断电源，等机械停稳后再进行操作。严禁带电或采用预约停送电时间的方式进行检修。

（5）机械不得带病运转，检修前，应悬挂"禁止合闸，有人工作"的警示牌。

（6）所有用电设备的金属外壳、基座除必须与 PE 线连接外，且必须在设备负荷线的首端处装设漏电保护器。对产生振动的设备其金属基座、外壳与 PE 线的连接点不得少于两处。

（7）作业人员必须按规定穿戴劳动保护用品。

（8）焊接（切割）前，应先进行动火审查，确认焊接（切割）现场防火措施符合要求，并应配备相应的消防器材和安全防护用品，落实监护人员后，开具动火证。

7.4.15　市政工程安全防护

1. 桥梁工程

（1）安全控制要点

1）墩柱钢筋、模板、混凝土施工时应采取防倾倒的措施。

2）箱梁支架的基础应具有足够的承载能力，对于箱梁支架下部有隧道、管道、窨井等应制定加固处理措施。支架的搭设、拆除、预压应制定专项施工方案，并组织专家论证。

3）设计构件吊装的，应对构件的预制、运输及吊装编制专项施工方案。符合下列条件时，应组织专家论证：①采用非常规起重设备、方法，且单件起吊重量在100kN以上的起重吊装工程；②起重量300kN及以上的起重设备安装工程；③高度200m及以上内爬起重设备的拆除工程；④对于跨河桥梁的施工，应做好围堰导流方案。

（2）安全防护措施

1）泥浆池选址应布局合理，以不妨碍设备正常运行为宜。

2）泥浆池开挖后，泥浆池四周采用定型化防护栏和防护网进行围挡（参照定型化防护栏杆），并悬挂"注意安全"警示牌。

3）空桩部位周边应进行回填处理并悬挂"注意安全""当心坠落"等警示牌（图7-101）。

（3）深基坑、承台坑：基坑开挖时，应根据土质情况分段分层支护开挖，每层开挖深度不宜超过1.5m，随挖随支；视土壤性质、湿度和开挖深度设置安全边坡。确需在基坑边堆料的，应满足安全距离和荷载要求（图7-102）。基坑边坡应定时监测（特别是雨后和解冻期），如发现有裂缝、不均匀沉降、位移等征兆时，应及时采取有效措施并实时跟踪监测并上报相关单位。

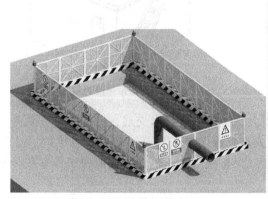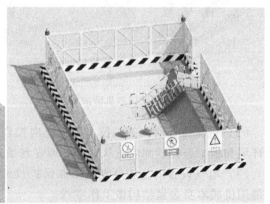

图7-101　泥浆池防护效果图　　　　　　图7-102　承台基坑防护效果图

（4）桥（墩）柱施工通道、操作平台

1）桥（墩）柱四周必须搭设工作平台，平台采用木板满铺，下挂安全兜网；还应搭设上下平台的斜道，并搭设防护栏杆及扶手。

2）桥（墩）柱采用定型钢模板的，除搭设满堂脚手架外，还应拉设缆风绳，防止施工中出现倾覆（图7-103）。

3）墩柱混凝土浇筑时，施工人员应穿戴不易割破的服装并保证与外部联系顺畅。如需工人进入模板内，应注意导流串筒与工人间的安全距离，必要时应采取送风措施。

（5）箱梁施工通道、临边防护、架体拆除警戒区域

1）箱梁在施工过程中应搭设上下通道，严禁攀爬模板支撑架上下。通道宜搭设在桥体外侧便于疏散的部位，每隔 30~40m 搭设一道。

2）通道应搭设牢固，铺设严密、防滑；通道宽度不小于 1.2m，栏杆高度不小于 1.2m，周边用钢板网封闭。

3）箱梁临边应设置防护栏杆，栏杆应高出作业层 1.2m，外侧用钢板网封闭严密。

4）架体拆除时，作业人员应佩戴好安全用具，站在安全地点进行操作，禁止在同一垂直面工作；操作人员应主动避让吊物，加强自我保护和相互保护；安排专人对过往人员和车辆进行交通疏导。

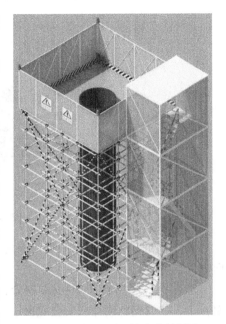

图 7-103　桥（墩）柱防护效果图

（6）预应力张拉

1）桥梁预应力张拉、孔道压浆、封堵施工必须搭设稳固的操作平台，设置防护栏杆，以防作业人员高空坠落。

2）桥梁钢绞线张拉两端必须装设防护挡板，两侧 3m 内严禁站人或通行。防护挡板应采用钢板等硬质材料制作，面积不小于 2m×2m，钢板厚度不小于 5mm；挡板基础应稳定、牢固可靠。

（7）市政施工保通措施

1）根据工程所在位置和周边环境，按照建设单位和交通管理部门的统一要求，采取措施，保证通行顺畅。

2）对施工期间的临时通道，应交通导向明确，标识清楚，必要时派专人进行交通疏导和指挥。

3）对通道进行安全防护，保证交通车辆和人流不对施工的支架、水电管线等设施造成损坏，同时施工过程中不对车辆行人造成伤害。

4）保通通道设置（图 7-104）

① 根据实际的交通流量和交通管理部门的要求确定机动车道、非机动车道的数量。

② 门架的搭设高度对于非机动车道不应低于 2.5m，机动车道不应低于 4.5m；且在保通门架机动车道前方 4m 处做工字钢限高标杆，门架长度应出桥体外 3m。

③ 门架底部设 C25 混凝土防撞墩，宽 1.0m，高 1.0m，长度根据门架长度确定。

④ 门架受力立柱采用定型钢管支撑，钢管支撑应采用配套的法兰螺栓进行连接，根据门架的高度组装成型；钢立柱根部与混凝土防撞墩采用预埋螺栓连接；钢立柱的型号及间距应由计算确定（图 7-104）。

⑤ 门洞顶部采用花纹钢板全封闭，两侧设置钢板网。防撞墩外露表面刷黄黑相间警示漆。

图 7-104　保通门架效果图

⑥ 门型通道入口前 15m 处设减速带，5m 处设限高杆。限高杆上悬挂限高、限宽、限速标识。

⑦ 限高杆采用直径 200mm 钢管，通道顶部应采用硬质防护，满铺于型钢梁（或贝雷架）上，下设钢丝网片或安全兜网。

⑧ 通道钢支柱沿行车方向距地面 1.5m 和 2.5m 处设置两道反光贴；混凝土基座外涂刷间距 200mm 的黄黑相间警示漆。

⑨ 通道内每 10m 应设置安全电压照明。

⑩ 超长通道应配备消防器材、应急道、错车位。

2. 隧道工程

（1）盾构、顶管施工基本要求

1）吊装及组装：

① 吊装及组装必须编制安全专项施工方案，经专家论证、审批后方可实施。

② 操作人员必须持证上岗，进场的设备检查验收合格后方可投入使用。

③ 吊耳、吊具应满足荷载要求，吊耳焊缝必须进行探伤检测。

④ 吊装时应划定警戒区域，夜间施工时，应增设照明与警示设施。

2）始发与接收

① 进入始发与接收施工前，施工单位应组织参建各方进行施工条件的节点验收。

② 始发与接收前，应做好应急物资及设备的准备工作，并适时进行演练。

3）洞内管线

① 隧道内管线布置主要包括：高压电缆、循环水管、机车轨道、人行踏板、五线照明、风管、泥浆循环管路。

② 钢材质管路每 6m 应设一个支架，每 60m 设置一个闸阀。

③ 高压电缆每 6m 应设一个挂钩，高压电缆接头处应放置在人行踏板下部，做防水处理。

④ 人行走道板每 3m 应设置一个支架，护栏高度 1.2m。

⑤ 五线照明线路每 6m 应设一个支架，线路高度不得低于 2.5m。

⑥ 隧道顶部安装风管挂钩，每 3m 应设置一个。

4）应急照明

① 隧道内照明应采取低压照明，每隔 15m 安装应急灯，失电照明时间不得少于 2h（图 7-105）。

② 隧道内应急灯必须定期检查，及时更换不能正常工作的应急灯。

5）洞内通风

① 压入式通风机应安装在距隧道洞口 30m 以外的上风口。

② 隧道内空气质量、气体含量等应定期检测。

6）通信联络：隧道内外应保持通信联络畅通，通信系统必须定期检查，设备损坏的应及时更换。地面应设置信息监控室。

7）隧道内应急管理

① 隧道内应建立应急救援体系。

② 对可能存在的冒顶、坍塌、突泥涌水、火灾、爆炸、建筑物沉降、管线破坏等风险事态制定专项应急预案，适时组织演练。

③ 保证应急物资及设备的储备，不得随意挪用，定期检查，及时补充和更新，记录留存备查。

图 7-105　隧道照明及人行通道效果图

8）安全告知

① 施工现场须在入井醒目位置悬挂"入井人员十不准""入井人员十注意""入井人员十禁止""重大危险源公示牌""重大危险源验收牌"等安全警示牌。

② 下井作业人员必须严格遵照"十不准""十注意""十禁止"的规定执行。

9）门禁系统

① 在进入隧道入口处应设置门禁系统，并派专人值守。

② 作业人员必须凭实名制通行卡进入。

③ 外部参观人员应在项目管理人员陪同下方可进入，并进行登记管理。

④ 严禁携带易燃易爆物品进入隧道（图 7-106）。

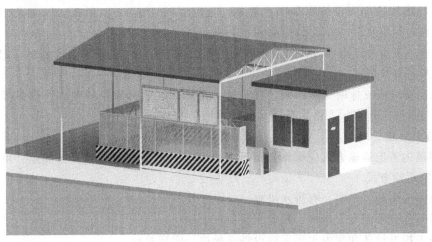

图 7-106　门禁系统效果图

（2）暗挖施工基本要求

1）竖井、隧道开挖

① 施工前应根据工程水文地质条件、周边环境、结构特征及施工经验和技术装备等条件，编制安全专项施工方案，经专家论证、审批后方可实施。

② 井口锁口圈在井身施工前完成，挡水墙应高出地面500mm，设置安全护栏及防雨棚，人员上下楼梯随开挖深度延伸（图7-107）。

③ 竖井垂直运输系统须进行设计和验算，提升机械不得超负荷运行，吊钩等连接装置必须安全可靠。

④ 施工中应做好排水通风工作。

2）深基坑工程

① 深基坑支护的安装与拆除应严格按照安全专项施工方案实施。

② 基坑支护应满足下列功能要求：

a. 保证基坑周边建（构）筑物、地下管线、道路的安全和正常使用。

b. 保证主体地下结构的施工空间。

c. 基坑支护结构必须达到设计要求强度后，方可开挖下层土方，严禁提前开挖和超挖。施工过程中，严禁设备或重物碰撞支撑、腰梁、锚杆等基坑支护结构，不得在支护结构上放置或悬挂重物。

d. 深基坑的加固与边坡支护必须由具有相应资质的单位承担。

e. 钢支撑与围护结构之间应采取上挂或下托措施，防止脱落。

f. 支撑完成后，周边严禁堆放材料，禁止人员行走；钢支撑严禁与通道、爬梯等连接。

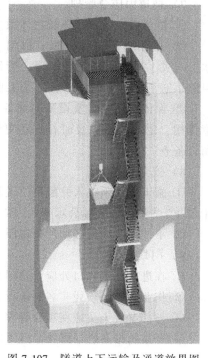

图7-107　隧道上下运输及通道效果图

g. 基坑边坡顶部应设排水和挡水措施，基坑底四周应设排水沟和集水井，并及时排除积水，满足施工、防汛等要求。采用井点降水时井口应设置防护盖板或围栏，并设置明显的警示标志。降水完成后，应及时将井填实。

h. 采用锚杆或支撑的支护结构，在未达到设计规定的拆除条件时，严禁拆除锚杆或支撑。安装与拆除工作必须严格执行现场监督（图7-108）。

3）渣土运输

① 隧道内渣土运输方式应根据隧道开挖断面、运量和挖运机械设备确定，可采用有轨运输或无轨运输方式。

② 道路应平整、坚实，有排水措施。

③ 运输作业须由专人指挥，作业人员持证上岗。

④ 渣土提升设备和洞内水平运输设备必须进行定期检修。

⑤ 洞内运输线路两侧的废渣余料等应随时清理。

4）洞内管线

① 洞内管线主要包括供风管、供水管、排水管、通风管及电力线等。

② 电力线与通风管应分两侧设置，风管、水管应设置在电力线下方；风管、水管宜设置在隧道 1.2m 高处；电力线与通风管宜设置在隧道顶部。

③ 所有管线须固定牢固，电力线固定点必须采取绝缘措施。

④ 所有管线应随开挖作业面的延伸，同步敷设。

5）洞内施工应急管理

① 建立应急救援体系。

② 对可能存在的冒顶、坍塌、突泥涌水、火灾、爆炸、建筑物沉降、管线破坏等风险事态制定专项应急预案，适时组织演练。

图 7-108　深基坑支护

③ 保证应急物资及设备的储备，不得随意挪用，定期检查，及时补充和更新，记录留存备查（图 7-109）。

图 7-109　应急物资准备

6）洞内通风及气体检测：

① 隧道施工应采用机械通风，编制通风专项方案。

② 洞内通风应满足各作业面需要的最大风量，每人应供应新鲜空气 $3m^3/min$，采用内燃机械作业时，供风量不宜小于 $3m^3/min \cdot kW$。

③ 为防止施工过程中有害气体超限对作业人员造成危害，施工过程中必须加强气体检测，做好各种有害气体浓度变换的记录，根据通风气体检测结果及时调整优化通风方案。如遇特殊情况必须立即采取应急措施。

7）洞内照明：

① 洞内照明宜采用双回路电源，电源电压不得超过 36V，并有可靠切断装置。

② 洞内宜每隔 10m 安装应急灯，失电照明不少于 2h。

③ 应急灯必须定期检查，及时更换。

8）门禁系统遵照隧道工程相关规定执行。

3. 道路工程

（1）施工围挡（图 7-110）：

1）装配式围挡：

① 装配式围挡长度根据工程现场情况按设计要求布设。

② 围挡安装要求牢固、美观，保证施工作业人员和周边行人的安全。

③ 围挡外侧底部应粘贴黄黑相间的警示反光标；顶部应设置警示灯、照明灯。

④ 禁止靠围挡堆放物料、器具等；禁止用围挡做挡土墙、挡水墙或超高宣传牌（含广告牌）、机械设备等支撑体。

⑤ 工程结束前，不得随意拆除围挡。当需拆除时，应设置临时围挡并符合相关要求。

2）移动式水马：

① 根据工程特点和周边环境，选用恰当形式和高度的水马（图 7-111），并应连续设置。

② 水马外侧应在统一高度设置红白相间的警示反光标。

图 7-110　施工围挡

图 7-111　移动水马

3）防撞桶：

① 防撞桶内应灌水或砂子等配载物，不应有破损泄露。

② 桶体外表面颜色为黄色，无裂纹及明显的划痕、损伤、颜色不均或变形。

③ 防撞桶宜设置在快速路、立体交通分流处的三角地带、桥梁护栏端头、桥墩的迎车面或中央隔离带混凝土隔离设施的起始端等处，起到隔离警示及防撞的作用，如图 7-112 所示。

4）路锥：

① 路锥应沿车行道分界线设置；当无车行道分界线时，应确保作业区域的安全距离。

② 每一个路锥布置间距应为 3~5m，以确保安全为宜（图 7-113 和图 7-114）。

（2）施工便桥：在工程上，底宽 3m 以内且底长大于宽 3 倍以上的为沟槽；开挖沟槽时，根据需求设置人行便桥或方便车辆通行的钢便桥。

1）人行便桥：

① 人行便桥应采用型钢制作，桥面铺设花纹钢板，防护栏杆高度不低于 1.2 m（图 7-115）。

② 应根据现场情况对沟槽边坡进行处理，保证边坡稳定。

③ 应设置限载、限机动车辆等警示标志。

图 7-112　防撞桶　　　　　　　　　　　　　　　图 7-113　路锥

图 7-114　水马、防撞桶及路锥综合应用

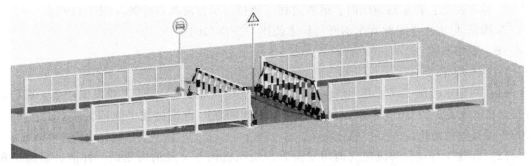

图 7-115　人行便桥效果图

2）钢便桥：

① 在施工现场，根据需要设置方便车辆通行的钢便桥（图 7-116）。

② 钢便桥的使用应经过设计和验算。

③ 应对边坡进行处理，保证边坡稳定。

④ 应设置限载、防坠等警示标志。

3）作业区交通疏导：一般分预告标志、导向标志、限制速度标志三种。

① 预告标志：在距离作业区前 300m 和 150m 处分别设置预告标志，以警告行驶车辆（图 7-117 和图 7-118）。

图 7-116　钢便桥效果图

图 7-117　预告标志效果图（一）

图 7-118　预告标志效果图（二）

② 导向标志：在车道封闭时，通告过往车辆按指示方向改道行驶（图 7-119）。

③ 限速 标志：主要配合车辆慢行标志使用（图 7-120）。

7.4.16　现场消防

1. 基本规定

（1）在建工程施工现场必须严格按照《中华人民共和国消防法》《建设工程施工现场消防安全技术规范》（GB 50720—2011）、《施工现场临时建筑物技术规范》（JGJ T 188—2009）等有关规定执行。

（2）在建工程项目部应建立消防安全管理组织机构及义务消防组织，并应针对施工现场可能导致火灾发生的施工作业及其他活动，制定消防安全管理制度。应单独编制施工现场消防安全专项方案、应急疏散预案及消防总平面布置图，并经分公司、项目经理部（主任工程师）审批通过。

图 7-119　导向标志效果图　　　　　图 7-120　限速标志效果图

（3）施工现场出入口的设置应满足消防车通行的要求，并宜布置在不同方向，其数量不宜少于 2 个。临时用房、临时设施的布置应满足现场防火、灭火及安全疏散的要求（图7-121）。

（4）生活区及办公区室内宜设置烟感报警系统。

（5）施工现场应设置灭火器、临时消防给水系统和应急照明系统，临时消防设施应与在建工程的施工同步设置，消防给水系统未覆盖区域必须设置消防储水设施及灭火器。

（6）施工现场的消火栓泵应采用专用的消防配电线路，专用消防配电线路应自施工现场总配电箱的总断路器上端接入，且应保持不间断供电。

（7）施工现场的重点防火部位或区域应设置防火警示标识，施工现场严禁吸烟。

图 7-121　消防车通道

（8）施工现场办公区、生活区、生产区、材料存放区等功能性区域应相对独立，防火间距应满足以下要求：

1）易燃易爆危险品库房与在建工程的间距不应小于 15m，可燃材料堆场及其加工区、固定动火作业场与在建工程的防火间距不应小于 10m，其他临时设施与在建工程的防火间距不应小于 6m。

2）施工现场主要临时用房、临时设施的防火间距不应小于消防要求的规定。

（9）施工现场内应设置临时消防车通道，临时消防车通道宜为环形，设置环形车道确有困难时，应在消防车通道尽端设置尺寸不小于 12m×12m 的回车场。下列建筑应设置临时消防救援场地：

1）建筑高度大于 24m 的在建工程。

2）建筑工程单体占地面积大于 3000m² 的在建工程。

3）超过 10 栋，且成组布置的临时用房。

（10）临时消防救援场地的设置应符合下列规定：

1）临时消防救援场地应在在建工程装饰装修阶段设置。

2）临时消防救援场地应设置在成组布置的临时用房场地的长边一侧及在建工程的长边一侧。

3）临时消防救援场地宽度应满足消防车正常操作要求，且不应小于 6m，与在建工程外脚手架的净距不宜小于 2m，且不宜超过 6m。

（11）消防车通道其净宽度和净高度均不应小于 4m。临时消防车通道与在建工程、临时用房、可燃材料堆场及其加工场的距离不宜小于 5m，且不宜大于 40m。临时消防车通道必须保证畅通。

（12）施工现场应设置灭火器、临时消防给水系统和应急照明等临时消防设施，其布局应合理，并经常检查、维护、保养，保证灭火器材灵敏有效（图 7-122）。

图 7-122　消防展示柜

2. 建筑防火

（1）临时用房：

1）临时用房建筑构件的燃烧性能等级应为 A 级。当采用金属夹芯板材时，其芯材的燃烧性能等级应为 A 级。建筑层数不超过 2 层，每层建筑面积不应大于 300m³。单面布置用房时，疏散走道的净宽度不应小于 1.0m；双面布置用房时，疏散走道的净宽度不应小于 1.5m。

2）发电机房、变配电房、厨房操作间、锅炉房、可燃材料库房及易燃易爆危险品库房的建筑构件的燃烧性能等级应为 A 级。层数为 1 层，建筑面积不应大于 200m²。可燃材料库房单个房间的建筑面积不应超过 30m²，易燃易爆危险品库房单个房间的建筑面积不应超过

$20m^2$，可燃、易燃易爆危险品库房颜色应为白色。

3）其他防火设计应符合下列规定：

① 宿舍、办公用房不应与厨房操作间、变配电房等组合建造。

② 会议室、文化娱乐室等人员密集的房间应设置在临时用房的第一层，其疏散门应向疏散方向开启。

临时用房消火栓配备如图 7-123 所示。

（2）在建工程：

1）在建工程作业场所的临时疏散通道应采用不燃、难燃材料建造，并应与在建工程结构施工同步设置，也可利用在建工程施工完毕的水平结构、楼梯。

2）在建工程作业场所临时疏散通道的设置应符合下列规定：

① 耐火极限不应低于 0.5h。

② 设置在地面上的临时疏散通道，

图 7-123　临时用房消火栓配备

其净宽度不应小于 1.5m；利用在建工程施工完毕的水平结构、楼梯做临时疏散通道时，其净宽度不宜小于 1.0m；用于疏散的爬梯及设置在脚手架上的临时疏散通道，其净宽度不应小于 0.6m。

③ 临时疏散通道为坡道，且坡度大于 25°时，应修建楼梯或台阶踏步或设置防滑条。

④ 临时疏散通道应设置明显的疏散指示标识及应急照明设施。

3）既有建筑进行扩建、改建施工时，必须明确划分施工区和非施工区。施工区不得营业、使用和居住；非施工区继续营业、使用和居住时应符合下列规定：

① 施工区和非施工区之间应采用不开设门、窗、洞口的耐火极限不低于 3.0h 的不燃烧体隔墙进行防火分隔。

② 非施工区内的消防设施应完好和有效，疏散通道应保持畅通，并应落实日常值班及消防安全管理制度。

③ 施工区的消防安全应配有专人值守，发生火情应能立即处置。

④ 施工单位应向居住和使用者进行消防宣传教育，告知建筑消防设施、疏散通道的位置及使用方法，同时应组织疏散演练。

⑤ 外脚手架搭设不应影响安全疏散、消防车正常通行及灭火救援操作，外脚手架搭设长度不应超过该建筑物外立面周长的 1/2。

4）作业场所应设置明显的疏散指示标志，其指示方向应指向最近的临时疏散通道口。作业层的醒

图 7-124　在建工程消防设施配备

目位置应设置安全疏散效果图。

5）在建工程消防设施配备按照规定配备（图7-124）。

3. 临时消防设施

（1）灭火器的设置：

1）灭火器的类型应与配备场所可能发生的火灾类型相匹配。

2）灭火器的配置数量应符合《建筑灭火器配置设计规范》（GB 50140—2005）的有关规定，且每个场所的灭火器数量不应少于2具。操作层或要害部位应配备不少于4具（图7-125）。

3）灭火器的最大保护距离根据不同场所、不同物质火灾控制在6~25m。

（2）临时消防给水系统设置：

1）消防水源可采用市政给水管网或天然水源。当外部水源不能满足施工现场的临时消防用水量要求时，应在施工现场设置临时储水池，其有效容积不应小于施工现场火灾延续时间内一次灭火的全部消防用水量。临时消防用水量应为临时室外消防用水量与临时室内消防用水量之和。

图7-125　现场消防设施配备

2）建筑高度大于24m或单体体积超过30000m³的在建工程，应设置临时室内消防给水系统（图7-126）。

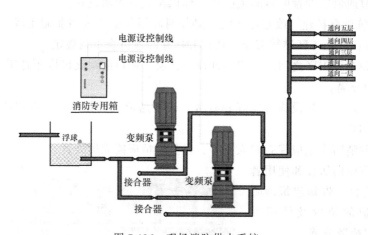

图7-126　现场消防供水系统

3）在建工程临时室内消防竖管的管径不得小于DN100，各结构层楼梯处应设置室内消火栓和消防软管接口，位置明显且易于操作。消水栓间距多层建筑、高层建筑不应大于30m。消火水压在操作层应满足消防水枪充实水柱长度不小于10m的要求。

4）高度超过100m的在建工程，应在适当楼层增设临时中转水池及加压泵，中转水池的有效容积不应少于10m³，上、下两个中转水池的高差不宜超过100m（图7-127）。

5）严寒和寒冷地区的现场临时消防给水系统应采取防冻措施。

（3）应急设施：

1）施工现场的下列场所应配备临时应急照明：①自备发电机房及变配电房；②水泵房；③无天然采光的作业场所及疏散通道；④高度超过 100m 的在建工程的室内疏散通道；⑤发生火灾时仍需坚持工作的其他场所。

2）作业场所应急照明的照度不应低于正常工作所需照度的 90%，疏散通道的照度值不应小于 0.5lx。

图 7-127 现场消防水箱

3）临时消防应急照明灯具宜选用自备电源的应急照明灯具，自备电源的连续供电时间不应小于 60min（图 7-128）。

4）地下工程的施工作业业场所宜配备防毒面具（图 7-129）。

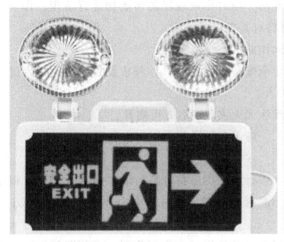

图 7-128 消防应急灯

图 7-129 防毒面具

4. 防火管理

（1）施工现场应建立消防安全管理组织机构及义务消防组织，并应针对施工现场可能导致火灾发生的施工作业及其他活动，制定消防安全管理制度、编制施工现场防火技术方案和施工现场灭火及应急疏散预案并经分公司、项目经理部（主任工程师）审批。

（2）施工单位应依据灭火及应急疏散预案，定期开展灭火及应急疏散的演练。

（3）施工单位应做好并保存施工现场消防安全管理的相关文件和记录，并应建立现场消防安全管理档案。

（4）用于在建工程保温、防水、装饰及防腐等材料的燃烧性能等级应符合设计要求。

（5）可燃材料及易燃易爆危险品应按计划限量进场。进场后可燃材料宜存放于库房内，露天存放时，应分类成垛堆放，垛高不应超过 2m，单垛体积不应超过 $50m^3$，垛与垛之间的最小间距不应小于 2m，且应采用不燃或难燃材料覆盖；易燃易爆危险品应分类专库储存，库房内应通风良好，并应设置严禁明火标志（图 7-130）。

（6）室内使用油漆及其有机溶剂、乙二胺、冷底子油等易挥发产生易燃气体的物资作业时，应保持良好通风，作业场所严禁明火，并应避免产生静电。

（7）施工产生的可燃、易燃建筑垃圾或余料，应及时清理。

（8）施工现场用火应符合下列规定：

1）动火作业应办理动火许可证；动火许可证的签发人收到动火申请后，应前往现场查验并确认动火作业的防火措施落实后，再签发动火许可证。

2）动火操作人员应具有相应资格。

图 7-130　可燃物堆放

3）焊接、切割、烘烤或加热等动火作业前，应对作业现场的可燃物进行清理；作业现场及其附近无法移走的可燃物应采用不燃材料对其覆盖或隔离。

4）裸露的可燃材料上严禁直接进行动火作业。

5）焊接、切割、烘烤或加热等动火作业应配备灭火器材等，并应设置动火监护人进行现场监护，每个动火作业点均应设 1 名监护人。

6）动火作业后，应对现场进行检查，确认无火灾危险后方可离开。

7）具有火灾、爆炸危险的场所严禁明火，施工现场严禁采用明火取暖。

（9）施工现场用电应符合下列规定：

1）施工现场供用电设施的设计、施工、运行和维护应符合现行国家标准《建设工程施工现场供用电安全规范》GB 50194 及行业标准《施工现场临时用电安全技术规范》JGJ 46 的有关规定。

2）在易燃易爆及潮湿环境区域内进行用电设备检修或更换工作时，必须断开电源，严禁带电作业。

3）施工现场使用的电气设备必须符合防火要求，配电箱内不准存放易燃、可燃材料及其他物品，严禁超负荷使用电气设备。

4）可燃材料库房不应使用高热灯具，易燃易爆危险品库房内应使用防爆灯具；普通灯具与易燃物的距离不宜小于 300mm，聚光灯、碘钨灯等高热灯具与易燃物的距离不宜小于 500mm。

（10）施工现场用气应符合下列规定：

1）储装气体的罐瓶及其附件应合格、完好和有效；严禁使用减压器及其他附件缺损的氧气瓶，严禁使用乙炔专用减压器、回火防止器及其他附件缺损的乙炔瓶。

2）氧气瓶、乙炔瓶工作间距不小于 5m，两瓶与明火作业距离不小于 10m。建筑工程内禁止氧气瓶、乙炔瓶混合存放，禁止使用液化石油气"钢瓶"。氧气瓶内剩余气体的压力不应小于 0.1MPa（图 7-131）。

7.4.17 安全教育体验区

（1）在开工前应布置安全体验区，作为员工入场教育基地。

（2）安全体验区的各项体验设施应确保牢固、安全可靠。

（3）安全体验区要有专人管理与讲解。

（4）每项体验设施均应有安全体验交底或使用说明。

（5）安全帽撞击体验如图 7-132 所示、安全带使用体验如图 7-133 所示、洞口坠落体验如图 7-134 所示、综合用电体验如图 7-135 所示。

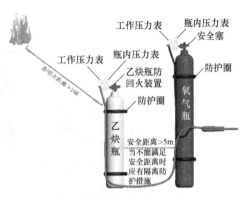

图 7-131 气割（焊）设备

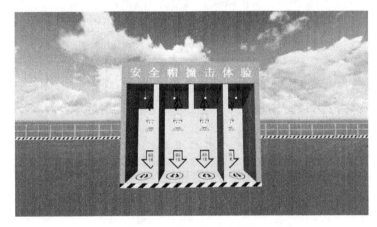

图 7-132 安全帽撞击体验

图 7-133 安全带使用体验

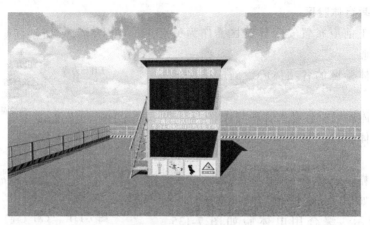

图 7-134 洞口坠落体验

图 7-135 综合用电体验

第8章 职业健康安全与环境管理

8.1 建筑工程职业健康安全与环境管理的特点

依据建设工程产品的特性,建设工程职业健康安全与环境管理有以下特点:

(1) 复杂性:建设项目的职业健康安全和环境管理涉及大量的露天作业,受到气候条件、工程地质和水文地质、地理条件和地域资源等不可控因素的影响较大。

(2) 多变性:一方面是项目建设现场材料、设备和工具的流动性大;另一方面由于技术进步,项目不断引入新材料、新设备和新工艺,这都加大了相应的管理难度。

(3) 协调性:项目建设涉及的工种甚多,包括大量的高空作业、地下作业、用电作业、爆破作业、施工机械、起重作业等较危险的工程,并且各工种经常需要交叉或平行作业。

(4) 持续性:项目建设一般具有建设周期长的特点,从设计、实施直至投产阶段,诸多工序环环相扣。前一道工序的隐患,可能在后续的工序中暴露,酿成安全事故。

(5) 经济性:产品的时代性、社会性与多样性决定环境管理的经济性。

(6) 多样性:产品的时代性和社会性决定了环境管理的多样性。

8.2 建筑工程职业健康安全与环境管理体系

8.2.1 职业健康安全管理体系标准要点

职业健康的结构系统,由"职业健康安全方针→策划→实施与运行→检查和纠正措施→管理评审"五大要素构成的动态循环过程组成。

(1) 环境的概念是指组织运行活动的外部存在,包括空气、水、土地、自然资源、植物、人,以及它(他)们之间的相互关系。

(2) 环境管理体系的结构系统由"环境方针→策划→实施与运行→检查与纠正措施→管理评审"五大要素构成的动态循环过程组成。环境管理体系不必成为独立的管理系统,而应纳入组织整个管理体系中。

8.2.2 施工职业健康安全与环境管理的目的

建设工程施工职业健康安全管理的目的是,在建设工程项目中,尽可能防止和减少生产安全事故、保护产品生产者的健康与安全、保障人民群众的生命和财产免受损失;控制影响工作场所内员工、临时工作人员、合同方人员、访问者和其他有关部门人员健康和安全的条件和因素;考虑和避免因管理不当对员工健康和安全造成的危害。

8.2.3 建设工程施工环境管理的目的

(1) 环境管理的目的是保护生态环境,使社会的经济发展与人类的生存环境相协调。

(2) 对于建设工程项目,施工环境保护主要是指保护和改善施工现场的环境。

8.3　建筑工程职业健康安全与环境管理的要求

1. 施工职业健康安全管理的基本要求

（1）坚持"安全第一、预防为主"和防治结合的方针，建立职业健康安全管理体系并持续改进职业健康安全管理工作。

（2）施工企业的法定代表人是安全生产的第一负责人，项目经理是施工项目生产的主要负责人。项目负责人和专职安全生产管理人员应持证上岗。

（3）在工程的设计阶段，对于采用新结构、新材料、新工艺的建设工程和特殊结构的建设工程，设计文件中应提出保障施工作业人员安全和预防生产安全事故的措施和建议。

（4）建设工程实行总承包的，由总承包单位对施工现场的安全生产负总责并自行完成工程主体结构的施工；分包单位应当接受总承包单位的安全生产管理，分包合同中应当明确各自的安全生产方面的权利、义务。分包单位不服从管理导致生产安全事故的，由分包单位承担主要责任，总承包和分包单位对分包工程的安全生产承担连带责任。

（5）要明确和落实工程安全环保设施费用、安全施工和环境保护措施等各项费用。

（6）施工企业应按有关规定必须为从事危险作业的人员在现场工作期间办理意外伤害保险。

（7）现场应将生产区与生活、办公区分离。

2. 施工环境管理的基本要求

建设工程项目中防治污染的设施，必须与主体工程同时设计、同时施工、同时投产使用。

3. 职业健康安全管理体系与环境管理体系的建立步骤

职业健康安全管理体系与环境管理体系的建立步骤为领导决策→成立工作组→人员培训→初始状态评审→制定方针、目标、指标和管理方案→管理体系策划与设计→体系文件编写→文件的审查、审批和发布

4. 体系文件编写

体系文件的内容包括：管理手册（纲领性文件）；程序文件；作业文件［作业文件是指管理手册、程序文件之外的文件，一般包括作业指导书（操作规程）、管理规定、监测活动准则及程序文件引用的表格］。

5. 职业健康安全管理体系与环境管理体系的维持

（1）内部审核：内部审核是施工企业对其自身的管理体系进行的审核，是对体系是否正常进行以及是否达到了规定的目标所做的独立的检查和评价，是管理体系自我保证和自我监督的一种机制。

（2）管理评审：管理评审是由施工企业的最高管理者对管理体系的系统评价，判断企业的管理体系面对内部情况的变化和外部环境是否充分适应有效，由此决定是否对管理体系做出调整，包括方针、目标、机构和程序等。

（3）合规性评价：①公司级评价，每年进行一次；②项目组级评价，≥1 次/半年。

8.4　职业卫生

8.4.1　建筑业职业病

1. 建筑业存在的职业病

（1）职业中毒：

1）铅及其化合物中毒（蓄电池、油漆、喷漆等）。

2）汞及其化合物中毒（仪表制作）。

3）锰及其化合物中毒（电焊、锰铁、锰钢冶炼）。

4）磷及其化合物中毒（不包括磷化氢、磷化锌、磷化铝）。

5）砷及其化合物中毒（不包括砷化氢）。

6）二氧化硫中毒（酸洗、硫酸除锈、电镀）。

7）氨中毒（晒图）。

8）氮氧化合物中毒（接触硝酸、TNT 炸药、锰烟）。

9）一氧化碳中毒（煤气管道修理、冬期取暖）。

10）二氧化碳中毒（接触煤烟）。

11）硫化氢中毒（下水道作业工人）。

12）四乙基铅中毒（含铅油库、驾驶、汽修）。

13）苯中毒（油漆、喷漆、烤漆、浸漆）。

14）甲苯中毒（油漆、喷漆、烤漆、浸漆）。

15）二甲苯中毒（油漆、喷漆、烤漆、浸漆）。

16）汽油中毒（驾驶、汽修、机修、油库工等）。

17）氯乙烯中毒（粘接、塑料、制管、焊接、玻纤瓦、热补胎）。

18）苯的氨基及硝基化合物中毒（不包括三硝基甲苯）。

19）三硝基甲苯中毒（放炮、装炸药）。

（2）尘肺：

1）矽肺（石工、风钻工、炮工、出碴工等）。

2）石墨尘肺（铸造）。

3）石棉肺（保温及石棉瓦拆除）。

4）水泥尘肺（水泥库、水泥装卸）。

5）铝尘肺（铝制品加工）。

6）电焊工尘肺（电焊）。

7）铸工尘肺（浇铸工）。

（3）物理因素职业病：

1）中毒（夏天高温作业、锅炉工）。

2）减压病（潜涵作业、沉箱作业）。

3）局部振动病（制管、振动棒、风铆、电钻、校平）。

（4）职业性皮肤病：

1）接触性皮炎（中国漆、酸碱）。

2）光敏性皮炎（沥青、煤焦油）。

3）电光性皮炎（紫外线）。

4）黑变病（沥青熬炼）。

5）痤疮（沥青）。

6）溃疡（铬、酸、碱）。

（5）职业性眼病：

1）化学性眼部烧伤（酸、碱、油漆）。

2）电光性眼炎（紫外线、电焊）。

3）职业性白内障，含放射性白内障（激光）。

（6）职业性耳鼻喉口腔疾病：

1）噪声聋（铆工、校平、气锤）。

2）铬鼻病（电镀作业）。

（7）职业性肿瘤：

1）石棉所致肺癌、间皮癌（保暖工及石棉瓦拆除）。

2）苯所致白血病（接触苯及其化合物油漆、喷漆）。

3）铬酸盐制造业工人肺癌（电镀作业）。

（8）其他职业病：

1）化学灼伤（沥青、强酸、强碱、煤焦油）。

2）金属烟热（锰烟、电焊镀锌管、熔铅锌）。

3）职业性哮喘（接触易过敏的土漆、樟木、苯及其化合物）。

4）职业性病态反应性肺泡炎（接触中国漆、漆树等）。

5）牙酸蚀病（强酸）。

2. 建筑业存在的职业危害的主要工种

根据职业病的种类，建筑行业已列入有关工种和现虽尚未列入但确有职业病危害的工种相当广泛。主要工种详见表8-1。

表8-1　职业病危害工种表

有害因素分类	主要危害	次要危害	危害的主要工作
粉尘	矽尘	岩石尘、黄泥沙尘、噪声、振动、三硝基甲苯	石工、碎石机工、碎砖工、掘进工、风钻工、炮工、出碴工
		高温	筑炉工
		高温、锰、磷、铅、三氧化硫等	型砂工、喷砂工、清砂工、浇铸工、玻璃打磨等
	石棉尘	矿渣棉、玻纤尘	安装保温工、石棉瓦拆除工
	水泥尘	振动、噪声	混凝土搅拌机司机、砂浆搅拌工、水泥上料工、搬运工、料库工
		苯、甲苯，二甲苯环氧树脂	建材、建筑科研所试验工、公司材料试验工
	金属尘	噪声、金钢沙尘	砂轮磨锯工、金属打磨工、金属除锈工、钢窗校直工、钢模板校平工
	木屑尘	噪声及其他粉尘	制材工、平刨机工、压刨机工、平光机工、开榫机工、凿眼机工
	其他粉尘	噪声	生石灰过筛工、河沙运料、上料工

（续）

有害因素分类	主要危害	次要危害	危害的主要工作
铅	铅尘、铅烟、铅蒸气	硫酸、环氧树脂、乙二胺甲苯	充电工、铅焊工、熔铅、制铅板、除铅锈、锅炉管端退火工、白铁工、通风工、电缆头制作工、印刷工、铸字工、管道灌铅工、油漆工、喷漆工
四乙基铅	四乙基铅	汽油	驾驶员、汽车修理工、油库
苯、甲苯、二甲苯		环氧树脂、乙二胺、铅	油漆工、喷漆工、环氧树脂涂刷工、油库工、冷沥青涂刷工、浸漆工、烤漆工、塑料件制作和焊接工
高分子化合物	聚氯乙烯	铅及化合物、环氧树脂、乙二胺	粘接、塑料、制管、焊接、玻璃瓦、热补胎
锰	锰尘、锰烟	红外线、紫外线	电焊工、气焊工、对焊工、点焊工、自动保护焊、惰性气体保护焊、冶炼
铬氧化合物	六价铬、锌、酸、碱、铅		电镀工、镀锌工
氨			制冷安装、冻结法施工、熏图
汞	汞及其化合物		仪表安装工、仪表监测工
二氧化硫			硫酸酸洗工、电镀工、充电工、钢筋等除锈工、冶炼工
氮氧化合物	二氧化碳	硝酸	密闭管道、球罐、气柜内电焊烟雾、放炮、硝酸试验工
一氧化碳	CO	CO_2	煤气管道修理工、冬期施工暖棚、冶炼、铸造
辐射	非电离辐射	紫外线、红外线、可见光、激光、射频辐射	电焊工、气焊工、不锈钢焊接工、电焊配合工、木材烘干工、医院同位素工作人员
辐射	电离辐射	X 射线、γ 射线、α 射线、超声波	金属和非金属探伤试验工、氩弧焊工、放射科工作人员
噪声		振动、粉尘	离心制管机、混凝土振动棒、混凝土平板振动器、电锤、汽锤、铆枪、打桩机、打夯机、风钻、发电机、空压机、碎石机、砂轮机、推土机、剪板机、带锯、圆锯、平刨、压刨、模板校平工、钢窗校平工
振动	全身振动	噪声	气锻工、桩工、打桩机司机、推土机司机、汽车司机、小翻斗车司机、起重机司机、打夯机司机、挖掘机司机、铲运机司机、离心制管工
振动	局部振动	噪声	风钻工、风铲工、电钻工、混凝土振动棒、混凝土平板振动器、手提式砂轮机、钢模校平工、钢窗校平工、铆枪

3. 职业危害程度

（1）粉尘危害：一个成年人每天大约需要 $19m^3$ 空气，以便从中取得所需的氧气。如果工人在粉尘浓度高的场所作业，吸入肺部的粉尘量就会增多，当尘粒达到一定数量时，就会引起肺组织发生纤维化病变，使肺组织逐渐硬化，失去正常的呼吸功能，称为尘肺病，按发病原因，尘肺可分为五类：

1）矽肺：吸入含有游离二氧化硅（原称"矽"），粉尘而引起的尘肺称为矽肺。建筑行业中与矽接触的作业是隧道施工，凿岩、放炮、出碴、水泥制品厂的碎石、施工现场的砂石、石料加工、玻璃打磨等。

2）硅酸盐肺：吸入含有硅酸盐粉尘而引起的尘肺称为硅酸盐肺（俗称矽肺）。如石棉肺、滑石肺、水泥肺、云母肺等均属硅酸盐肺，建筑行业中接触较多的是水泥尘和石棉尘。

接触石棉尘，不仅容易发生硅酸盐肺，而且可能导致石棉癌。

3）混合性尘肺：吸收含有游离一氧化硅粉尘和其他粉尘而引起的尘肺的称为混合性尘肺。如建筑业、机械制造、修理的翻砂、铸造等作业。

4）焊工尘肺：电焊烟尘的成分比较复杂，但其主要成分是铁、硅、锰。其中主要毒物是锰、铁、硅等。毒性虽然不大，但其尘粒极细（$5\mu m$ 以下）在空气中停留时间较长，容易吸入肺内。特别是在密闭容器及通风除尘差的地方作业，将对焊工的健康造成危害，尘肺就是其中之一。

5）其他尘肺：吸入其他粉尘而引起的尘肺称为其他尘肺。如金属尘肺、木屑尘肺均属其他尘肺。吸入铬、砷等金属粉尘，还可患呼吸系统肿瘤。

患尘肺的发病率取决于作业场所的粉尘浓度高低和粉尘粒子大小。凡浓度越高、尘粒越小，危害越大，发病率越高。对人体危害最大的是直径 $5\mu m$ 以下的细微尘粒，因其可长时间悬浮在空气中，所以最容易被作业人员吸入肺部而患职业性尘肺病。

（2）毒物危害：在生产过程中，毒物进入人体的主要途径是经呼吸道或皮肤进入，经过消化道者极少。

1）经呼吸道进入：是生产毒物进入人体的主要途径，因为整个呼吸道都能吸收毒物；尤其肺泡的吸收能力最大；而肺泡壁表面为含碳酸的液体所湿润，并有丰富的微血管，所以肺泡对毒物的吸收极其迅速。

2）皮肤进入：经皮肤吸收毒物有三种，即通过表皮屏障，通过毛囊，极少通过汗腺导管进入人体。

3）经消化道进入：这种途径极少见，大多是由不遵守卫生制度引起，如工人在有毒的车间进食或用污染了毒物的手取食物，或者由于误食所致。

（3）窒息性气体危害

1）窒息性气体是指进入人体后，使血液的运氧能力或组织利用氧的能力发生障碍，结果造成身体组织缺氧的一种有害气体。常见的窒息性气体有一氧化碳、硫化氢和氰化物。

2）一氧化碳为无色、无味、无刺激性气体，相对密度 0.967，几乎不溶于水，空气中含量达到 12.5% 时可发生爆炸，同时也是含碳不完全燃烧的物质。在建筑业常见的是工地取暖或加热煤炉和宿舍取暖煤炉，由于门窗密闭，易发生一氧化碳中毒。

3）一氧化碳的急性中毒最常见：

① 轻度中毒：主要表现为头痛、头晕、恶心、呕吐、全身无力，只要脱离现场，吸入新鲜空气，症状即可消失。

② 中度中毒：除上述症状外，初期或有多汗、烦躁、脉搏快等反应，很快进入昏迷状态；如抢救及时，可较快苏醒。

③ 重度中毒：吸入高浓度一氧化碳，患者突然昏倒，迅速进入昏迷，经及时抢救可逐渐恢复，时间长了可能窒息死亡。

一氧化碳的急性中毒预防措施：主要是搞好通风设施，煤炉要严加看管。

（4）铅中毒：铅是通过呼吸道吸入人体的。其特点是吸收快毒性大，靠其他途径侵入所占的比例很小。

中毒表现大多为慢性中毒，一般常有疲乏无力、口中金属味、食欲不振、四肢关节肌肉酸痛等。随着病情加重可累及各系统。

1）神经系统：神经衰弱症候群是出现较早的症状，如头痛、头昏、疲乏无力、记忆力减退、睡眠障碍（失眠）、烦躁、关节酸痛等。

2）消化系统：常见的有食欲不振、口内有金属味，腹部不适、隐痛、腹泻或便秘，甚至可出现腹部绞痛。

3）血液系统：铅中毒时，少数患者可出现轻度贫血，经驱铅治疗后迅速恢复。

（5）锰中毒：

1）锰是一种灰白色硬脆的金属，用途广泛，在建筑施工中主要是各类焊工及其配合工接触。焊条中含锰约 10%～50%。焊接时发生大量的锰烟尘。车间焊接作业场空气中锰烟尘浓度为 3.36mg/m^3（超标 17 倍）；工地简易焊接工棚，房屋低矮，空间狭小，通风不良，锰烟尘浓度高达 4.43mg/m^3（超标 22 倍）；在密闭性球罐、气柜、水箱及工业管道内焊接，锰烟尘浓度高达 49.27mg/m^3（超标 246 倍）。锰蒸汽在空气中能很快地氧化成灰色的一氧化锰（MnO）及棕红色的四氧化三锰（Mn$_3$O$_4$）烟。长期吸入超过允许浓度的锰及其化合物的微粒和蒸汽，则可能造成锰中毒。

2）焊工的锰中毒，主要是发生在高锰焊条和高锰钢焊接中，发病较慢，大多在接触 3～5 年以后，甚至可长达 20 年才逐渐发病。初期表现为疲劳乏力，时常头痛头晕、失眠，记忆力减退以及植物神经功能紊乱。

3）锰中毒主要是锰的化合物引起的，急性锰中毒较为少见，如连续焊接吸入大量氧化锰时，也可发生"金属烟雾热"。电焊工人如在作业环境通风不良的管道、坑道、球罐、水箱内焊接，可能出现头痛、恶心、寒颤、高热以及咽痛、咳嗽、气喘等症状。

（6）苯中毒：在建筑施工中，油漆、环氧树脂、冷沥青、塑料以及喷漆、粘接、机件的浸洗等，均用苯作为有机溶剂、稀释剂和清洗剂。有些黏接剂含苯、甲苯或丙酮的浓度高，容易发生急性苯中毒。

苯中毒的表现为：

1）急性中毒：通风不良，而又无有效的个人防护用品时，最易发生急性中毒，主要是中枢神经系统的麻醉作用。严重者，神志突然丧失，迅速昏迷、抽风、脉搏减弱、血压降低、呼吸急促、表浅，以至呼吸循环衰竭，如抢救及时，多数可以恢复，若不及时，可因呼吸中枢麻痹而死亡。

2）慢性中毒：长期吸入低浓度的苯蒸汽，可能造成慢性苯中毒，女性可出现月经过多。部分病人可出现红细胞减少和贫血，有的甚至出现再生不良或再生障碍性贫血，个别患者也有发生白血病的。此外，接触苯的工人，可以出现皮肤干燥发红、疱疹、皮炎、湿疹和毛囊炎等，并且苯还可以对肝脏有损害作用。

（7）放射线伤害：建筑施工中常用 X 射线和 γ 射线，进行工业探伤、焊缝质量检查照片等，放射性伤害主要是可使接受者出现造血障碍，白血球减少，代谢机能失调，内分泌障碍，再生能力消失，内脏器官变性，女职工产生畸形婴儿等。

（8）噪声危害：在《工业企业噪声卫生标准》中规定：新建企业、车间的噪声标准不准超过 85dB（A）。对于现有企业，考虑到经济、技术条件和技术可能性，可暂定 85dB（A）。

1）噪声。施工及构件加工过程中，存在着多种无规律的音调和使人听之生厌的杂乱声音。

① 机械性噪声：即由机械的撞击、摩擦、敲打、切削、转动等而发生的噪声。如风钻、风铲、混凝土搅拌机、混凝土振动器、离心制管机；木材加工的带锯、圆锯、平刨；金属加工的车床；钢模板及钢窗校平等发生的噪声。

② 空气动力性噪声：如通风机、鼓风机、空气压缩机、铆枪、空气锤打桩机、电锤打桩机等发出的噪声。

③ 电磁性噪声：如发电机、变压器等发出的噪声。

④ 爆炸性噪声：如放炮作业过程中发出的噪声。

2）噪声不仅损害人的听觉系统，造成职业性耳聋、爆炸性耳聋，严重者可鼓膜出血；而且造成神经系统及植物神经功能紊乱、胃肠功能紊乱等。

（9）振动危害

1）建筑行业产生振动危害的作业主要有：风钻、风铲、铆枪、混凝土振动器、锻锤打桩机、汽车、推土机、铲运机、挖掘机、打夯机、拖拉机、小翻斗车、离心制管机等。

2）振动危害分为局部症状和全身症状：局部症状主要是手指麻木、胀痛、无力、双手震颤、手腕关节骨质变形、指端白指和坏死等；全身症状主要是脚部周围神经和血管的改变，肌肉触痛，以及头晕、头痛、腹痛、呕吐、平衡失调及内分泌障碍等。

（10）弧光辐射的危害：对建筑施工来说主要是紫外线的危害。适量的紫外线对人的身体健康是有益的。但长时间受焊接电弧产生的强烈紫外线照射对人的健康是有一定危害的。手工电弧焊、氩弧焊、二氧化碳气体保护焊和等离子弧焊等作业，都会产生紫外线辐射。其中二氧化碳气体保护焊弧光强度是手工电弧焊的 2~3 倍。紫外线对人体的伤害是由于光化学作用，主要造成对皮肤和眼睛的伤害。

8.4.2 高温作业

1. 高温作业的概念

在建筑施工中露天作业，常可遇到气温高、湿度大、强热辐射等不良气象条件。如果施工环境气温超过 35℃ 或辐射强度超过 $1.5cal/cm^2 \cdot min$，或气温在 30℃ 以上、相对湿度 80% 的作业，称为高温作业。

2. 高温作业对人体的影响

（1）体温和皮肤温度。（体温升高是体温调节障碍的主要标志）。

（2）水盐代谢的改变。

（3）循环系统的改变。

（4）消化系统的改变。

（5）神经系统的改变。

（6）泌尿系统的改变。

3. 中暑的特征

中暑可分为热射病、热痉挛和日射病。但在临床往往难以严格区别，而且常以混合式出现，故统称为中暑。

在实际工作中遇到中暑的病例，常常是三种类型的综合表现。中暑的原因很复杂，并不单纯由太阳照射头部而引起，而与劳动量大小、水盐丧失情况、营养状况、性别（女多于男）等条件有密切关系，症状虽然有日射病的表现，但常伴有体温升高，有时还有肌肉痉挛现象。

第9章 安全事故的报告及处理程序

9.1 建筑工程职业健康安全事故等级分类标准

《生产安全事故报告和调查处理条例》第三条，根据生产安全事故（以下简称事故）造成的人员伤亡或者直接经济损失，事故一般分为以下等级：

(1) 特别重大事故：是指造成 30 人以上死亡，或者 100 人以上重伤（包括急性工业中毒，下同），或者 1 亿元以上直接经济损失的事故。

(2) 重大事故：是指造成 10 人以上 30 人以下死亡，或者 50 人以上 100 人以下重伤，或者 5000 万元以上 1 亿元以下直接经济损失的事故。

(3) 较大事故：是指造成 3 人以上 10 人以下死亡，或者 10 人以上 50 人以下重伤，或者 1000 万元以上 5000 万元以下直接经济损失的事故。

(4) 一般事故：是指造成 3 人以下死亡，或者 10 人以下重伤，或者 1000 万元以下直接经济损失的事故。

国务院安全生产监督管理部门可以会同国务院有关部门，制定事故等级划分的补充性规定。

本条款所称的"以上"包括本数，所称的"以下"不包括本数。

9.2 建筑工程职业健康安全事故报告程序

(1) 事故发生后，事故现场有关人员应当立即向本单位负责人报告；单位负责人接到报告后，应当于 1h 内向事故发生地县级以上人民政府安全生产监督管理部门和负有安全生产监督管理职责的有关部门报告。

情况紧急时，事故现场有关人员可以直接向事故发生地县级以上人民政府安全生产监督管理部门和负有安全生产监督管理职责的有关部门报告。

(2) 安全生产监督管理部门和负有安全生产监督管理职责的有关部门接到事故报告后，应当依照下列规定上报事故情况，并通知公安机关、劳动保障行政部门、工会和人民检察院：

1) 特别重大事故。重大事故逐级上报至国务院安全生产监督管理部门和负有安全生产监督管理职责的有关部门。

2) 较大事故逐级上报至省、自治区、直辖市人民政府安全生产监督管理部门和负有安全生产监督管理职责的有关部门。

3) 一般事故上报至设区的市级人民政府安全生产监督管理部门和负有安全生产监督管理职责的有关部门。

安全生产监督管理部门和负有安全生产监督管理职责的有关部门依照前款规定上报事故

情况，应当同时报告本级人民政府。国务院安全生产监督管理部门和负有安全生产监督管理职责的有关部门以及省级人民政府接到发生特别重大事故、重大事故的报告后，应当立即报告国务院。必要时，安全生产监督管理部门和负有安全生产监督管理职责的有关部门可以越级上报事故情况。

（3）安全生产监督管理部门和负有安全生产监督管理职责的有关部门逐级上报事故情况，每级上报的时间不得超过 2h。

（4）报告事故应当包括下列内容：

1）事故发生单位概况。

2）事故发生的时间、地点以及事故现场情况。

3）事故的简要经过。

4）事故已经造成或者可能造成的伤亡人数（包括下落不明的人数）和初步估计的直接经济损失。

5）已经采取的措施。

6）其他应当报告的情况。

（5）事故报告后出现新情况的，应当及时补报。自事故发生之日起 30 日内，事故造成的伤亡人数发生变化的，应当及时补报。道路交通事故与火灾事故自发生之日起 7 日内，事故造成的伤亡人数发生变化的，应当及时补报。

（6）事故发生单位负责人接到事故报告后，应当立即启动事故相应应急预案，或者采取有效措施，组织抢救，防止事故扩大，减少人员伤亡和财产损失。

（7）事故发生地有关地方人民政府、安全生产监督管理部门和负有安全生产监督管理职责的有关部门接到事故报告后，其负责人应当立即赶赴事故现场，组织事故救援。

（8）事故发生后，有关单位和人员应当妥善保护事故现场以及相关证据，任何单位和个人不得破坏事故现场、毁灭相关证据；因抢救人员、防止事故扩大以及疏通交通等原因，需要移动事故现场物件的，应当做出标志，绘制现场简图并做出书面记录，妥善保存现场重要痕迹、物证。

（9）事故发生地公安机关根据事故的情况，对涉嫌犯罪的应当依法立案侦查，采取强制措施和侦查措施。犯罪嫌疑人逃匿的，公安机关应当迅速追捕归案。

（10）安全生产监督管理部门和负有安全生产监督管理职责的有关部门应当建立值班制度，并向社会公布值班电话，受理事故报告和举报。

9.3　建筑工程职业健康安全事故调查与处理

9.3.1　建筑工程职业健康安全事故调查

（1）特别重大事故由国务院或者国务院授权有关部门组织事故调查组进行调查。

（2）重大事故、较大事故、一般事故分别由事故发生地省级人民政府、设区的市级人民政府、县级人民政府负责调查。省级人民政府、设区的市级人民政府、县级人民政府可以直接组织事故调查组进行调查，也可以授权或者委托有关部门组织事故调查组进行调查。

（3）未造成人员伤亡的一般事故，县级人民政府也可以委托事故发生单位组织事故调查组进行调查。

（4）上级人民政府认为必要时，可以调查由下级人民政府负责调查的事故。

自事故发生之日起 30 日内（道路交通事故、火灾事故自发生之日起 7 日内），因事故伤亡人数变化导致事故等级发生变化，依照《生产安全事故报告和调查处理条例》规定应当由上级人民政府负责调查的，上级人民政府可以另行组织事故调查组进行调查。

（5）特别重大事故以下等级事故，事故发生地与事故发生单位不在同一个县级以上行政区域的，由事故发生地人民政府负责调查，事故发生单位所在地人民政府应当派人参加。

（6）事故调查组的组成应当遵循精简、效能的原则。

根据事故的具体情况，事故调查组由有关人民政府、安全生产监督管理部门、负有安全生产监督管理职责的有关部门、监察机关、公安机关以及工会派人组成，并应当邀请人民检察院派人参加。事故调查组可以聘请有关专家参与调查。

（7）事故调查组成员应当具有事故调查所需要的知识和专长，并与所调查的事故没有直接利害关系。

（8）事故调查组组长由负责事故调查的人民政府指定。事故调查组组长主持事故调查组的工作。

（9）事故调查组履行下列职责：

1）查明事故发生的经过、原因、人员伤亡情况及直接经济损失。

2）认定事故的性质和事故责任。

3）提出对事故责任者的处理建议。

4）总结事故教训，提出防范和整改措施。

5）提交事故调查报告。

（10）事故调查组有权向有关单位和个人了解与事故有关的情况，并要求其提供相关文件、资料，有关单位和个人不得拒绝。

事故发生单位的负责人和有关人员在事故调查期间不得擅离职守，并应当随时接受事故调查组的询问，如实提供有关情况。

事故调查中发现涉嫌犯罪的，事故调查组应当及时将有关材料或者其复印件移交司法机关处理。

（11）事故调查中需要进行技术鉴定的，事故调查组应当委托具有国家规定资质的单位进行技术鉴定。必要时，事故调查组可以直接组织专家进行技术鉴定。技术鉴定所需时间不计入事故调查期限。

（12）事故调查组成员在事故调查工作中应当诚信公正、恪尽职守，遵守事故调查组的纪律，保守事故调查的秘密。未经事故调查组组长允许，事故调查组成员不得擅自发布有关事故的信息。

（13）事故调查组应当自事故发生之日起 60 日内提交事故调查报告；特殊情况下，经负责事故调查的人民政府批准，提交事故调查报告的期限可以适当延长，但延长的期限最长不超过 60 日。

（14）事故调查报告应当包括下列内容：

1）事故发生单位概况。

2）事故发生经过和事故救援情况。

3）事故造成的人员伤亡和直接经济损失。

4）事故发生的原因和事故性质。

5）事故责任的认定以及对事故责任者的处理建议。

6）事故防范和整改措施。

事故调查报告应当附具有关证据材料。事故调查组成员应当在事故调查报告上签名。

（15）事故调查报告报送负责事故调查的人民政府后，事故调查工作即告结束。事故调查的有关资料应当归档保存。

9.3.2 建筑工程职业健康安全事故处理

（1）重大事故、较大事故、一般事故，负责事故调查的人民政府应当自收到事故调查报告之日起 15 日内做出批复；特别重大事故，30 日内做出批复，特殊情况下，批复时间可以适当延长，但延长的时间最长不超过 30 日。

有关机关应当按照人民政府的批复，依照法律、行政法规规定的权限和程序，对事故发生单位和有关人员进行行政处罚，对负有事故责任的国家工作人员进行处分。

事故发生单位应当按照负责事故调查的人民政府的批复，对本单位负有事故责任的人员进行处理。

负有事故责任的人员涉嫌犯罪的，依法追究刑事责任。

（2）事故发生单位应当认真吸取事故教训，落实防范和整改措施，防止事故再次发生。防范和整改措施的落实情况应当接受工会和职工的监督。

安全生产监督管理部门和负有安全生产监督管理职责的有关部门应当对事故发生单位落实防范和整改措施的情况进行监督检查。

（3）事故处理的情况由负责事故调查的人民政府或者其授权的有关部门、机构向社会公布，依法应当保密的除外。

第10章 安全资料管理

10.1 安全资料

编制的一般要求如下：

（1）施工现场安全管理资料应真实反映工程施工的实际情况。

（2）施工现场安全管理资料应使用原件，因各种原因不能使用原件的，应在复印件上加盖原件存放单位公章、注明原件存放处，并有经办人签字及时间。

（3）施工现场安全管理资料应保证字迹清晰，签字、盖章手续齐全。计算机形成的工程资料应采用内容打印，手工签名的方式。

10.2 安全资料的组卷要求

（1）施工现场安全管理资料应按相关方项目施工安全管理资料目录要求进行组卷。

（2）卷内资料排列顺序应依据卷内资料构成而定，一般顺序为封面、目录、资料部分和封底。组成的案卷应美观、整齐。

（3）案卷页号的编写应以独立卷为单位。在案卷内资料排列顺序确定后，均以有书写内容的页面编写页号。每卷从阿拉伯数字 1 开始，用打号机或钢笔依次逐张连续标注页号。

（4）案卷封面要包括名称、案卷题名、编制单位、安全主管、编制日期、共××册第××册等。

（5）卷内资料、封面、目录、备考表等统一用 A4 幅尺寸打印，小于 A4 幅面的资料要用 A4 白纸衬托。

10.3 安全资料包含的内容

常用安全资料内容见表 10-1。

表 10-1 常用安全资料内容表

序号	内容		制定单位或个人	存档	备注
一	安全保证	C1-1 项目安全组织机构	企业及项目部	工地存档	办公室悬挂
		C1-2 项目安全文明施工领导小组	项目制定公司批准	工地存档	
		C1-3 项目经理、执行经理、专职安全管理人员公司委派任命文件	项目申请公司批准	工地存档	
		C1-4 项目管理人员花名册	项目编制	工地存档	备案
		C1-5 分包队伍相关资料	项目编制	工地存档	备案
		C1-6 项目经理、安全员考核证		工地存档	备案
		C1-7 特种作业人员花名册	项目编制	工地存档	备案

（续）

序号		内容	制定单位或个人	存档	备注
一	安全保证	C1-8 项目安全值班制度及值班安排表、值班记录,项目负责人带班记录	项目编制	工地存档	
二	安全管理	C2-1 涉及建设安全的相关法律、法规、规章		工地存档	
		C2-2 涉及建设安全的相关规范、标准、规程		工地存档	
		C2-3 涉及建设安全的相关建设、安全主管部门规范性文件	项目收集	工地存档	
		C2-4 涉及建设安全的地方政府、企业主管单位、本企业管理文件	项目收集	工地存档	
		C2-5 施工企业制定的项目施工安全管理制度	企业制定项目实施	工地存档	
		C2-6 市政、轨道工程施工安全管理制度	企业制定项目实施	工地存档	
		C2-7 项目部制定的安全生产具体管理办法、执行细则、实施规定	项目编制	工地存档	
		C2-8 各级各类人员安全生产责任制	企业制定	工地存档	办公室悬挂
		C2-9 施工现场各工种、工序、分部(分项)工程安全技术操作规程	企业制定	工地存档	下发至班组
		C2-10 建设施工各类机械设备、设施安全操作规程	企业制定	工地存档	悬挂机械旁
		C2-11 其他特殊岗位安全技术操作规程	企业制定	工地存档	
		C2-12 含有安全管理目标的经济承包合同	企业、项目	工地存档	
		C2-13 建设工程施工现场周边环境安全评估表		工地存档	
		C2-14 开工前安全生产条件审查资料目录	项目编制	工地存档	备案
		C2-15 建筑起重机械设备备案资料目录及注意事项	项目编制	工地存档	备案
		C2-16 项目开工前安全条件勘验评价申请审批表		工地存档	
		C2-17 施工许可证及工程安全报监备案手续		工地存档	开工前办理
		C2-18 安全文明施工目标责任书	企业或项目制定	工地存档	
		C2-19 各级各部门及管理岗位安全生产责任制考核办法	项目制定	工地存档	
		C2-20 安全责任目标分解图	项目制定	工地存档	
		C2-21 安全责任目标考核相关资料	项目实施	工地存档	
		C2-22 安全责任目标考核记录	项目实施	工地存档	
三	安全教育	C3-1 项目部安全培训计划	项目编制	工地存档	
		C3-2 项目部作业人员花名册	项目编制	工地存档	
		C3-3 项目部职工安全培训考核记录汇总表	项目编制	工地存档	
		C3-4 日常安全教育记录	项目实施	工地存档	
		C3-5 转岗、新上岗人员培训记录	项目编制	工地存档	
		C3-6 节假日等特殊时段培训记录	项目编制	工地存档	
		C3-7 专项教育培训记录	项目实施	工地存档	
		C3-8 员工个人安全教育档案	项目实施	工地存档	
		C3-9 建筑工人业余学校基本情况及备案情况	项目实施	工地存档	备案
		C3-10 建筑工人业余学校师资人员配备表	项目制定	工地存档	

（续）

序号		内容	制定单位或个人	存档	备注
三	安全教育	C3-11 建筑工人业余学校达标自评表	项目实施	工地存档	
		C3-12 建筑工人业余学校月课时安排计划表	项目制定	工地存档	
		C3-13 建筑工人业余学校开展活动记录	项目实施	工地存档	
四	安全技术	C4-1 危险源辨识清单	企业制定、项目实施	工地存档	
		C4-2 项目施工重大危险源辨识、评价、监控汇总表	企业制定、项目实施	工地存档	
		C4-3 安全施工专项方案编制要求	企业制定、项目实施	工地存档	
		C4-4 安全施工专项方案编审汇总表	企业制定、项目实施	工地存档	
		C4-5 安全施工专项方案审批表	企业制定、项目实施	工地存档	
		C4-6 安全施工专项方案专家论证报告		工地存档	发至班组
		C4-7 项目安全施工组织设计	项目编制、企业审批	工地存档	发至班组
		C4-8 危险性较大分部（分项）工程安全施工专项方案	项目编制、企业审批	工地存档	发至班组
		C4-9 季节性、特殊时段安全技术措施	项目编制、技术负责人审批	工地存档	发至班组
		C4-10 安全技术交底编写要求	项目编制	工地存档	
		C4-11 安全技术交底记录	项目编制、技术负责人交底	工地存档	发至班组
		C4-12 分部（分项）工程安全技术交底记录汇总表	项目编制	工地存档	
		C4-13 各工种分部（分项）工程安全技术交底表	项目实施	工地存档	
五	安全检查	C5-1 安全例会记录	企业制定、项目实施	工地存档	
		C5-2 安全施工日志	项目实施	工地存档	
		C5-3 安全检查记录（周检、月检）	企业制定、项目实施	工地存档	
		C5-4 安全检查隐患通知单、整改报告	项目实施	企业及工地存档	须有反馈
		C5-5 责令停止违法行为通知书、复工申请书、复工审批表	项目实施	企业及工地存档	须有反馈
		C5-6 外部相关单位安全检查隐患通知单、整改报告	项目实施	工地存档	须有反馈
		C5-7 JGJ 59—2011 建筑施工安全检查评分表	企业及项目检查评定	工地存档	
		C5-8 市政工程安全检查评分表	企业及项目检查评定	工地存档	
		C5-9 轨道交通工程安全检查评分表	企业及项目检查评定	工地存档	
六	临时用电	C6-1 施工现场临时用电设备登记表	项目组织实施	工地存档	
		C6-2 施工现场施工用电器产品质量证明文件、合格证明	项目组织收集	工地存档	
		C6-3 施工现场临时用电验收表	企业或项目验收、检测	工地存档	
		C6-4 施工现场外电防护设施验收表	企业或项目验收、检测	工地存档	
		C6-5 施工现场临时用电设备调试记录	项目实施	工地存档	
		C6-6 施工现场临时用电接地电阻测试记录	项目实施	工地存档	
		C6-7 施工现场临时用电绝缘电阻测试记录	项目实施	工地存档	
		C6-8 施工现场漏电保护器测试记录	项目实施	工地存档	

（续）

序号		内容	制定单位或个人	存档	备注
六	临时用电	C6-9 施工现场临时用电定期检(复)查表	项目实施	工地存档	
		C6-10 施工现场临时用电电工安装、巡检、维修、拆除工作记录	项目组织实施	工地存档	
七	消防安全	C7-1 项目施工消防安全领导小组成员名单	项目制定	工地存档	
		C7-2 项目施工消防重点部位汇总表	企业制定、项目实施	工地存档	
		C7-3 项目施工义务消防人员登记表	项目实施	工地存档	
		C7-4 项目施工灭火器材、设备配备及责任人登记表	项目实施	工地存档	
		C7-5 项目施工消防安全专项方案措施	项目编制、技术负责人审批	工地存档	
		C7-6 项目施工现场消防安全检查验收表	企业或项目验收、检测	工地存档	
		C7-7 项目施工分级动火申请、审批表	企业制定、项目实施	工地存档	
		C7-8 项目施工现场消防设施、通道布置平面图	项目编制、技术负责人审批	工地存档	
		C7-9 易燃易爆、有毒有害危险化学品库房设置管理措施相关资料	企业制定、项目组织实施	工地存档	
八	机具机械	C8-1 建筑施工起重机械设备管理登记汇总表	企业制定、项目实施	工地存档	
		C8-2 起重机械设备租赁合同、安全协议	企业制定、项目实施	工地存档	
		C8-3 建筑起重机械设备备案证、使用登记证复印件	项目收集或实施	工地存档	备案
		C8-4 建筑施工起重机械安装(拆除)单位条件审核	项目实施	工地存档	备案
		C8-5 起重机械设备操作人员汇总表及证书复印件	项目实施	工地存档	
		C8-6 塔式起重机验收记录	项目组织实施	工地存档	含专业检测报告
		C8-7 施工升降机验收记录	项目组织实施	工地存档	含专业检测报告
		C8-8 龙门架及井架物料提升机验收记录	项目组织实施	工地存档	含专业检测报告
		C8-9 起重机械定期检测记录	项目组织实施	工地存档	含专业检测报告
		C8-10 垂直运输机械交接班记录	项目组织实施	工地存档	
		C8-11 建筑施工中、小型施工机具登记表	项目组织实施	工地存档	
		C8-12 建筑施工中、小型施工机具验收记录表	项目组织实施	工地存档	
		C8-13 市政、轨道交通施工主要施工机械设备登记表	项目组织实施	工地存档	
		C8-14 市政、轨道交通施工主要施工机械设备验收表	项目组织实施	工地存档	含专业检测报告
九	安全设施	C9-1 安全验收记录汇总表	项目组织实施	工地存档	
		C9-2 基坑工程安全验收表	项目组织实施	工地存档	
		C9-3 基坑(槽)检测记录表	项目组织实施	工地存档	
		C9-4 模板支架安全验收表	项目组织实施	工地存档	
		C9-5 落地式钢管脚手架搭设验收表	项目组织实施	工地存档	
		C9-6 悬挑式脚手架验收表	项目组织实施	工地存档	
		C9-7 门式脚手架验收表	项目组织实施	工地存档	

（续）

序号		内容	制定单位或个人	存档	备注
九	安全设施	C9-8 脚手架、安全防护设施临时拆除审批表	项目组织实施	工地存档	
		C9-9 高处作业验收表	项目组织实施	工地存档	
		C9-10 悬挑式物料钢平台验收表	项目组织实施	工地存档	
		C9-11 落地式操作平台验收表	项目组织实施	工地存档	
		C9-12 建筑施工工具式脚手架验收登记表	项目组织实施	工地存档	
		C9-13 安装(拆卸)告知单	项目组织实施	工地存档	备案
		C9-14 专项方案审批表	企业制定、项目组织实施	企业及工地存档	
		C9-15 附着式升降脚手架首次安装及使用前检查验收表	项目组织实施	工地存档	
		C9-16 附着式升降脚手架相关资料	项目组织搜集	工地存档	
		C9-17 高处作业吊篮相关资料	项目组织搜集	工地存档	
		C9-18 市政道路工程安全设施验收表	项目组织实施	工地存档	
		C9-19 土石方工程安全设施验收表	项目组织实施	工地存档	
		C9-20 桥涵工程安全设施验收表	项目组织实施	工地存档	
		C9-21 隧道工程安全设施验收表	项目组织实施	工地存档	
		C9-22 桥梁工程挂篮施工安全设施验收表	项目组织实施	工地存档	
		C9-23 钢筋笼吊装安全设施验收表	项目组织实施	工地存档	
		C9-24 盾构机安全设施验收表	项目组织实施	工地存档	
十	劳动保护	C10-1 安全防护用品(具)购置使用计划	项目制定	工地存档	
		C10-2 安全防护用品(具)进场验收登记表	项目组织实施	工地存档	
		C10-3 安全防护用品(具)验收单	项目组织实施	工地存档	
		C10-4 安全防护用品(具)生产许可证、合格证、安全认证、评估报告、推荐认证标志	项目组织收集	工地存档	
		C10-5 安全防护用品(具)送检验报告	项目组织实施	工地存档	含专业检测报告
		C10-6 个人劳动防护用品发放记录	项目实施	工地存档	
		C10-7 安全防护用具、用品、工具现场试验、检验记录	项目组织实施	工地存档	
		C10-8 劳动保护实施情况记录	项目实施	工地存档	
		C10-9 劳动保护及"一法三卡"执行情况	项目实施	工地存档	及时上报
		C10-10 劳动保护、职业健康、职业卫生、女工及未成年工保护相关检测、检验、检查、体检、考评记录、工作记录	项目组织实施	工地存档	含专业检查或检测报告
十一	文明施工	C11-1 文明施工目标及实施方案、施工扬尘污染控制方案及责任书	项目编制及实施、企业审批	工地存档	
		C11-2 环境因素识别评价表及重要环境因素清单	企业制定、项目实施	工地存档	
		C11-3 施工现场围挡验收表	项目组织实施	工地存档	
		C11-4 办公区、生活区临建设施安全环境评价表	项目组织实施	工地存档	
		C11-5 办公区、生活区临建设施验收表	企业或项目实施验收	工地存档	

（续）

序号		内容	制定单位或个人	存档	备注
十一	文明施工	C11-6 施工、加工区临建设施专项验收表	企业或项目实施验收	工地存档	
		C11-7 项目执行《绿色施工导则》的计划、措施、实时检查、实际效果记录资料		工地存档	
		C11-8 社区服务(噪音与振动控制及检测记录、夜间施工手续及公告告知书)		工地存档	对外张贴
		C11-9 施工现场卫生保洁资料		工地存档	
		C11-10 工地食堂卫生、食品安全检查表、食堂卫生许可证及人员健康证		工地存档	场所悬挂
		C11-11 项目施工"八牌三图四栏一台"、吸烟饮水处布置平面图		工地存档	场所悬挂
		C11-12 卫生防疫宣传教育材料及教育活动记录		工地存档	
		C11-13 项目工地大门冲洗设施布置、使用、检查相关资料		工地存档	现场设置
		C11-14 门卫制度及外来人员登记表		工地存档	
		C11-15 平安活动创建记录		工地存档	
		C11-16 远程视频监控设计配置、安全监控、运行报告记录		工地存档	
		C11-17 安全标志、标识台账及布置验收记录		工地存档	
		C11-18 现场安全标志、标识布置验收记录企业及		工地存档	
		C11-19 现场安全标志、标识撤除、变更记录		工地存档	
十二	事故处理	C12-1 工程项目部生产安全事故(月、年)统计报表	企业制定、项目实施	工地存档	
		C12-2 工程建设重大安全事故快报	企业制定、项目实施	工地存档	
		C12-3 项目工伤保险、意外伤害保险单	项目组织实施	工地存档	
		C12-4 施工现场施工应急救援预案	项目编制、企业审批	工地存档	
		C12-5 事故应急救援演练记录、评估、评价报告	项目组织实施	工地存档	
		C12-6 事故登记表、安全生产事故报告、调查、处理、结案材料	企业制定、项目实施	工地存档	
		C12-7 生产安全伤亡未遂事故记录、重大事故隐患整改监控	项目组织实施	工地存档	须有反馈
十三	安全达标	C13-1 项目创建"绿色环保工地"、安全文明标准化示范工地创建计划、措施及申请审批备案资料	项目制定实施	工地存档	及时上报
		C13-2 项目安全文明达标过程及终结评价表	项目申报政府安监部门核定	工地存档	
		C13-3 项目施工外部安全检查评价相关资料	项目组织实施	工地存档	
		C13-4 安全文明施工措施费拨付、支付台账	项目组织实施	工地存档	
		C13-5 安全文明施工措施费投入统计台账	项目组织实施	工地存档	
		C13-6 项目施工有关环境保护、职业健康安全等认证、运行和计划、检查、内外审记录	项目组织实施	工地存档	

（续）

序号		内容	制定单位或个人	存档	备注
十三	安全达标	C13-7 项目安全总结、简报、月报、通报及安全奖惩资料	项目组织实施	工地存档	
		C13-8 项目施工过程中各方投诉、举报及处置记录	项目实施	工地存档	及时上报
		C13-9 项目部"安全××""安全月""安康杯"等活动相关资料	项目组织实施	企业及工地存档	及时上报
		C13-10 项目部安全专项整治活动相关资料	项目组织实施	工地存档	

附 录

建设工程安全生产管理相关法律、法规及规范标准（选编）

一、法律、法规

《中华人民共和国建筑法》

《中华人民共和国劳动合同法》

《中华人民共和国安全生产法》

《中华人民共和国消防法》

《中华人民共和国环境保护法》

《中华人民共和国职业病防治法》

《中华人民共和国突发事件应对法》

二、规章

《建设工程安全生产管理条例》

《安全生产许可证条例》

《国务院关于特大安全事故行政责任追究的规定》

《特种设备安全监察条例》

《生产安全事故报告和调查处理条例》

三、标准、规范、规程

安全管理

1.《企业职工伤亡事故分类》GB 6441—1986

2.《建设工程项目管理规范》GB/T 50326—2017

3.《建筑施工安全技术统一规范》GB 50870—2013

4.《企业安全生产标准化基本规范》GB/T 33000—2016

5.《建筑施工企业安全生产管理规范》GB 50656—2011

6.《施工企业安全生产评价标准》JGJ/T 77—2010

7.《建筑施工安全检查标准》JGJ 59—2011

8.《地铁工程施工安全评价标准》GB 50715—2012

9.《城市轨道交通地下工程建设风险管理规范》GB 50652—2011

10.《城市轨道交通工程安全控制技术规范》GB/T 50839—2013

11.《职业健康安全管理体系要求》GB/T 28001—2011

文明施工

1.《施工现场临时建筑物技术规范》JGJ/T 188—2009

2.《建筑施工场界环境噪声排放标准》GB 12523—2011

3.《建筑工程绿色施工规范》GB/T 50905—2014

4.《建筑工程施工现场环境与卫生标准》JGJ 146—2013

5. 国家、省、市其他的有关标准及文件。

土石方及基坑

1. 《建筑施工土石方工程安全技术规范》JGJ 180—2009
2. 《土方与爆破工程施工及验收规范》GB 50201—2012
3. 《建筑深基坑工程施工安全技术规范》JGJ 311—2013
4. 《建筑基坑支护技术规程》JGJ 120—2012
5. 《建筑基坑工程检测技术规范》GB 50497—2009

施工用电

1. 《施工现场临时用电安全技术规范》JGJ 46—2005
2. 《建筑工程施工现场供用电安全规范》GB 50194—2014
3. 《用电安全导则》GB/T 13869—2017
4. 《剩余电流动作保护装置安装和运行》GB/T 13955—2017
5. 《系统接地的型式及安全技术要求》GB 14050—2008
6. 《电气装置安装工程接地装置施工及验收规范》GB 50169—2016

高处作业

1. 《建筑施工高处作业安全技术规范》JGJ 80—2016
2. 《高处作业吊篮》GB/T 19155—2017
3. 《高处作业吊篮安装、拆卸、使用技术规程》JB/T 11699—2013
4. 《油漆与粉刷作业安全规范》AQ 5205—2008

脚手架

1. 《钢管脚手架扣件》GB 15831—2006
2. 《建筑施工扣件式钢管脚手架安全技术规范》JGJ 130—2011
3. 《建筑施工碗扣式脚手架安全技术规范》JGJ 166—2016
4. 《建筑施工门式钢管脚手架安全技术规范》JGJ 128—2010
5. 《建筑施工承插型盘扣式钢管支架安全技术规程》JGJ 231—2010
6. 《建筑施工工具式脚手架安全技术规范》JGJ 202—2010
7. 《液压升降整体脚手架安全技术规程》JGJ 183—2009
8. 《建筑施工临时支撑结构技术规范》JGJ 300—2013
9. 《建筑施工悬挑式脚手架安全技术规程》DBJ 41/T 152—2015
10. 《建筑施工脚手架安全技术统一标准》GB 51210—2016

模板

1. 《建筑施工模板安全技术规范》JGJ 162—2008
2. 《液压滑动模板施工安全技术规程》JGJ 65—2013
3. 《组合铝合金模板工程技术规程》JGJ 386—2016
4. 《钢管满堂支架预压技术规程》JGJ/T 194—2009

建筑机械

1. 《建筑机械使用安全技术规程》JGJ 33—2012
2. 《塔式起重机》GB/T 5031—2008
3. 《塔式起重机安全规程》GB 5144—2006
4. 《建筑塔式起重机安装、使用、拆除安全技术规程》JGJ 196—2010

5. 《塔式起重机操作使用规程》JG/T 100—1999
6. 《塔式起重机混凝土基础工程技术规程》JGJ/T 187—2009
7. 《大型塔式起重机混凝土基础工程技术规程》JGJ/T 301—2013
8. 《混凝土预制拼装塔机基础工程技术规程》JGJ/T 197—2010
9. 《建筑塔式起重机安全监控系统应用技术规程》JGJ 332—2014
10. 《汽车起重机安全操作规程》DL/T 5250—2010
11. 《建筑施工起重吊装安全技术规范》JGJ 276—2012
12. 《起重吊运指挥信号》GB 5082—1985
13. 《建筑施工升降机安装、使用、拆除安全技术规程》JGJ 215—2010
14. 《吊笼有垂直导向的人货两用施工升降机》GB 26557—2011
15. 《钢丝绳式货用施工升降机安全技术规范》DB 42/365—2006
16. 《龙门架及井架物料提升机安全技术规范》JGJ 88—2010
17. 《钢丝绳安全使用和维护》GB/T 29086—2012
18. 《钢丝绳通用技术条件》GB/T 20118—2017
19. 《重要用途钢丝绳》GB 8918—2006
20. 《钢丝绳用普通套环》GB/T 5974.1—2006
21. 《钢丝绳夹》GB/T 5976—2006
22. 《市政架桥机安全使用技术规程》JGJ 266—2011
23. 《架桥机安全规程》GB 26469—2011
24. 《施工现场机械设备检查技术规程》JGJ 160—2016
25. 《建筑施工升降设备设施检验标准》JGJ 305—2013
26. 《建筑起重机械安全评估技术规程》JGJ/T 189—2009

危险作业

1. 《焊接与切割安全》GB 9448—1999
2. 《常用危险化学品贮存通则》GB 15603—1995
3. 《工作场所职业病危害警示标识》GB Z158—2003
4. 《建筑拆除工程安全技术规范》JGJ 147—2016

安全防护

1. 《建筑施工作业劳动防护用品配备及使用标准》JGJ 184—2009
2. 《安全帽》GB 2811—2007
3. 《安全带》GB 6095—2009
4. 《安全网》GB 5725—2009
5. 《安全色》GB 2893—2008
6. 《坠落防护安全绳》GB 24543—2009
7. 《坠落防护装备安全使用规范》GB/T 23468—2009

消防

1. 《建设工程施工现场消防安全技术规范》GB 50720—2011
2. 《建筑灭火器配置设计规范》GB 50140—2005
3. 《火灾分类》GB/T 4968—2008

4. 《建筑内部装修防火施工及验收规范》GB 50354—2005

5. 《建筑外墙外保温防火隔离带技术规程》JGJ 289—2012

6. 《建设工程施工工地消防安全管理规范》DB 41/T 690—2011

参 考 文 献

[1]　刘军. 施工现场十大员技术管理手册：安全员 [M]. 2 版. 北京：中国建筑工业出版社，2005.

[2]　本书编委会. 安全员一本通 [M]. 2 版. 北京：中国建材工业出版社，2012.

[3]　廖亚立. 建设工程安全管理小全书 [M]. 哈尔滨：哈尔滨工程大学出版社，2009.

[4]　住房和城乡建设部工程质量安全监管司. 建设工程安全生产技术 [M]. 2 版. 北京：中国建筑工业出版社，2008.